普通高等教育"十三五"规划教材

机 械 原 理

邓茂云 主 编

刘洪斌 郑 严 副主编

中国石化出版社

内容提要

本书以应用型机械类本科学生为对象，按照机构设计为主线，介绍了机构设计的基本概念、常用机构的特点及应用、机构性能分析及其设计。本书着重于使读者掌握机构分析和机构设计的基础技术，为进行创造性设计、拓宽设计思路打下一定的基础。

全书共 12 章，内容包括绪论、机构的结构分析、平面机构的运动分析、机械中的摩擦与机械效率、机械的平衡及其速度波动的调节、平面连杆机构及其设计、凸轮机构及其设计、齿轮机构及其设计、轮系及其设计、其他常用机构、机械系统运动方案设计、机构创新创意设计。章后有小结、思考题及习题。

本书可作为普通高等院校机械类专业的教材，也可供其他相关专业的学生及工程技术人员参考。

图书在版编目（CIP）数据

机械原理/邓茂云主编. —北京：中国石化
出版社，2018.2（2018.8 重印）
普通高等教育"十三五"规划教材
ISBN 978－7－5114－4814－9

Ⅰ.①机…　Ⅱ.①邓…　Ⅲ.①机械原理－高等学校－教材　Ⅳ.①TH111

中国版本图书馆 CIP 数据核字（2018）第 037846 号

中国石化出版社出版发行

地址：北京市朝阳区吉市口路 9 号
邮编：100020　电话：(010)59964500
发行部电话：(010)59964526
http://www.sinopec-press.com
E-mail：press@sinopec.com
北京柏力行彩印有限公司印刷
全国各地新华书店经销

*

787×1092 毫米 16 开本 17.25 印张 419 千字
2018 年 2 月第 1 版　2018 年 8 月第 2 次印刷
定价：39.80 元

前 言

PREFACE

本教材依据教育部高等学校机械基础课程教学指导分委员会所发布的高等学校《机械原理》课程教学基本要求，在不断教学实践的基础上，按照理论课时48学时左右编写而成。

当前，国家推动创新驱动发展，实施"一带一路""中国制造2025""互联网＋"等重大战略，以新技术、新业态、新模式、新产业为代表的新经济蓬勃发展，对工程科技人才提出了更高要求，迫切需要加快工程教育改革创新。为深化工程教育改革，推进新工科的建设与发展，这就要求我国的机械工业界急需拥有一大批具有创造性的开发、应用型工程师。这一目标的实现，有赖于高校各门课程教师的共同努力和各教学环节的协调配合。作为培养机械工程师设计能力主要核心课程之一的机械原理，也应该体现创新意识和创新设计能力的培养。因此，编者在编写这本教材中，力图贯彻以下想法：

1. 为便于学生复习和自学，内容叙述尽量采用启发式方式，对重要的、关键的知识点作明确的提示和说明。

2. 在内容的选择上力求精，突出实用性，注重加强基础和加强各章节的联系。

3. 为便于双语教学，给出了有关名词和术语的英文注释。

4. 适量体现行业特色和各学科的交叉、渗透。

5. 加强了图解法与解析法之间的联系，借助两种求解方法使各自的优势相互促进，力争克服课程中的若干学习难点。

6. 强调分析、综合设计内容和步骤的完整性，使学生对所指问题的相关内容有充分完整的认识。

7. 注重培养学生的创新意识和创新设计能力。

参加本书编写的有：西南石油大学邓茂云（第一、二、六、七、八、九章）、刘洪斌（第三、四、五章）、郑严（第十、十一、十二章）。本书由邓茂云担任主编。

在编写本书的过程中，还得到莫丽、周已等老师的大力帮助和支持，在此表示衷心的感谢！

由于编者水平有限，本书难免存在疏漏及不当之处，诚望读者不吝赐教。

目 录

CONTENTS

第一章　绪论

　　绪论在于立足全局，勾划概貌，使大家对整个课程有一个初步的了解，掌握机械原理最核心的概念，使读者了解机械原理课程的内容、任务及特点，在学习过程中做到心中有数。也就是说要回答学什么、为什么学和怎样学这三个问题。

第一节　机械原理研究的对象及内容

一、机械原理学科的形成

　　"机械原理"（theory of machines and mechanisms）成为一门研究机械的基础学科，它的历史还是比较年轻的。在 19 世纪末，随着机器制造业的迅速发展，产生了基本科学怎样与工程技术相结合的问题，因此，就从"力学"中分支出了"材料力学""应用力学""机构学""机械零件"等独立的学科。其中"机构学"发展成为现在的"机械原理"。到了 20 世纪，由于高速、重载机械的出现，才在机构学课程中加入了机械动力学的研究。随着机器生产的不断发展，又增加了许多新的分析与设计的问题，渐渐形成了现在的"机械原理"课程。所以，机械原理是机器（machine）和机构（mechanism）理论的简称，它是一门以机器和机构为研究对象的科学。我们把机器和机构总称为机械（machinery）。但机械与机器在用法上略有不同，"机器"常用来指一个具体的概念，如抽油机、拖拉机、内燃机等；而"机械"则常用在更广泛、更抽象的意义上，如石油机械、机械工业、机械化等。

二、有关机器的若干概念

　　我们对机构并不陌生，在以前的学习中了解了连杆机构、齿轮机构、凸轮机构、螺旋机构等。各种机构都是用来传递与变换运动和力的可动的装置。机器则是执行机械运动的装置，可用来变换或传递能量、物料和信息。

　　在长期的生产实践中，人类为了减轻劳动强度，改善劳动条件，提高劳动生产率，创造和发明了各种机器，如汽车、车床、电动机、缝纫机、洗衣机、抽油机等。

　　机器的种类繁多，其构造、性质和用途等各不相同。但从机器的组成分析，又有共同点，即都是由一些典型的机构和零件组成，图 1-1 为单缸内燃机（internal - combustion engine）。当活塞 4 做往复移动时，通过连杆 3 使曲轴 2 做连续转动，从而将燃气的热能转化为曲轴 2 的机械能。通过齿轮 9、10、11、凸轮 8、12、推杆 5、7 和弹簧等的作用，按一定规律启闭进气阀和排气阀，用以输入燃气和排出废气，保证了内燃机的连续工作。

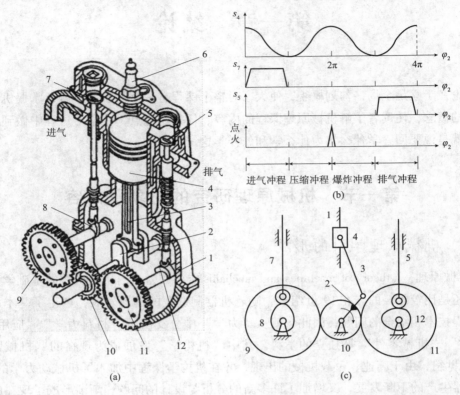

图 1-1 单缸内燃机

1—缸体；2—曲轴；3—连杆；4—活塞；5、7—推杆；8、12—凸轮；9~11—齿轮

图 1-2 为石油矿场采用的游梁式抽油机。整个抽油装置由电动机 1 带动，动力通过 V 带 12、减速箱 11、曲柄摇杆机构和横梁 5，把电动机 1 的高速旋转运动变为了抽油机驴头 6 的低速上、下往复运动，通过悬绳器 7 带动抽油杆以实现油井中抽油泵往复的抽油运动。

从以上示例可知，机器具有下列三个共同特征：

（1）它们都是人为的实物组合体；

（2）各组合体之间具有确定的相对运动；

（3）能完成有效的机械功或转换机械能。

同时具备上述三个特征的组合体称为机器，只具备前两个特征的组合体称为机构。

机构中形成相对运动的各个运动单元称为构件（member, component），同一构件上的任意两点距离始终保持不变；零件（element）则是加工制造的基本单元。通常将机械零件分为通用机械零件（common mechanical elements）和专用机械零件（special mechanical elements）两大类。前者是在各种机器中经常都能用到的零件，如螺钉、齿轮、轴等，后者是在特定类型的机器中才能用到的零件，如石油钻井用的牙轮，泥浆泵的活塞、缸套及

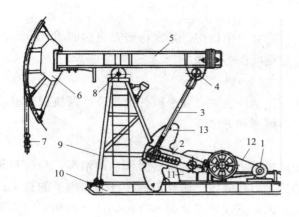
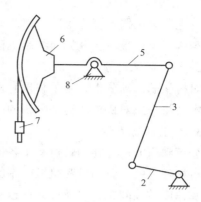

（a）结构图　　　　　　　　　　（b）机构运动简图

图 1-2　游梁式抽油机

1—电动机；2—曲柄；3—连杆；4—平衡重；5—横梁；6—抽油机驴头；7—悬绳器；

8—轴承座；9—支架；10—橇座；11—减速箱；12—V 带；13—平衡块

灌注泵的叶轮等。为完成同一使命，在结构上紧密联系在一起的一套协同工作的零件组合，称为部件（parts），如减速器、联轴器、离合器等。

就结构而言，一般情况下，机器是由各种机构组合而成，机构则是由若干构件以动连接组合而成，构件又是由若干零件以静连接组装而成，如图 1-3 所示。

图 1-3　机器按结构的组成关系

就功能而言，一部机器一般都包含有四个基本的组成部分。它们分别是：原动机（motive mechanism）是机器的运动和动力来源，常用的原动机有电动机、内燃机、液压缸或气动缸等。传动装置（transmission mechanism）介于原动机和工作机之间，把原动机的运动和动力传递给工作机。工作机

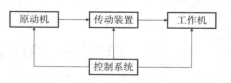

图 1-4　机器按功能的组成关系

（service mechanism）处于整个传动路线的终端，完成机器预期的动作，它的结构形式完全取决于机器本身的用途。控制系统（control system）是控制机器的其它基本部分，使操作者能随时实现或终止各种预定的功能，现代机械的控制部分既包括机械控制系统，又包括电子控制系统，其作用为监测、调节、计算机控制等。其关系如图 1-4 所示。

三、机械原理课程的研究内容

机械原理课程研究的内容主要包括以下几个方面：

1. 机构的结构分析

首先研究机构是怎样组成的以及如何建立一个机构；其次是研究机构的组成原理及机构的结构分类；最后研究如何绘制机构运动简图等问题。

2. 机构的运动分析

对机构的运动分析，是了解现有机械运动性能的必要手段，也是设计新机械的重要步骤。本书将介绍对机构的运动分析的基本原理和方法。

3. 机器的动力学

分析和研究机器在运转过程中各构件的受力情况以及这些力作功的情况；分析和研究影响机械效率的主要因素和机械效率的计算方法分析；研究机械在外力作用下的真实运动规律和速度波动问题，以及设计调速装置来降低速度波动的不良影响；分析和研究不平衡惯性力和惯性力矩的平衡问题。

4. 常用机构的分析与设计

常用机构主要指连杆机构、凸轮机构、齿轮机构这三大机构。分析和研究各种常用机构的工作原理、机构的类型、运动特点、功能及设计方法。

5. 机械系统的方案设计及机构的创新设计

最后，本书将讨论在机械设计时机构的选型、组合、变异；讨论机械系统的方案设计；并介绍机构创意创新等问题。

四、机械原理课程的任务

机械原理课程的任务是：认识机构和设计机构。

为满足各行各业和广大人民群众日益增长的新需求，就需要创造出更多的新产品，故现代机械工业对创造型人才的渴望与日俱增。机械原理课程在培养机械方面的创造型人才中将起到不可或缺的重要作用。

第二节　机械原理课程的特点与学习

机械原理是机械类各专业学生必修的一门十分重要的课程。该课程不研究某类具体的机械，而是研究一切机械所具有的共性问题，该课程所涉及的基础知识对任何机械而言都具有普遍意义。

学生在学习本课程之前必须具有扎实的高等数学、机械制图、物理、理论力学的基本知识。而在学习后续的机械设计、机械制造技术及机械制造装备设计等课程之前，必须较好的掌握机械原理的基本概念、基本理论及基本技能，具有一定的机构分析与机构综合的能力。因此，本课程是处在理论基础课与机械专业课之间的一门承上启下的技术基础课程。

机械原理是引领机械类各专业学生认识与了解机械的第一门课程，是富于创造性的课程。没有此课程良好的知识基础，学生在今后的学习和工作中，就难以顺利地完成机械设计任务，也更难开展机械创新设计工作。一切有志于为促进我国机械工业发展的学生，都应该重视机械原理的学习，并且深入掌握课程的基本概念、基本理论与基本技能。

作为机械类专业的一门技术基础课，机械原理具有较为系统的理论特征；该课程的知识最早源于前人对实际机械的长期分析与总结，随后上升到一定高度而成为理论系统，再反来过服务于机械设计的实际，因而又具有很强的实践性。严密的理论与很强的实践相结合的特点往往使初学者感到困难。

课程理论体系让学生感到困难的原因在于其抽象性。课程所用的机构运动简图完全不同于实际机械的图样，针对机构运动简图进行运动学和动力学分析和设计时，需要综合运用数学、物理、图学、力学、计算机等方面的知识，某项知识欠缺会给学习带来不便。

另一方面，机械原理所要解决的问题并不抽象，所有问题的解决对于实际机械都具有很强的针对性。但一般初学者普遍缺乏对现实机械的认识与了解，因而很难找到将机械原理知识应用于实际机械的切入点，以致难以激发学习的浓厚兴趣。

由于机械原理课程的理论抽象性和实际机械的实践性，因此在学习本课程时，应提倡"加强课堂教学，培养自学能力，树立设计观念，理论联系实际"的24字教学方针。

机械原理对机械的研究是通过以下两大内容来进行的：

（1）研究机构和机器所具有的一般共性问题，如机构的组成、机构的运动学、机器的动力学等；

（2）研究常用机构的性能及其设计方法，以及机械系统方案设计的问题。

要注意培养自己运用所学的知识去发现、分析和解决工程实际问题的能力。解决工程实际问题往往可以采用多种方法，所得结果一般也不是唯一，这就涉及分析、对比、判断和决策的问题。对事物的分析、判断和决策是工程技术人员必须具备的基本能力。

在应用机械原理课程所学的知识时要融汇贯通，不要墨守成规，尤其是在独创性已成为决定产品设计成败关键的今天，更要注意培养自己的创新精神和能力。一般学习过程中应用的是归纳、演绎、逻辑推理的思维方式，而创造性活动常常是一种逻辑思维和形象思维并存的思维活动，因为创造常常是偶然中出现的，也就是必然性包含在偶然之中。在具体的机构设计方法上，常常是作图和计算交叉进行，相互启发，以获得合适的答案。在思维方式上，要培养顺着教材启发的逻辑思维，还要培养激发创造力的形象思维方式。掌握合适的思维方式，勤学、勤思、勤动手，相信一定能获得相应的创造性成果。

第三节　机械原理学科发展现状

机械原理学科是机械学学科的重要组成部分，是机械工业和现代科学技术发展的重要基础。当今世界，电子学、计算机科学、信息科学等，以及学科间的相互渗透与相互融合，极大地促进了机械学科的发展。现代机械工业多极化的发展趋势就是多学科相互渗透与结合的充分体现。

机械工业的所谓"三极"就是指"极大"、"极小"和"极灵敏"。"极大"者如大飞机、超级油轮、巨无霸水压机和超大型空间站等;"极小"者如能进入人体血管爬行以清除堵塞物的微型装置、收集情报用的"蚊子机器人"等;"极灵敏"者如高命中率的超远程巡航导弹等。一些庞然大物似的机器或机构的运动速度可数倍于音速,或者有的能实现微米级甚至纳米级的微位移。机械工业发展的极端状态必定促进机械原理传统理论的演绎与发展,因此,新的研究课题层出不穷,新的研究方法日新月异。

为了适应激烈的市场竞争环境,开发的商业软件可用于常用机构和组合机构中复杂运动规律运动学与动力学参数的分析与设计。计算机的广泛应用,使得人们在机构的结构理论研究中,将图论、网络分析、几何学、螺旋坐标等各种数学方法的应用成为可能。根据设计要求给出由设计变量、约束条件和目标函数所确定的最优化数学模型,优选设计变量,确定最优化设计方案的优化设计方法,已成为在较复杂机构综合中普遍适用的方法和主要发展方向。

机械原理学科研究领域十分广阔,内容极为丰富,发展非常迅猛。机械原理学科涌现出的大量前沿研究课题,极大地吸引着国内从事机械工程的导师与研究生们。当然,机械原理课程只是一门技术基础课,学习本课程还不能获得解决本学科前沿课题的能力,但可以由此掌握进一步研究机械原理新课题的知识基础。有志于探索机械原理学科前沿课题的青年学子在已有的机械原理知识基础上继续深造、不懈求索,就一定能够获得攻克前沿难题的可喜成果。

思 考 题

1-1. 试说明机器、机构、构件、零件的定义。

1-2. 一部完整的机器通常是由哪些基本部分组成?

1-3. 指出汽车、自行车的动力部分、传动部分、控制部分和执行部分。

1-4. 请查阅资料说明刚性机构、柔顺机构、变胞机构(属于变拓扑机构)、气动机构、液压机构及广义机构,并举例。

第二章　机构的结构分析

如绪论所述，机构是由构件组成，各构件之间具有确定的相对运动。显然，任意拼凑的构件组合不一定能发生相对运动，即使能够运动，也不一定具有确定的相对运动。讨论构件按照什么条件进行组合才具有确定的相对运动，对于分析现有机构和设计新机构都具有十分重要的意义。另外，机械的外形和结构都很复杂，为了便于分析研究，在工程设计中应学会用简单线条和规定的符号来绘制机构的运动简图。本章具体研究内容有：运动副及其分类；机构运动简图的绘制；自由度的计算；机构的组成原理。

所有构件都在同一平面或相互平行的平面内运动的机构称为平面机构（planar mechanism），否则称为空间机构（spatial mechanism）。目前工程中常见的机构大多属于平面机构，本章只限于讨论平面机构。

第一节　运动副及其分类

一、构件的自由度及其约束

构件做任意运动时所具有的独立运动的个数称为构件自由度（degree of freedom）。由理论力学可知，一个做平面运动的自由构件具有 3 个自由度，如图 2-1 所示，即沿 x 轴、y 轴的移动和绕平面内某点（如 A 点）的转动。约束（constraint）是对构件的独立运动所加的限制。因为机构必须具有确定的运动，所以组成机构的各个构件也必须按一定规律运动，而不能自由地随便运动，为此，必须对构件的某些运动加以约束。构件上每

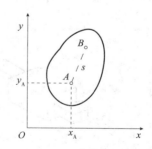

图 2-1　平面运动构件的自由度

加一个约束，便失去一个自由度，加上两个约束，便失去两个自由度，所以约束数目便是自由度减少的个数。

二、运动副及其分类

两构件直接接触并能保持一定形式相对运动的连接称为运动副（kinematic pair）。运动副即为可动连接，如图 1-1 所示，单缸内燃机（internal - combustion engine）中，活塞（piston）与缸体（cylinder）、活塞与连杆（coupler）、连杆与曲轴（crank shaft）间的连接

等都是运动副。

显然，不同形式的运动副，对机构运动将产生不同的影响，在研究机构运动时，必须首先掌握运动副的类型。

按照组成运动副两构件的接触形式不同，常见的平面运动副分为：低副和高副两大类。

1. 低副

两构件上能够参加接触而构成运动副的表面称为运动副元素（pairing element），运动副元素有：点、线、面。按运动副元素进行分类：两构件以面接触（surface contact）的运动副叫做低副（lower pair）。低副承受载荷后，由于承载面积大，其接触部分压强较低，较高副接触耐磨损。低副有转动副（turning pair）和移动副（sliding pair or prismatic pair）两种。若组成运动副两构件间的相对运动为转动则称为转动副或回转副（revolute pair），也称为铰链（hinge），如图 2-2 所示。

若组成运动副两构件间的相对运动为移动则称为移动副，如图 2-3 所示。

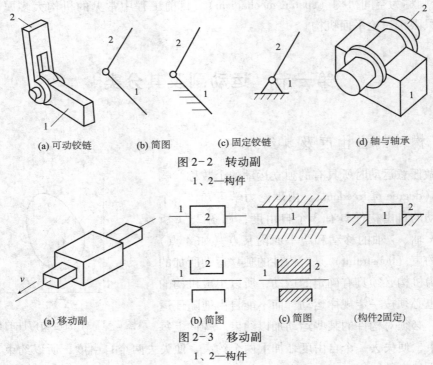

(a) 可动铰链　　(b) 简图　　(c) 固定铰链　　(d) 轴与轴承

图 2-2　转动副

1、2—构件

(a) 移动副　　(b) 简图　　(c) 简图　　(构件2固定)

图 2-3　移动副

1、2—构件

2. 高副

两构件以点或线接触的运动副称为高副（higher pair）。高副承受载荷后，由于其接触部分为点、线，所以其接触处压强较高，接触表面之间不如低副耐磨损。组成高副的两构件的相对运动为转动兼移动，如图 2-4 和图 2-5 所示的凸轮副（cam pair）和齿轮副（gear pair）均为高副。

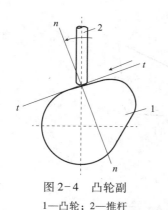

图 2-4　凸轮副

1—凸轮；2—推杆

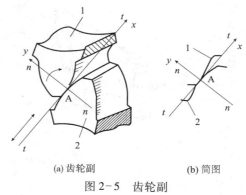

(a) 齿轮副　　　　　　　　　(b) 简图

图 2-5　齿轮副

1、2—轮齿；tt —啮合点的公切线；nn —啮合点的公法线

三、运动链与机构

1. 运动链

构件通过运动副链接而构成的可相对运动的系统称为运动链（kinematic chain），如果组成运动链的各构件成为首末封闭的系统，则称为闭式运动链，简称闭链（closed kinematic chain），如图 2-6（a）、（b）所示，在一般机械中都采用闭链。如果组成运动链的各构件未成为首末封闭的系统，则称为开式运动链，简称开链（open kinematic chain），如图 2-6（c）、（d）所示，开链多用在机械手和机器人中。

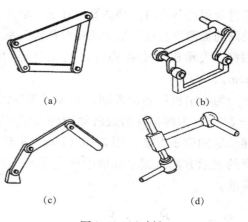

(a)　　　　　　　　(b)

(c)　　　　　　　　(d)

图 2-6　运动链

2. 机构

在运动链中，如果将其中某一构件固定，该构件称为机架（fixed link），一般情况下，机架相对于地面是固定不动的，但若机械是安装在车、船、飞机等运动物体上时，那么机架相对于地面则可能是运动的，此时车身、船体、机身就是机架。机构中按给定的已知运动规律独立运动的构件称为原动件（driving link），也称为主动件，在图中常以箭头表示出其运动方向，而其余活动构件则称为从动件（drived link）。从动件的运动规律取决于原动件的运动规律和机构的结构及构件的尺寸。运动链成为机构必须满足的条件是：在运动链中取一构件为机架；给定一个或几个构件为原动件；从动件具有确定的相对运动规律。如图 2-7 所示，将构件 4 固定作为机架，转动构件 1，即原动件为构件 1，则运动链便成为机构，即铰链四杆机构。

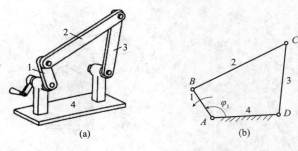

图 2-7　铰链四杆机构

第二节　平面机构运动简图

机器是由许多机构组成的。因此，在确定新机器的方案时，或者是对已有机器和新机器进行运动分析时，都需要抛开与运动无关的因素，仅用一种简明的图形来表明机构和运动副的类型以及运动副间的相对位置关系，供方案讨论之用。这种用最简单的线条和规定的符号表示机构中各构件之间相对运动关系的图形称为机构运动简图（kinematic diagram）。

为绘出机构运动简图，必须首先弄清构件及运动副的表示方法。图 2-2（b）和图 2-2（c）为两构件组成转动副的表示方法；图 2-3（b）和图 2-3（c）为两构件组成移动副的表示方法；图 2-5（b）为齿轮副的表示方法；图 2-8 为同一构件上多个运动副的表示方法。国家标准中规定了机构运动简图的图示符号，若需用时，请查阅国家标准。

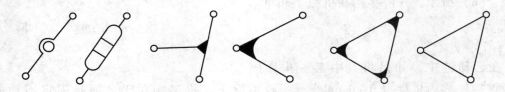

图 2-8　同一构件上的多个运动副

绘制机构运动简图的一般步骤如下：

（1）全面了解机构的组成和运动传递情况，弄清原动件、从动件和机架。

（2）循着运动传递路线分析各构件的相对运动关系，判断机构中的运动副的数目和类型。

（3）合理选择投影面并进行投影。

（4）选择合适的比例尺，测出各运动副的相对位置和尺寸。

（5）按选定的比例尺和规定的符号绘出机构运动简图。

所选用的比例尺为长度比例尺，推荐的计算公式为：

$$\mu_l = \frac{\text{实长（m）}}{\text{图长（mm）}}$$

若仅需表示各运动副间的相对位置和组合方式，不严格按比例尺作出的机构运动简图称为机构示意图（structural diagram）。

下面举例说明机构运动简图的绘制方法。

例 2-1 试绘制图 2-9（a）所示颚式破碎机主体机构运动简图。

解：（1）如图可知，颚式破碎机工作是由带轮带动偏心轴 2 绕回转中心 A 转动，偏心轴 2 带动动颚 3 运动。由于在动颚 3 和机架 1 之间装有肘板 4，动颚运动时不断挤压碎石。因此，该机构是由机架 1、原动件偏心轴 2、动颚 3 和肘板 4 等 4 个构件组成。

（2）偏心轴 2 与机架 1 组成转动副 A，动颚 3 和偏心轴 2 组成转动副 B，肘板 4 和动颚 3 组成转动副 C，肘板 4 和机架 1 组成转动副 D。整个机构共有 4 个转动副。

（3）图 2-9（a）所示视图面和机构运动时的瞬时位置，能清楚地表达各构件的运动关系，按此位置绘制机构运动简图。

（4）选定与图 2-9（a）相同长度即比例尺取为 1。

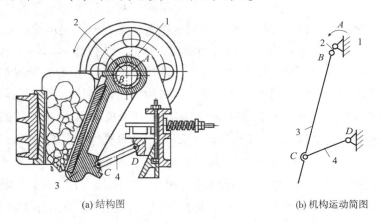

(a) 结构图　　　　　　　　　　　　(b) 机构运动简图

图 2-9　颚式破碎机主体机构运动简图

（5）选定转动副 A 的位置，根据各运动副中心间相距的尺寸，按比例尺确定转动副 A，B，C，D 的位置，用规定符号绘出机构运动简图，如图 2-9（b）所示。

由上述可知，任何一个机构随原动件位置的改变，可画出一系列相应位置的机构运动简图。因此，所绘的运动简图应视为机构运动过程中的某瞬时状态。

机构运动简图是为了便于分析研究机器的运动，而从机器中抽象出来的运动模型，它略去了与运动无关的因素。在一个机构中，若已知其原动件的运动，则可按其运动简图很方便地用图解法或解析法确定其他构件的运动。由于机构运动简图略去了与运动无关的因素，所以虽然两个机器的用途不同，外形也不一样，但只要运动特性相同，就有可能采用的是相同的机构。机构运动简图是研究运动的模型，是受力分析的模型。机构的运动仅与运动副的类型、运动副的数目和位置有关，所以根据机构的运动要求来设计机构时，就是要确定运动副的类型、数目和位置，亦即确定机构运动简图。当机构运动简图设计完成后，接下来就是确定构件和运动副的具体结构构造。运动简图是设计说明书中的一个主要技术文件，它简洁明了地说明机器的运动特性，以便于审查和校对，还是进行技术交流和学习记录的工具。机构运动简图也是判别专利性质的依据。若新设计的机器机构运动简图和原机器机构运动简图不一样，新的设计就能取得原理发明专利；若原理一样，只能依据机器的用途和结构的不同，取得实用新型的专利。

通过上述说明，我们了解到机构运动简图的重要性和实用性，所以绘制机构运动简图是工程技术人员必须掌握的基本知识和基本技能。

第三节　平面机构自由度的计算

一、平面机构的自由度

机构是具有确定运动构件的结合体，而每个机构相对于机架所具有的独立运动数目是不同的。所谓平面机构的自由度就是机构相对于机架所具有的独立运动数目。如果一个平面机构中有 N 个构件，其中必有一个构件为机架，则活动构件数 $n = N - 1$。显然，由于每个活动构件有 3 个自由度，那么该机构中 n 个活动构件在未经组合成运动副之前应具有 $3n$ 个自由度。而当这些构件用运动副连接起来组成机构之后，其自由度由于运动副引入的约束而减少。该机构中若有 P_L 个低副和 P_H 个高副，因一个低副引入两个约束，一个高副引入一个约束，则引入的总约束数为 $2P_L + P_H$，因此，平面机构自由度 F 的计算公式为：

$$F = 3n - 2P_L - P_H \qquad (2-1)$$

图 2-10 所示为一四杆机构，其活动构件为构件 1，2，3，即 $n = 3$；构件 1 在 A 点与机架形成转动副，构件 1 和构件 2 在 B 点形成转动副，构件 2 和构件 3 在 C 点形成转动副，构件 3 与机架在 D 点形成转动副，共有 4 个低副，即 $P_L = 4$，而无点、线接触的运动副，即高副 $P_H = 0$，所以机构的自由度 F 为：

$$F = 3n - 2P_L - P_H = 3 \times 3 - 2 \times 4 - 0 = 1$$

图 2-11 所示为五杆机构，其自由度 F 为：

$$F = 3n - 2P_L - P_H = 3 \times 4 - 2 \times 5 - 0 = 2$$

由以上计算可知，两者的自由度都大于零，但是否有确定运动，还必须进一步讨论，图 2-10 所示四杆机构的自由度为 1，当给构件 1 为一已知运动规律的运动时，其他构件均能作确定的运动，且为已知运动规律的函数。图 2-11 所示机构的自由度为 2，当给两个构件（例如构件 1 和构件 4）为已知运动规律的运动时，其他构件也具有确定的相对运动。因此，机构具有确定的相对运动的条件是：

（1）$F > 0$；

（2）且 F 等于原动件数目。

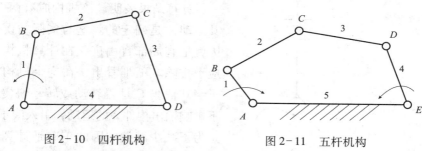

图2-10　四杆机构　　　　　　　　图2-11　五杆机构

例2-2　计算图2-9所示机构的自由度。

解：该机构为铰链四杆机构。活动构件 $n=3$，低副 $P_L=4$，高副 $P_H=0$，该机构自由度 F 为：

$$F = 3n - 2P_L - P_H = 3 \times 3 - 2 \times 4 - 0 = 1$$

二、计算平面机构自由度的注意事项

1. 复合铰链

由两个以上的构件同时在同一处以转动副相连接就构成复合铰链（compound hinge），如图2-12所示。由左视图2-12（b）可知，它们共组成两个转动副，即构件2和构件1组成一个转动副，构件3和构件1组成另一个转动副，三个构件在同一点（ A 点）有两（即3-1）个转动副。同理，若复合铰链由 m 个构件组成，则连接处有（ $m-1$ ）个转动副。计算机构自由度时，应注意机构是否存在复合铰链，避免把运动副的数目搞错。

例2-3　计算图2-13所示的八杆机构的自由度。

解：活动构件 $n=7$， B， C， D， E 处均为复合铰链，则低副 $P_L=10$，高副 $P_H=0$，该机构的自由度 F 为：

$$F = 3n - 2P_L - P_H = 3 \times 7 - 2 \times 10 - 0 = 1$$

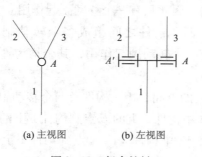

(a) 主视图　　　　(b) 左视图

图2-12　复合铰链

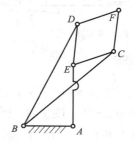

图2-13　圆盘锯机构

2. 局部自由度

所谓局部自由度（local degree of freedom）是指与整个机构运动无关的、局部的独立运动。图2-14（a）所示为滚子（Roller）从动件凸轮机构。该机构中， $n=3$， $P_L=3$，$P_H=1$，故其自由度 F 为：

$$F = 3n - 2P_L - P_H = 3 \times 3 - 2 \times 3 - 1 = 2$$

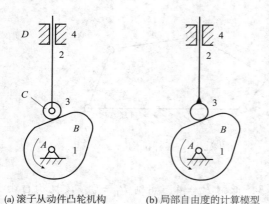

(a) 滚子从动件凸轮机构　　(b) 局部自由度的计算模型

图 2-14　局部自由度

计算结果表明，该机构应有两个原动件，其运动才是确定的。这与实际情况不符，原因就是有局部自由度，在计算机构自由度时应予排除。不难看出，在这个机构中无论滚子绕其轴线 C 是否转动或转动快慢，都丝毫不影响输出构件 2 的运动，引入滚子 3 的目的是为了减少摩擦。因此正确地计算应当是将滚子 3 与构件 2 固连在一起，即把滚子 3 的 1 个局部自由度去掉，如图 2-14（b）所示。此时机构的活动构件数 $n=2$，低副 $P_L=2$，高副 $P_H=1$，机构的自由度 F 为：

$$F = 3n - 2P_L - P_H = 3 \times 2 - 2 \times 2 - 1 = 1$$

此计算结果与实际情况相符。

3. 虚约束

机构中对机构运动不起实际限制作用的约束称为虚约束（passive constraint or redundant constraint），在计算机构自由度时应除去不计。

虚约束是构件间几何尺寸满足某些特殊条件的产物，虚约束常出现在下列场合：

（1）两个构件之间组成多个移动副，且导路平行，只有一个移动副起作用，其余均为虚约束，如图 2-15（a）所示。因为构件被机架在左上角的移动副约束后，只能沿水平方向相对移动，而右下角的移动副也只能使构件沿水平方向相对移动，两者起的作用是重复的，因此只有一个移动副起作用。

（2）两个构件之间组成多个转动副，且轴线重合，只有一个转动副起作用，其余均为虚约束，如图 2-15（b）所示。

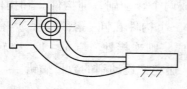

(a) 移动副虚约束

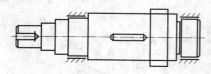

(b) 移动副虚约束

图 2-15　虚约束

（3）机构在运动中两构件上两点距离不变的点间，用一构件及两个转动副连接，则为虚约束，如图 2-16、图 2-17 所示。图 2-16 中构件 3 上的 E 点到构件 1 上的 F 点距离不变，则构件 5 和转动副 E、F 是虚约束，图 2-17 中构件 3 的 F 点到构件 1 上的 E 点距离不变，则构件 5 和转动副 E、F 是虚约束。

（4）机构中对运动不起独立作用的对称部分：如图 2-18 所示，其中齿轮 2 和齿轮 2′ 对称布置，且作用相同，故计算机构自由度时只取其一，其余为虚约束，即齿轮 2′ 和机架组成的转动副以及和齿轮 1、齿轮 3 组成的高副所引入的约束为虚约束。该机构自由度 F 为：

$$F = 3n - 2P_L - P_H$$

$$= 3 \times 3 - 2 \times 3 - 2 \times 1 = 1$$

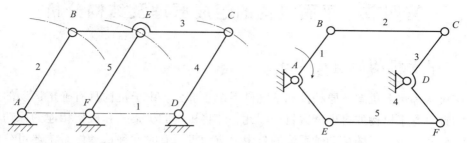

图 2-16　机车车轮联动机构　　　　图 2-17　平行四边形机构

综上所述，虚约束对运动虽不起作用，但可以增加构件的刚性和使构件受力均衡，如图 2-18 所示，所以实际机械中虚约束随处可见。只有将机构运动简图中的虚约束排除，才能算出真实的机构自由度。还必须指出，机构中的虚约束是在一些特定的几何条件下引入的，如果不能满足这些特定条件，则虚约束将变为真实约束，致使机构不能运动，所以机械中引入虚约束后，其制造和装配精度要求更高，其加工成本将会增加。

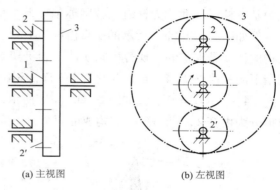

(a) 主视图　　　　　　　(b) 左视图

图 2-18　对称结构的定轴轮系

1、2、2′—外齿轮；3—内齿轮

例 2-4　试计算图 2-19（a）所示机构的自由度 F，已知 $DE = FG$，$DF = EG$，$DH = EI$。

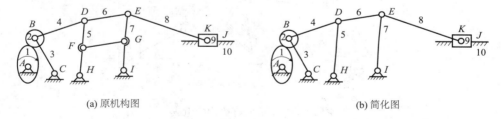

(a) 原机构图　　　　　　　　　　　　　　　(b) 简化图

图 2-19　滑块机构

解：此题是同时具有复合铰链、局部自由度和虚约束的典型例题。滚子 2 绕其自身几何中心 B 转动的自由度为局部自由度；D、E 为复合铰链；由于 $DE = FG$，$DF = EG$，$DH = EI$，构件 FG 的存在只是为了改善平行四杆机构 $DHIE$ 的受力状况，对整个机构的运动不起约束作用，故 FG 杆及其两端的转动副所引入的约束为虚约束。因此，图 2-19（a）可转换成图 2-19（b），计算图 2-19（b）所示机构的自由度 F。该机构活动构件 $n = 8$，低副 $P_{\mathrm{L}} = 11$；高副 $P_{\mathrm{H}} = 1$，机构自由度 F 为：

$$F = 3n - 2P_{\mathrm{L}} - P_{\mathrm{H}} = 3 \times 8 - 2 \times 11 - 1 = 1$$

第四节　平面机构的组成原理及结构分析

一、平面机构的组成原理

任何机构都包含机架、原动件和从动件系统三部分。由于机构具有确定运动的条件是原动件的数目等于机构的自由度数目，因此，若将机构的机架及和机架相连的原动件与从动件系统分开，则余下的从动件系统的自由度应为零。有时这种从动件系统还可分解为若干个更简单的、自由度为零的构件组。这种最简单的、不可再分的、自由度为零的构件组称为基本杆组（简称为杆组）或阿苏尔杆组（Assur group）。

例如图 2-20（a）所示的是自由度为 1 的平面六杆机构，设构件 1 为原动件，显然该机构的运动是确定的。现若将原动件 1 和机架 6 从机构中拆出［如图 2-20（b）所示］，则余下的是由杆 2、3、4 和 5 及六个平面低副组成的从动件系统，其自由度 $F = 3n - 2P_L = 3 \times 4 - 2 \times 6 = 0$。又如图 2-20（c）所示，由杆 2、3 和 5 组成的从动件系统还可再拆分为由杆 2、3 和杆 4、5 构成的两个自由度为零的两杆三副的基本杆组。

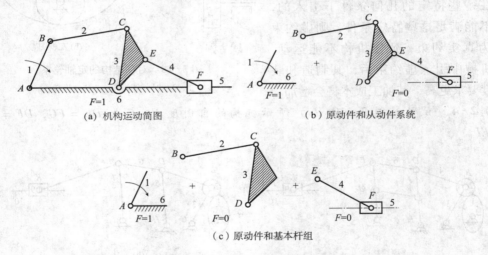

(a) 机构运动简图　　　　　　　　　　（b）原动件和从动件系统

（c）原动件和基本杆组

图 2-20　平面六杆机构的组成

根据式（2-1），组成平面机构的基本杆组应满足条件

$$F = 3n - 2P_L - P_H = 0 \tag{2-2}$$

如果基本杆组的运动副全为低副，则上式变为

$$F = 3n - 2P_L = 0 \text{ 或 } n = \frac{2}{3}P_L$$

由于活动构件数 n 和低副数 P_L 都必须是整数，所以根据上式，n 应是 2 的倍数，P_L 应是 3 的倍数，它们的组合有 $n = 2$，$P_L = 3$，$n = 4$，$P_L = 6$，…。由此可见，最简单的平面基本杆组是由两个构件三个低副组成的杆组，称之为 II 级杆组。它是应用最广的基本杆

组。由于平面低副中有转动副（常用 R 表示）和移动副（常用 P 表示）两种类型，对于由两个构件三个低副组成的Ⅱ级杆组，根据其 R 副和 P 副的数目及排列的不同，Ⅱ级杆组总共有五种不同形式，见表 2-1。

表 2-1　Ⅱ级基本杆组及常见的Ⅲ级基本杆组的结构形式

基本杆组	活动构件数	低副数	杆组结构形式	特点
Ⅱ级	2	3	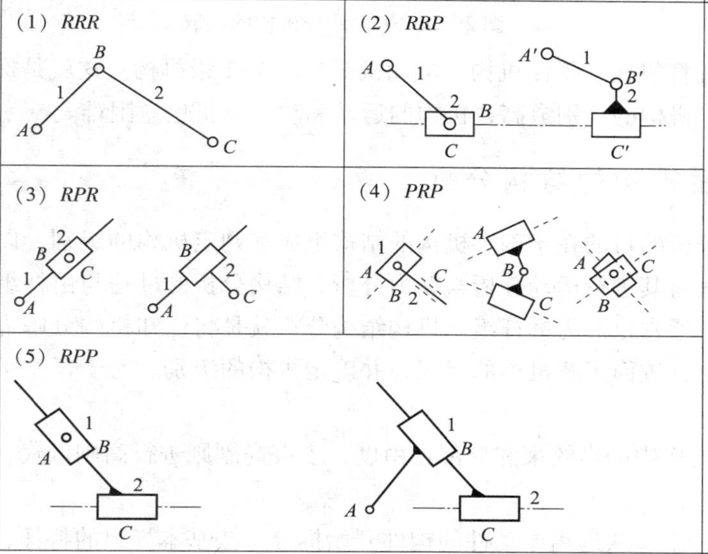	1 个内端副、2 个外端副
Ⅲ级	4	6	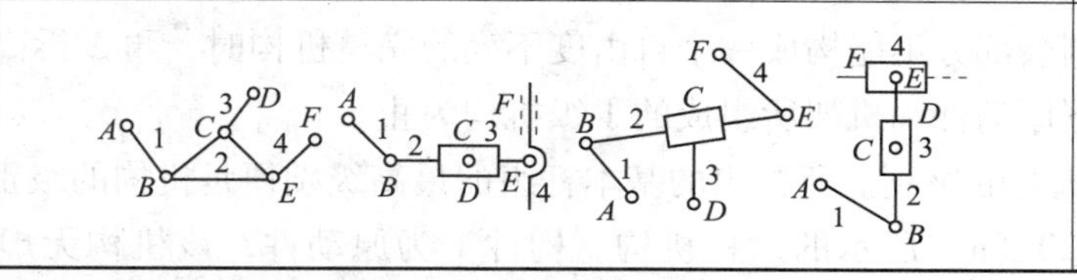	3 个内端副、3 个外端副

注： 上表中的内端副指杆组中的构件连接所构成的运动副，外端副指杆组中的构件与杆组外的其他构件连接所构成的运动副。

除Ⅱ级杆组外，还有Ⅲ级等较高级别的基本杆组。表 2-1 中给出了四种Ⅲ级杆组，它们都是由 4 个构件 6 个低副组成的。在实际机构中，这些比较复杂的基本杆组应用较少。

按杆组的概念，任何机构都可以看成是由若干个基本杆组依次连接于原动件和机架上或相互连接所组成的系统，这就是机构的组成原理。图 2-20 (c) 表示了根据机构组成原理组成机构的过程。首先把Ⅱ级杆组 BCD 通过外端副 B、D 连接到原动件和机架上，形成四杆机构 ABCD。再将Ⅱ级杆组 EF 通过外端副依次与Ⅱ级杆组 BCD 及机架连接，组成图 2-20 (a) 所示的六杆机构。同理，图 2-21 表示了平面八杆机构的组成过程。

在同一机构中，可含有不同级别的基本杆组，将机构中所包含的基本杆组的最高级数作为机构的级数。例如图 2-20 所示其基本杆组的最高级别是Ⅱ级，称为Ⅱ级机构；图 2-21 所示组成机构的基本杆组的最高级别是Ⅲ级，称为Ⅲ级机构。而把由原动件和机架组

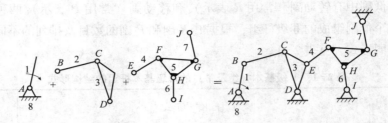

图 2-21 平面八杆机构的组成

成的机构（如杠杆机构、斜面机构、电动机等）称为Ⅰ级机构。这就是机构的结构分类方法。一般来说，机构的级别愈高，机构的运动和动力分析也愈困难。

二、平面机构的结构分析

机构结构分析的目的在于确定机构的结构组成和判定机构的级别，以便对同一类机构应用相似的方法对其进行运动分析与动力分析。结构分析的过程与由杆组依次组成机构的过程正好相反，通常也称为拆杆组。机构结构分析就是将已知机构分解为原动件、机架和若干个基本杆组，进而了解机构的组成，并确定机构的级别。对于任意平面机构，其结构分析的步骤如下。

（1）除去机构中的虚约束和局部自由度，若有高副则进行高副低代，计算机构的自由度并确定原动件。

（2）拆分杆组。从远离原动件的构件开始拆分，按基本杆组的特征，每次均先试拆Ⅱ级杆组，如果剩余部分不能构成一个自由度不变的完整机构时，再试拆高一级别杆组。直到拆分到只剩下原动件和机架所组成的Ⅰ级机构为止。

（3）确定机构的级别。所拆出的基本杆组的最高级别便是机构的级别。

例如图 2-20（a）所示的六杆机构。构件 1 为原动件，该机构无虚约束和局部自由度，自由度等于 1。判定机构的级别时，先拆分出远离原动件的构件 4、5 组成的Ⅱ级杆组，剩余部分仍是自由度为 1 的完整机构 ABCD，继续拆分出构件 2、3 组成的Ⅱ级杆组，最后只剩下原动件 1 与机架 6 组成的Ⅰ级机构，如图 2-20（c）所示。组成机构的杆组最高级别为Ⅱ级，故该机构为Ⅱ级机构。对该机构进行运动分析与动力分析时，应采用Ⅱ级机构的分析方法。

同理，对于图 2-21 所示机构，当构件 1 为原动件时，先拆出Ⅲ级杆组 4、5、6、7，再拆出Ⅱ级杆组 2、3，最后只剩下Ⅰ级机构。组成机构的杆组最高级别为Ⅲ级，故为Ⅲ级机构。

同一机构所选原动件不同，机构的级别可能不同。图 2-21 所示机构，若以构件 7 或 6 为原动件时，机构将成为Ⅱ级机构。

三、平面机构中的高副低代

为使平面低副机构的结构分析和运动分析方法能适用于含有高副的平面机构，可根据一定的约束条件将平面机构中的高副虚拟地用低副代替，这种以低副来代替高副的方法称为高副低代。它表明了平面高副与平面低副的内在联系。要想不改变机构的结构特性及运动特性，高副低代必须具备以下条件。

（1）代替前后机构的自由度不变。

（2）代替前后机构的瞬时速度和瞬时加速度不变。

图 2-22（a）所示为自由度为 1 的平面高副机构，构件 1 和 2 上的高副元素（轮廓曲线）接触于点 C。若过接触点 C 作高副元素的公法线 nn，则在公法线上可分别找出两高副元素在接触点处的曲率中心 O_1 和 O_2，现引入一虚拟构件 4，且用两个转动副 O_1 和 O_2 将虚拟构件分别与构件 1、2 相连，则可得图 2-22（b）所示的全部为低副（图示为转动副）的替代机构。

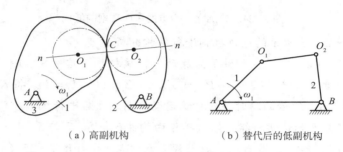

（a）高副机构　　　　　　　（b）替代后的低副机构

图 2-22　平面高副的低代

因为用一个虚拟构件和两个转动副的组合会引入一个约束，而原机构中的一个平面高副也具有一个约束。因此，必然使替代前后的两机构的自由度保持不变。将转动副中心配置于曲率中心可保持高副低代后机构瞬时运动（速度和加速度）保持不变。

需要指出的是，当机构运动时，随着接触点的改变，两轮廓曲线在接触点处的曲率中心也随着改变。因此，对于一般高副元素为非圆曲线的高副机构只能进行瞬时替代，机构在不同位置时将有不同的瞬时替代机构，但是替代机构的基本形式不变。

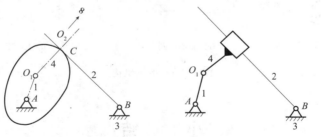

（a）轮廓之一为直线的高副机构　　　　（b）替代后的低副机构（导杆机构）

图 2-23　轮廓之一为直线的平面高副的低代

由上述可见，高副低代的关键是找出构成高副的两轮廓曲线在接触点处的曲率中心，然后用一个构件和位于两个曲率中心的两个回转副来代替该高副。如果两接触轮廓之一为直线，如图 2-23（a）所示，则因直线的曲率中心已趋于无穷远，故该替代转动副演化为移动副，如图 2-23（b）所示。若两接触轮廓之一为一点〔图 2-24（a）〕，则因该点曲率半径为零，故该曲率中心即为接触点本身，其替代方法如图 2-24（b）所示。

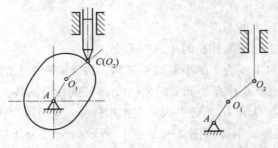

（a）轮廓之一为直线的高副机构　　　（b）替代后的低副机构（导杆机构）

图 2-24　轮廓之一为点的平面高副的低代

例 2-5　对图 2-25 所示的电锯机构进行结构分析。

解：由图 2-25（a）可见，构件 1 为原动件，该机构无虚约束，有滚子 10 的局部自由度，机构的自由度 $F = 3n - 2P_L - P_H = 3 \times 8 - 2 \times 11 - 1 = 1$。将 K 处的高副进行低代，得到图 2-25（b）所示的瞬时替代机构运动简图。然后进行机构分解，从传动关系上离原动件最远的部分开始试拆杆组。依次拆除由构件 6 与 8、7 与 5、4 与 3、2 与 11 组成的 4 个双杆组（Ⅱ级杆组），最后剩下原动件 1 和机架 9，如图 2-25（c）所示。组成机构的杆组最高级别为Ⅱ级，故该机构为Ⅱ级机构。

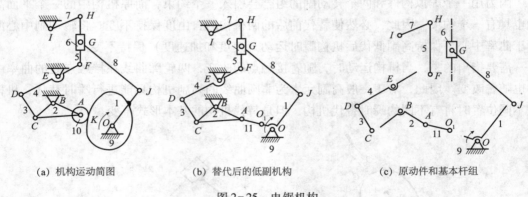

（a）机构运动简图　　　　　（b）替代后的低副机构　　　　　（c）原动件和基本杆组

图 2-25　电锯机构

小　　结

构件和运动副是组成机构的两大基本要素，作为机构中的独立运动单元，构件有固定构件即机架和活动构件之分，而活动构件又可分为原动件和从动件。平面机构中的每个构件最多具有三个自由度，运动副的引入则会对构件产生约束，使构件的自由度相应减少。机构的自由度数与其原动件数量相等时，该机构就具有确定的运动。原动件个数小于机构自由度数时，机构的运动将不确定；反之，原动件数大于自由度数时，原动件的运动将相互干扰，致使机构的薄弱环节最先被破坏。

机构运动简图是对实际机构的抽象，正确绘制机构运动简图，是判断机构结构是否合理、其运动是否确定的关键，也是进行机构运动学和动力学分析的前提与基础。

基本杆组是机构从动件系统中自由度为零的、不可再拆的最小单元运动链。将基本杆组依次连接到原动件与机架系统，就形成了机构（Ⅰ级机构只含有机架与原动件）。在已有的机构中合理增加或者减少杆组，可使该机构变型或演化，从而改变、扩展或完善其功能，这也是机械创新设计的一种技法。

思 考 题

2-1. 何谓运动副及运动副元素？平面高副、低副各有什么特点？

2-2. 机构具有确定的相对运动条件是什么？若不满足此条件将会出现什么后果？

2-3. 何谓机构运动简图？如何绘制机构运动简图？机构运动简图有何用途？

2-4. 计算平面机构自由度时应注意哪些事项？

2-5. 试列举三个自由度 F 为 2 的平面机构。

2-6. 一般情况下，一构件能否同时与另一构件构成两个或两个以上的运动副？如果两构件同时构成两个或两个以上的移动副或转动副，又能产生相对运动，问应具备什么条件？

2-7. 何谓机构的组成原理？基本杆组具有什么特性？如何确定机构的级别？

2-8. 在平面机构中，如何进行高副低代？其目的是什么？

习 题

2-1. 抄画题图 2-1 所示机构运动简图，并计算其自由度 F。

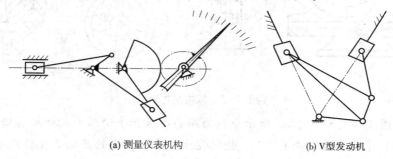

(a) 测量仪表机构　　　　　　　　(b) V型发动机

题图 2-1　几种机构运动简图

2-2. 抄画题图2-2所示机构运动简图，补注构件号、运动副符号、计算自由度F。若有局部自由度、复合铰链、虚约束，请在图上明确指出。

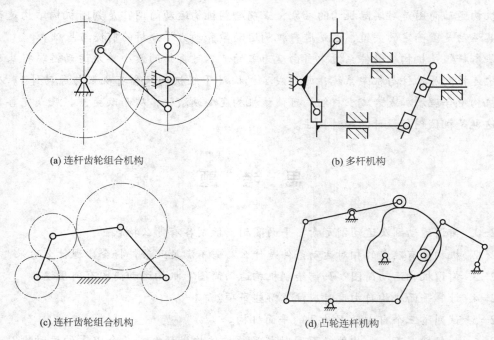

(a) 连杆齿轮组合机构

(b) 多杆机构

(c) 连杆齿轮组合机构

(d) 凸轮连杆机构

题图2-2　几种机构运动简图

2-3. 画出题图2-3所示机构的运动简图并计算自由度F。试找出原动件，并标以箭头。

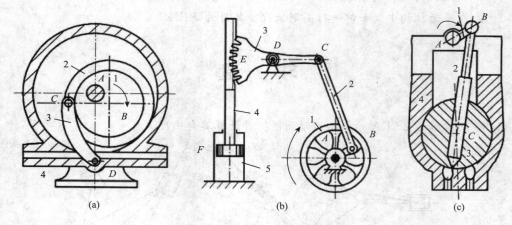

(a)

(b)

(c)

题图2-3　机构结构示意图

2-4. 题图2-4（a）、（b）所示分别为简易冲床和手动压力机初拟的错误设计方案。题图2-4（a）中动力由齿轮1输入，使固定于齿轮1轴上的凸轮2绕轴线A转动，带动推杆3使冲头4上下运动。题图2-4（b）中依靠手动使手柄1绕点A摆动，通过连杆2

和摇杆 3 带动冲头 4 上下运动，以完成冲压工艺。（1）试分析两个设计方案不能正常工作的原因；（2）请在保证主动件运动形式不变的情况下修改初拟方案中的错误；（3）画出修改后的机构运动简图。

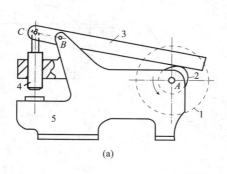
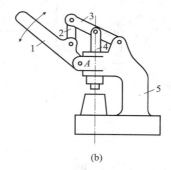

(a)　　　　　　　　　　　　　　(b)

题图 2-4

2-5. 题图 2-5 为某偏心轮滑阀式真空泵。其偏心轮 1 绕固定轴心 A 转动，与外环 2 固连在一起的滑阀 3 在可绕固定轴心转动的圆柱 4 中滑动。当偏心轮 1 按图示方向连续回转时，可将设备中的空气吸入，并将空气从阀 5 中排出，从而形成真空。试绘制其运动简图，并计算其自由度。

2-6. 题图 2-6 为一小型压力机。齿轮 1 与偏心轮 1′ 为同一构件，绕轴心 O 连续转动。齿轮 5 上开有凸轮凹槽，摆动杆 4 上的滚子 6 嵌在凹槽中，从而使摆杆 4 绕 C 轴上下摆动；同时又通过偏心轮 1′、连杆 2、滑杆 3 使 C 轴上下移动；最后，通过在摆杆 4 的叉槽中的滑块 7 和铰链 G 使冲头 8 实现冲压运动。试绘制其机构运动简图，并计算机构的自由度。

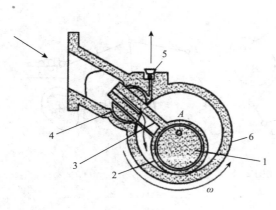

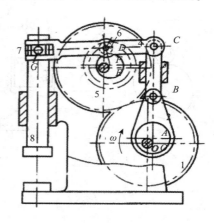

题图 2-5　　　　　　　　　　　　题图 2-6

2-7. 将题图 2-7 所示三个机构中的高副用低副代替，将代替后的机构拆分为基本杆组，并指出各基本杆组的级别。

2-8. 计算出题图 2-8（d）到（h）所示机构的自由度，若有局部自由度、复合铰链、虚约束，请在图上明确指出。将题图 2-8（d）、（e）所示机构拆分为基本杆组，并指出组成机构各杆组的级别。

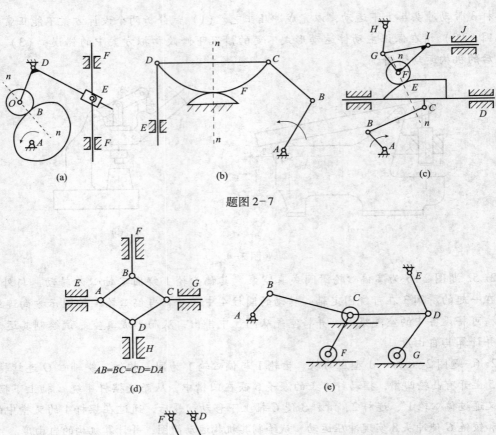

题图 2-7

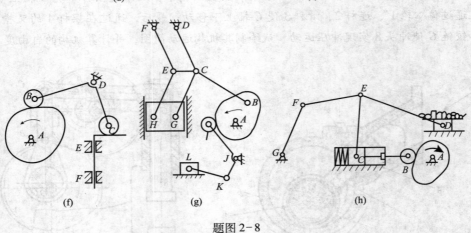

题图 2-8

第三章　平面机构的运动分析

本章研究的内容是平面机构位置图的作法，以及机构中各运动构件上点的轨迹、位移、速度、加速度和构件角位移、角速度、角加速度的求法。

本章重点介绍用瞬心法求速度，用矢量方程图解法求速度、加速度，并对解析法也做了简单介绍。

第一节　机构运动分析的目的和方法

所谓平面机构的运动分析，就是根据原动件的已知运动规律，对平面机构的其他构件进行角位移、角速度和角加速度分析，并对这些构件上的某些点进行位移（包括轨迹）、速度和加速度分析。这种分析，无论是对于设计新的机械，还是对于了解现有机械的运动性能，都是十分必要的。

通过位移（包括轨迹）分析，可以确定机构某些构件运动时所需的空间，判断它们运动时是否会互相干涉，考察某些构件或构件上某些点是否能实现预定的位置或轨迹要求。例如图3-1所示的 V 型发动机，为了确定活塞的冲程，就必须确定其上下运动的极限位置；为了确定其机壳的外廓尺寸，就必须知道连杆上的若干外廓点的轨迹和所需的空间区域。

通过速度分析，可以确定机构从动件的速度变化规律是否符合要求。例如牛头刨床，其刨刀在工作行程期间的速度应接近等速运动，这对提高加工质量和延长刀具寿命都是有利的；而其刨刀空回行程时的速度又应满足急回特性的要求，这样就能节

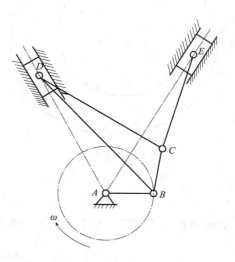

图3-1　V 型发动机

省动力和提高了工效。另外，因为功率是速度和力的乘积，所以当功率已知时，通过速度分析，还可以了解机构的受力情况。同时，速度分析也是加速度分析的前提。

通过加速度分析，可以确定机构各构件及构件上某些点的加速度变化规律，为惯性力的计算提供基础。在高速机械中，动强度计算、振动计算以及机械的动力性能，都与动载荷或惯性力有关，因此，对其进行加速度分析也是必不可少的。

平面机构运动分析有许多方法，主要的有图解法和解析法两大类。图解法中，常用的有速度瞬心法和相对运动法。图解方法简便，图形直观，对解决一般工程问题其精度是足够的。本章将主要介绍图解法。图解法的缺点是：在需要分析整个运动循环的情况时，作图工作量比较大。解析法能达到很高的精度，一般要用计算机来辅助计算。

第二节　用速度瞬心作机构速度分析

一、速度瞬心的定义及分类

根据理论力学知识，彼此作平面相对运动的两刚体，在任一瞬时，其相对运动都可以看做是绕某一重合点的转动，此重合点称为瞬时速度中心，简称瞬心。因此，速度瞬心是相对运动的两构件上绝对速度相等（相对速度为零）的瞬时重合点。若两构件之一是静止的，则该瞬心处的绝对速度为零，称为绝对瞬心；若两构件都是运动的，则其瞬心处的绝对速度不为零，称为相对瞬心。

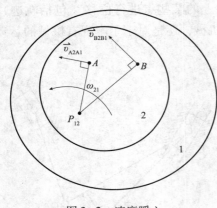

图 3-2　速度瞬心

通常用 P_{ij} 或 P_{ji} 表示构件 i、j 的速度瞬心。如图 3-2 所示，构件 1、2 的速度瞬心为 P_{12}，则 P_{12} 既是构件 1 上的点（用 P_1 表示），也是构件 2 上的点（P_2），同时满足 $\vec{v}_{P1} = \vec{v}_{P2}$。该瞬时两构件绕 P_{12} 点作相对运动，故两构件上任一重合点的相对速度都垂直于该点与瞬心的连线。图 3-2 中有，$\vec{v}_{A2A1} \perp P_{12}A$，$\vec{v}_{B2B1} \perp P_{12}B$。反之，若已知 $\vec{v}_{A2A1}$ 和 $\vec{v}_{B2B1}$ 的方向，则两速度矢量的垂线交点便是构件 1 和 2 的瞬心 P_{12}。

二、瞬心的数目

由于任意两个相对运动的构件都有个瞬心，若机构中有 N 个构件（包含机架），则机构中瞬心的数目 K 可根据组合原理确定，即

$$K = C_N^2 = \frac{N(N-1)}{2} \tag{3-1}$$

三、速度瞬心的位置确定

1. 直接接触组成运动副的两构件的瞬心位置

（1）两构件组成转动副　由于两构件相对转动，其中一个构件相对于另一个构件绕转动副的中心转动，故转动副的中心即为它们的速度瞬心，如图 3-3（a）所示。

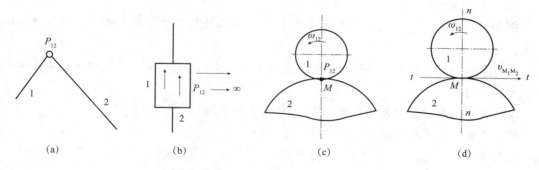

图3-3　直接接触的两构件间的瞬心位置

（2）两构件组成移动副　两构件做相对移动时，由于其相对移动方向平行于移动副导路方向，所以，瞬心位于垂直导路方向的无穷远处，如图3-3（b）所示。

（3）两构件组成高副　两构件组成纯滚动高副时，由于接触点的相对速度为零，所以接触点就是瞬心，如图3-3（c）所示。

两构件组成滚动兼滑动的高副时，两构件的相对速度方向为接触点的公切线 $t-t$ 方向，所以，瞬心就在过接触点的公法线 $n-n$ 上，但具体位置另需条件确定，如图3-3（d）所示。

2. 借助三心定理确定瞬心的位置

两构件不直接接触时，其瞬心常借助于"三心定理"来确定。

三心定理：彼此做平面运动的三个构件，共有三个瞬心，它们必位于同一条直线上。

可通过如图3-4所示的互作平面平行运动的三构件1、2、及3的三个瞬心中的 P_{23} 必定位于 P_{12} 及 P_{13}（分别处于各转动副中心处）的连线上来加以说明。为简单起见，不妨设构件1是固定的。这时在构件2及3上任取一个不在 P_{12} 及 P_{13} 连线上的重合点 K，显然因重合点 K_2、K_3 的速度方向不同而 K 就不可能成为瞬心 P_{23}，而只有将重合点 K 选在 P_{12} 及 P_{13} 的连线上两速度方向才能一致，故知 P_{23} 与 P_{12}、P_{13} 必在同一直线上。

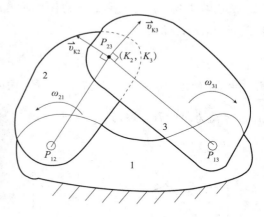

图3-4　三心定理的证明

四、速度瞬心法在平面机构速度分析中的应用

用速度瞬心法对机构进行速度分析的一般方法是：找到已知构件和待求构件的相对瞬心，它是这两个构件上绝对速度大小相等，方向相同的点，建立待求运动构件与已知运动构件的速度关系即可求解。下面通过几个实例说明用速度瞬心对机构进行速度分析的方法。

1. 铰链四杆机构

例3-1 图3-5所示为铰链四杆机构，已知各构件的尺寸，原动件2的角速度ω_2，试求：

①该机构的所有瞬心，并说明哪些是绝对瞬心，哪些是相对瞬心。构件3的中点S_3的速度方向如何？

②在图示位置时从动件4的角速度ω_4的大小和方向。

解：①该机构有6个瞬心，其中4个直接接触的瞬心：P_{12}、P_{23}、P_{34}、P_{14}，分别位于各自的转动副中心；2个间接接触的瞬心：P_{13}、P_{24}。由三心定理可知，P_{12}、P_{23}、P_{13}应位于同一直线上；P_{14}、P_{34}、P_{13}也应位于同一直线上。因此，直线$P_{12}P_{23}$和$P_{14}P_{34}$的交点就是P_{13}。同理，直线$P_{12}P_{14}$和$P_{23}P_{34}$的交点就是P_{24}。

因为构件1是机架，所以P_{12}、P_{13}、P_{14}是绝对瞬心，而P_{23}、P_{24}、P_{34}则是相对瞬心。

构件3的中点S_3的速度方向应垂直于$P_{13}S_3$。

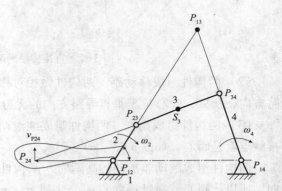

图3-5 铰链四杆机构速度分析的瞬心法

②已确定的P_{24}为构件2和构件4的速度瞬心，即等速重合点，可将构件2和构件4扩大到P_{24}处，故有

$$v_{P24} = \omega_2 \times \overline{P_{12}P_{24}} \times \mu_L = \omega_4 \times \overline{P_{14}P_{24}} \times \mu_L$$

由ω_2的方向，知v_{P24}垂直于$P_{12}P_{24}$向上。所以$\omega_4 = \omega_2 \dfrac{\overline{P_{12}P_{24}}}{\overline{P_{14}P_{24}}}$。由$v_{P24}$的方向得到$\omega_4$的方向为顺时针，即与$\omega_2$相同。

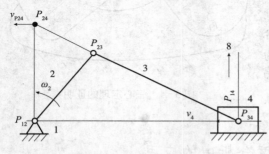

图3-6 曲柄滑块机构速度分析的瞬心法

上式表明，构件4与构件2的角速度之比（传动比）为两构件相对瞬心到绝对瞬心间距离的反比。该结论可用于平面机构中任意两构件间传动比的计算。

2. 曲柄滑块机构

例3-2 在图3-6所示的曲柄滑块机构中，已知各构件的尺寸，原动件2的角速度ω_2，试求图示位置时滑块4的移动速度v_4。

解：确定相对瞬心P_{24}，根据两个构件在P_{24}处的速度相等即可求出速度v_4。

瞬心P_{24}在直线$P_{12}P_{14}$和$P_{23}P_{34}$的交点处，其中，P_{14}在垂直于导路的无穷远处（位置并不是固定的，只是有确定的方向）。因P_{24}为构件2和构件4的速度瞬心，故有，

$$v_{P24} = v_4 = \omega_2 \times \overline{P_{12}\,P_{24}} \times \mu_L$$

v_4 的方向垂直于 $P_{12}P_{24}$ 水平向左。

3. 平底从动件盘形凸轮机构

例 3-3　如图 3-7 所示的平底从动件盘形凸轮机构中，已知凸轮机构的几何尺寸，凸轮以角速度 ω_2 匀速转动，求图示位置从动件的速度 v_3。

解：确定构件 2、3 的瞬心 P_{23}，它既在接触点的公法线 $n-n$ 上，又在 $P_{12}P_{13}$ 的连线上，如图 3-7 所示。建立速度方程，得

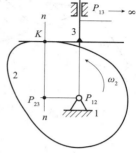

$$v_{P23} = v_3 = \omega_2 \times \overline{P_{12}\,P_{23}} \times \mu_L$$

方向垂直于 $P_{12}P_{23}$ 向下。

由上面例题可见，用瞬心法对构件数少的机构（含高副机构、低副机构）进行速度分析是很方便的。但对于多杆机构，因瞬心数目多，用这种方法较麻烦，而且速度瞬心法不便于对机构进行加速度分析。

图 3-7　平底推杆盘形凸轮机构速度分析的瞬心法

第三节　用矢量方程图解法作机构的速度和加速度分析

矢量方程图解法又称相对运动图解法，是一种利用构件的相对运动原理，建立构件上两点之间的相对运动关系（速度、加速度）矢量方程式，并按比例尺根据方程式作矢量多边形求解的方法。

根据不同的相对运动情况，分为两类问题：同一构件上两点间的运动关系问题及组成移动副两构件重合点间的运动关系问题。下面就其矢量方程的建立和求解逐一进行讨论。

一、同一构件上两点间的速度、加速度关系

例 3-4　如图 3-8（a）所示的六杆机构，已知各构件尺寸，原动件 1 的角速度为 ω_1，角加速度 a_1。求图示位置时，构件 2 的角速度 ω_2、角加速度 a_2 及构件 2 上 C 点、D 点的速度 v_C、v_{D2} 和加速度 a_C、a_{D2}。

解：首先根据机构的尺寸及位置作准确的机构位置图。

①速度分析

构件 2 上 C 点相对于 B 点的速度矢量方程为：

$$\vec{v_C} \quad = \quad \vec{v_B} \quad + \quad \vec{v_{CB}}$$

方向：　　 $// \ xx$　　　 $\perp AB$　　　 $\perp BC$

大小：　　　? 　　　　 $l_{AB}\,\omega_1$　　　　?

上面矢量方程式中，除了 $\vec{v_{CB}}$ 的大小、C 点速度的大小未知外，其余均已知。当矢量

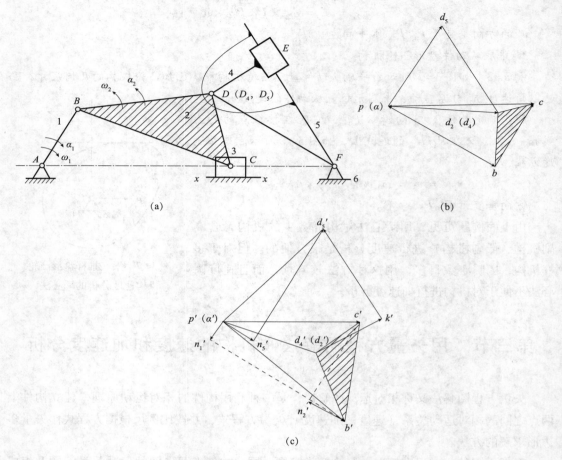

图3-8　六杆机构运动分析的矢量方程图解法

方程式中只有两个未知量时，可以求解。具体求解过程如下。

如图3-8（b）所示，任选一点 P 作为速度极点，是所有绝对速度为零的点。选速度比例尺 μ_v，

$$\mu_v = \frac{\text{实际速度（m/s）}}{\text{图长（mm）}} \qquad (3-2)$$

按式（3-2）先作有向线段 $\overrightarrow{pb}$ 代表 $\overrightarrow{v}_B$，然后过 b 作 $\overrightarrow{v}_{CB}$ 的方向线，再过 p 作 $\overrightarrow{v}_C$ 的方向线，得交点 c。则图3-8（b）中，$\overrightarrow{pc}$ 代表 $\overrightarrow{v}_C$，$\overrightarrow{bc}$ 代表 $\overrightarrow{v}_{CB}$，得

$$v_C = \overline{pc}\,\mu_v, \omega_2 = \frac{v_{CB}}{l_{BC}} = \frac{\overline{bc}}{l_{BC}}\mu_v（逆时针）$$

为了求 D 点的速度，可以列出 D 点与 B 点、D 点与 C 点之间的速度关系，即

$$\overrightarrow{v}_D = \overrightarrow{v}_B + \overrightarrow{v}_{DB} = \overrightarrow{v}_C + \overrightarrow{v}_{DC}$$

过点 b 作 $\overrightarrow{v}_{DB}$ 的方向线 bd，过点 c 作 v_{DC} 的方向线 cd，两者的交点即为 d_2，则 $\overrightarrow{pd_2}$ 即代表构件2上 D 点的速度 $\overrightarrow{v}_{D_2}$（$v_{D_2} = \overline{p\,d_2}\,\mu_v$）。

由图可见速度 $\triangle bcd$ 与位置 $\triangle BCD$ 的对应边分别垂直，所以 $\triangle bcd \backsim \triangle BCD$，且其字母的绕行顺序方向一致，我们把速度图形 bcd 称为位置图形 BCD 的速度影像。

②加速度分析

C 点相对于 B 点的加速度矢量方程为

$$\vec{a}_C = \vec{a}_B + \vec{a}_{CB} = \vec{a}_B^n + \vec{a}_B^t + \vec{a}_{CB}^n + \vec{a}_{CB}^t$$

方向：　$/\!/ xx$　　　　　　　　$B \rightarrow A$　$\perp AB$　　　$C \rightarrow B$　$\perp BC$

大小：　　?　　　　　　$l_{AB}\,\omega_1^2$　$l_{AB}\,\alpha_1$　　　$l_{CB}\,\omega_2^2$　　?

上面矢量方程式中，只有两个未知量时，可以作加速度图求解，作图过程如下。

如图 3-8（c）所示，任选一点作为加速度极点 p'，代表所有加速度为零的点，选定加速度比例尺 μ_a，

$$\mu_a = \frac{\text{实际加速度（m/s}^2\text{）}}{\text{图长（mm）}} \tag{3-3}$$

先作有向线段 $\overline{p'n_1'}$ 代表 $\vec{a}_B^n$，过 n_1' 作 $\overline{n_1'b'}$ 代表 $\vec{a}_B^t$，过 b' 作 $\overline{b'n_2'}$ 代表 $\vec{a}_{CB}^n$，过 n_2' 作 $\vec{a}_{CB}^t$ 的方向线。过 p' 作 $\vec{a}_C$ 的方向线，得交点 c'。则图 3-8（c）中，$\overline{p'c'}$ 代表 $\vec{a}_C$，$\overline{n_2'c'}$ 代表 $\vec{a}_{CB}^t$，得 $a_C = \overline{p'c'}\,\mu_a$，$\alpha_2 = \dfrac{a_{CB}^t}{l_{BC}} = \dfrac{\overline{n_2'c'}}{l_{BC}}\mu_a$，将代表 $\vec{a}_{CB}^t$ 的矢量 $n_2'c'$ 平移到 C 点，得 a_2 为逆时针方向。

同样，作 $\triangle b'c'd_2' \backsim \triangle BCD$，且字母的绕行顺序方向一致，得 d_2' 点。这里的图形 $b'c'd_2'$ 称为位置图形 BCD 的加速度影像。图中，$\overline{p'd_2'}$ 代表 $\vec{a}_{D2}$，$a_{D2} = \overline{p'd_2'}\,\mu_a$

小结：

①p - 速度极点（速度为零的点），p' - 加速度极点（加速度为零的点）

②p 指向任意一个小写字母的矢量表示该点的绝对速度，如 $p \rightarrow b$ 代表 $\vec{v}_b$；p' 指向任意一个带 " $'$ " 的小写字母的矢量，表示该点的绝对加速度，如 $p' \rightarrow b'$ 代表 $\vec{a}_B$。

③连接 p 以外任意两点的矢量代表这两点的相对速度，如：$b \rightarrow c$ 代表 $\vec{v}_{CB}$；连接除 p' 外任意两个带 " $'$ " 点的矢量代表这两点的相对加速度，且指向与下角标相反。如 $b' \rightarrow c'$ 代表 $\vec{a}_{CB}$。

④影像原理：同一构件上各点的位置多边形相似于这些点的速度多边形和加速度多边形，而且字母绕行的方向一致。当已知构件上两点的速度、加速度时，则该构件上其他任一点的速度、加速度便可直接利用影像原理求出，而不需再列矢量方程式求解。

⑤为清楚起见，加速度图中，各加速度的分量用虚线表示。

二、组成移动副的两构件重合点间的速度、加速度关系

例 3-5　求图 3-8（a）所示六杆机构中构件 5 的角速度 ω_5 和角加速度 α_5。

解：构件 4、构件 5 组成移动副，并且导路是运动的情况，就存在组成移动副的两构

件重合点间的关系问题。选择 D 点作为构件 4 和构件 5 的重合点。

①速度分析

根据运动合成原理，D_5 点的运动可以看做是随构件 4 上 D 点的牵连运动和 D_5 点相对于 D_4 点的相对运动的合成。构件 2 和构件 4 在 D 点组成转动副，所以 $\vec{v}_{D4} = \vec{v}_{D2}$，$\vec{a}_{D4} = \vec{a}_{D2}$。$D_5$ 点相对 D_4 的速度矢量方程为

$$\vec{v}_{D5} = \vec{v}_{D4} + \vec{v}_{D5D4} \tag{3-4}$$

方向： $\perp DF$　　　已知（由上例）　　　$// EF$

大小： ?　　　　　　已知（由上例）　　　　?

在例 3-4 的图 3-8（b）中，过点 $d_2(d_4)$ 作 v_{D5D4} 的方向线，过 p 点作 $\vec{v}_{D5}$ 的方向线，两者的交点即为 d_5，所以 $\omega_5 = \dfrac{v_{D5}}{l_{DF}} = \dfrac{\overline{p\,d_5}\,\mu_v}{l_{DF}}$，将 $\vec{v}_{D5}$ 对应的矢量 $\overline{pd_5}$ 平移到 D_5 点，得 ω_5，为顺时针。因构件 4 和构件 5 组成移动副，故 $\omega_5 = \omega_4$。

②加速度分析

$$\vec{a}_{D5} = \vec{a}_{D5}^n + \vec{a}_{D5}^t = \vec{a}_{D4} + \vec{a}_{D5D4}^k + \vec{a}_{D5D4}^r \tag{3-5}$$

大小： $l_{DF}\,\omega_5^2$　　　?　　　已知（由上例）　　　$2\,\omega_5\,v_{D5D4}$　　　?

方向： $D \rightarrow F$　　$\perp DF$　　已知（由上例）　将 v_{D5D4} 沿 ω_5 转 $90°$　　$// EF$

式（3-5）中，$\vec{a}_{D5D4}^k$ 为 D_5 相对于 D_4 的哥氏加速度，其大小为 $a_{D5D4}^k = 2\,\omega_5\,v_{D5D4}$，方向为将相对速度 v_{D5D4} 的方向沿牵连角速度 ω_5 方向转 $90°$。

在例 3-4 图中 3-8（c）中，过点 d'_2 作 $\overrightarrow{d'_2\,k'}$ 代表 $\vec{a}_{D5D4}^k$，过点 k' 作 $\vec{a}_{D5D4}^r$ 的方向线；再过点 p' 作 $\overrightarrow{p'\,n'_5}$ 代表 a_{D5}^n，过点 n'_5 作 $\vec{a}_{D5}^t$ 的方向线，两者的交点即为 d'_5。故

$$\alpha_5 = \frac{a_{D5}^t}{l_{DF}} = \frac{\overline{n'_5\,d'_5}\,\mu_a}{l_{DF}}$$

将代表 a_{D5}^t 的矢量 $\overrightarrow{n'_5\,d'_5}$ 平移到 D_5 点，得 α_5 为顺时针。

需要说明的是，可将杆件扩大到平面内任一点，作为构件 4 和构件 5 的重合点，但选择未知量最少的点求解最方便。如本例中选择 D 点建立速度、加速度矢量方程式，都只有两个未知量，可直接求解。若以 E 点为重合点，其速度、加速度矢量方程中未知量多于两个，无法直接求解。

当机构复杂时，若将瞬心法和矢量方程图解法相结合可使问题简化。速度大小、方向均未知，总未知量多于两个，例如当某点的绝对速度未知，无法作速度多边形求解时，可先用瞬心法找到该点所在构件的绝对瞬心，从而就知道了该点的绝对速度方向，进而可以求解。

第四节 综合运用速度瞬心法和矢量方程图解法 对复杂机构进行速度分析

对于Ⅲ级机构或以连杆为原动件的比较复杂的机构，采用综合法对其进行速度分析往往比较简捷，但综合法不能用于机构的加速度分析。下面举例加以说明。

例 3-6 图 3-9（a）所示为一摇动筛六杆机构的运动简图（根据机构分类属Ⅲ级机构）。设已知各构件尺寸及原动件 2 的角速度 ω_2。需作出机构在图示位置时的速度多边形。

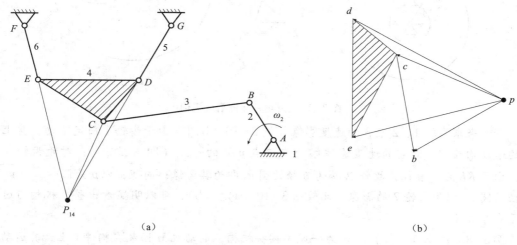

（a） （b）

图 3-9 摇动筛机构及其速度多边形

解： 根据题设，求解的关键应先求出 $\vec{v}_C$，而为此可列出下列一系列矢量方程：$\vec{v}_C = \vec{v}_B + \vec{v}_{CB}$，$\vec{v}_C = \vec{v}_D + \vec{v}_{CD}$，$\vec{v}_C = \vec{v}_E + \vec{v}_{CE}$。在这些方程中，无论哪一个或它们的群立式的未知数均超过两个，故无法用图解法求解。为了解决此困难，可利用瞬心 P_{14} 先定出 $\vec{v}_C$ 的方向。根据三心定理，构件 4 的绝对瞬心 P_{14} 应位于 GD 和 EF 两延长线的交点处。而 $\vec{v}_C$ 的方向应垂直于 $P_{14}C$。$\vec{v}_C$ 的方向定出后，其余的求解过程就很简单了，作出的速度多边形如图 3-9（b）所示。

例 3-7 图 3-10（a）所示为齿轮-连杆组合机构。其中，主动齿轮 2 以角速度 ω_2 绕固定轴线 O 顺时针转动，从而使齿轮 3 在固定不动的内齿轮 1 上滚动，在齿轮 3 上的 B 点铰接着连杆 5。设已知各构件尺寸，求在图示瞬时构件 6 的角速度 ω_6。

解： 由图可见，欲求 ω_6 需先求出 $\vec{v}_B$。又由瞬心的定义知，E 点为齿轮 1、3 的绝对瞬心 p_{13}，K 点为齿轮 2、3 的相对瞬心 p_{23}。而 $\vec{v}_K = \omega_2 l_{ok}$，$\vec{v}_K$ 垂直于 OK，指向与 ω_2 的转向一致。

因齿轮 3 上 E、K 两点的速度已知，可用速度影像原理求得 $\vec{v}_B$［图 3-10（b）］，再由矢量方程

$$\vec{v}_C = \vec{v}_B + \vec{v}_{CB}$$

求得 $\vec{v}_C$，则

$$\omega_6 = v_C / l_{CD} = \mu_v \overline{pc} / l_{CD}（顺时针）$$

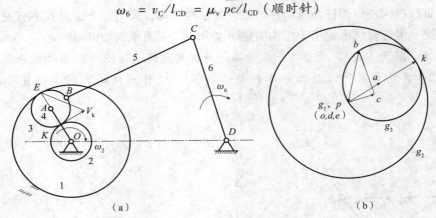

（a）　　　　　　　　　　（b）

图 3-10　齿轮 - 连杆组合机构

下面来求齿轮 1、2 及 3 的速度影像［图 3-10（b）］。由于齿轮 1 固定不动，其上各点的速度均为零，故它的速度影像缩为在极点 p 处的一点（即点圆 g_1）；对于齿轮 3 来说，由于 $\overline{KE}$ 为其直径，故作以 $\overline{ek}$ 为直径的圆 g_3 即为其影像；同理，以 p 为圆心，以 $\overline{pk}$ 为半径的圆 g_2 则为齿轮 2 的影像。比较图 3-10（a）、（b），可以明显看出整个机构与速度图无影像关系。

例 3-8　图 3-11（a）所示为一风扇摇头机构，电动机 M 固装在构件 1 上，其运动是通过电动机轴上的蜗杆 1' 带动固装于构件 2 上的蜗轮 2'，故构件 2 为四杆机构 ABCD 的原动件，但不与机架相连。设已知各构件的尺寸及原动件 2 相对于构件 1 的相对角速度 ω_{21}，试求机构在图示位置时的 ω_1 与 ω_3。

解：由题给条件可知，在矢量方程 $\vec{v}_C = \vec{v}_B + \vec{v}_{CB}$ 中，$\vec{v}_C$、$\vec{v}_B$ 及 $\vec{v}_{CB}$ 大小均未知，故不可解。但如选取 C 点为构件 1、2 的重合点，因 B 点为构件 1、2 的相对瞬心，故利用运动合成原理及瞬心的性质，有

$$\vec{v}_{C2} = \vec{v}_{C1} + \vec{v}_{C2C1}$$

方向：　$\perp CD$　　$\perp AC$　　$\perp BC$

大小：　　?　　　　?　　　$\omega_{21} l_{BC}$

上式可用图解法求解［图 3-11（b）］，在选定比例尺 μ_v 后，先做出 $\overline{c_1 c_2}$，再分别过 c_1、c_2 作 $\vec{v}_{C1}$、$\vec{v}_{C2}$ 的方向线 $c_1 p$ 及 $c_2 p$，两方向线的交点 p 就是速度多边形的极点，故

$$\omega_1 = v_{C1} / l_{AC} = \mu_v \overline{pc_1} / l_{AC}（顺时针）$$

$$\omega_3 = v_{C2} / l_{CD} = \mu_v \overline{pc_2} / l_{CD}（顺时针）$$

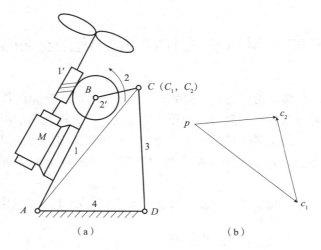

图 3-11　风扇摇头机构

　　利用机构的速度图解不仅能对机构进行直观、快捷地速度特性分析，而且有助于判断分析结果的正确性，还能帮助设计者迅速、清晰地了解机构的整体行为和一般运动情况。假如我们要直接想象机构中的一个运动连杆及其上某一点的运动（如一点的轨迹、速度方向等），即使简单的四杆机构，也是困难的。但若我们了解了一个机构的速度图形，借助于速度影像概念就不难想象出任一点速度的情况。尤其是利用速度瞬心的概念，若将连杆的运动视为绕其绝对瞬心作纯转动的运动来想象，就更不难想象连杆的运动情况了。这一点对一个工程师来说在机器工作现场快捷地发现或处理一些速度相关的技术问题很是有实际意义的，这在工程设计中也有重要的应用。例如图 3-12 所示的汽车后悬挂系统的设计，采用了铰链四杆机构（图中机构 $ABCD$），车轮轴与其连杆 3 固接。为了避免汽车在行驶时由于车轮遇到凸起物使其车轮向上运动的同时又倾倒运动（如图右轮轴心 O' 向上运动时其速度 v 就发生偏斜了一角度）以及向前运动而产生转到的扰动（即车轮反操作汽车）等现象，影响其行驶运动的不稳定性，导致司机产生惊慌，就需要分析其连杆的运动情况。工程上常用的简单方法就是通过查看连杆的绝对瞬心 p 的轨迹，以快速地预测出该悬挂机构系统是否会出现不希望的运动。

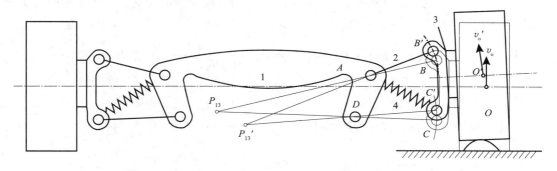

图 3-12　汽车后悬挂系统

第五节　用解析法作机构的运动分析简介

平面机构运动分析常用的解析法有复数矢量法、矩阵法及杆组法等，其核心思想是建立机构位置方程，通过对其求时间的一阶和二阶导数，得到速度和加速度方程，进行运动分析的方法。其中，复数矢量法是将机构看做一个封闭矢量多边形，用复数的形式表示该机构的封闭矢量方程式，再将封闭矢量方程式对所建立的直角坐标系取投影，建立位置方程。

本节以常见的低副机构为例，介绍用复数矢量法对机构进行运动分析的方法。

一、铰链四杆机构的运动分析

如图 3-13 所示的铰链四杆机构 $ABCD$ 中，已知各杆长度分别为 l_1、l_2、l_3、l_4，原动件以角速度 ω 匀速转动，当原动件位置角为 φ_1 时，求连杆 2 和摇杆 3 的角位移 φ_2、φ_3，角速度 ω_2、ω_3 和角加速度 α_2、α_3。

①位置分析

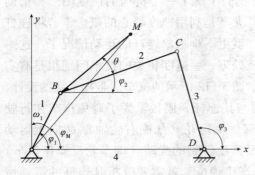

图 3-13　铰链四杆机构运动分析的复数矢量法

首先建立如图 3-13 所示的直角坐标系，将各构件以矢量的形式表达出来，构成一个封闭的矢量图形。建立该机构的封闭矢量方程。以复数形式表达为

$$l_1 e^{i\varphi_1} + l_2 e^{i\varphi_2} = l_3 e^{i\varphi_3} + l_4 \qquad (3-6)$$

将上式按欧拉公式展开，并令实部和虚部分别相等，得到

$$\left.\begin{array}{l} l_1 \cos\varphi_1 + l_2 \cos\varphi_2 = l_3 \cos\varphi_3 + l_4 \\ l_1 \sin\varphi_1 + l_2 \sin\varphi_2 = l_3 \sin\varphi_3 \end{array}\right\}$$

$$(3-7)$$

式中，φ_1、φ_2、φ_3 分别为三个活动件 1、2、3 与 x 轴正向的位置角，规定逆时针方向为正。其中 φ_1 已知，φ_2、φ_3 未知。

令 $E = l_4 - l_1 \cos\varphi_1$，$F = -l_1 \sin\varphi_1$，$G = \dfrac{E^2 + F^2 + l_3^2 - l_2^3}{2 l_3}$，综合求解有

$$\varphi_3 = 2\arctan \frac{F \pm \sqrt{E^2 + F^2 - G^2}}{E - G}，\quad \varphi_2 = \arctan \frac{F + l_3 \sin\varphi_3}{E + l_3 \cos\varphi_3}$$

式中，BCD 字母绕行方向为顺时针时取 "+" 号，反之取 "−" 号。

②速度分析

将式（3-6）对时间求导，得

$$l_1 \dot{\varphi}_1 i e^{i\varphi_1} + l_2 \dot{\varphi}_2 i e^{i\varphi_2} = l_3 \dot{\varphi}_3 i e^{i\varphi_3} \qquad (3-8)$$

综合可求得：

$$\omega_3 = \dot{\varphi}_3 = \omega_1 \frac{l_1 \sin(\varphi_1 - \varphi_2)}{l_3 \sin(\varphi_3 - \varphi_2)} \tag{3-9}$$

$$\omega_2 = \dot{\varphi}_2 = -\omega_1 \frac{l_1 \sin(\varphi_1 - \varphi_3)}{l_2 \sin(\varphi_2 - \varphi_3)} \tag{3-10}$$

③加速度分析

将式（3-8）对时间求导，得

$$-l_1 \dot{\varphi}_1^2 e^{i\varphi_1} + i l_2 \ddot{\varphi}_2 e^{i\varphi_2} - l_2 \dot{\varphi}_2^2 e^{i\varphi_2} = i l_3 \ddot{\varphi}_3 e^{i\varphi_3} - l_3 \dot{\varphi}_3^2 e^{i\varphi_3} \tag{3-11}$$

综合可求得：

$$\alpha_3 = \ddot{\varphi}_3 = \frac{l_2 \omega_2^2 + l_1 \omega_1^2 \cos(\varphi_1 - \varphi_2) - l_3 \omega_3^2}{l_3 \sin(\varphi_3 - \varphi_2)} \cos(\varphi_3 - \varphi_2) \tag{3-12}$$

$$\alpha_2 = \ddot{\varphi}_2 = \frac{l_3 \omega_3^2 - l_1 \omega_1^2 \cos(\varphi_1 - \varphi_3) - l_2 \omega_2^2}{l_2 \sin(\varphi_2 - \varphi_3)} \cos(\varphi_2 - \varphi_3) \tag{3-13}$$

④连杆上点 M 的运动分析

连杆机构通常靠连杆上某点的轨迹或位置满足某种现场需求，所以往往需要求出连杆上点的位移、速度和加速度。

若已知连杆上某点 M 的矢量半径为 r，M 点到 B 点的距离为 L，则 M 点的位置复数矢量方程为

$$r e^{i\varphi_M} = l_1 e^{i\varphi_1} + L e^{i(\varphi_2 + \theta)} \tag{3-14}$$

可得 M 点的位置为

$$r = \sqrt{r_x^2 + r_y^2} = \sqrt{l_1^2 + L^2 + 2l_1 L \cos(\varphi_1 - \varphi_2 - \theta)} \tag{3-15}$$

$$\tan \varphi_M = \frac{r_y}{r_x} = \frac{l_1 \sin \varphi_1 + L \sin(\varphi_2 + \theta)}{l_1 \cos \varphi_1 + L \cos(\varphi_2 + \theta)}$$

将式（3-14）对时间求导，得点 M 的速度

$$v_M = l_1 \omega_1 e^{i(\varphi_1 + \frac{\pi}{2})} + L \omega_2 e^{i(\varphi_2 + \theta + \frac{\pi}{2})} = \vec{v}_B + \vec{v}_{MB} \tag{3-16}$$

将式（3-16）对时间求导，得点 M 的加速度

$$a_M = l_1 \omega_1^2 e^{i(\varphi_1 + \pi)} + L \omega_2^2 e^{i(\varphi_2 + \theta + \pi)} + L \alpha_2 e^{i(\varphi_2 + \theta + \frac{\pi}{2})} = \vec{a}_B + \vec{a}_{MB}^n + \vec{a}_{MB}^t \tag{3-17}$$

二、曲柄滑块机构的运动分析

如图 3-12 所示的曲柄滑块机构，已知：曲柄长度 l_1、位置角 φ_1、等角速度 ω_1、连杆长度 l_2，求连杆 2 的角位移 φ_2、角速度 ω_2、角加速度 α_2 及滑块 3 的位置坐标 x_C、速度 v_C、加速度 a_C。

①位置分析

建立直角坐标系如图 3-14 所示，位置复数矢量方程式为

$$l_1 e^{i\varphi_1} + l_2 e^{i\varphi_2} = x_C \tag{3-18}$$

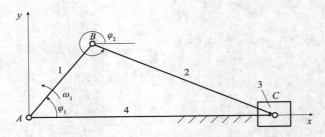

图3-14 曲柄滑块机构运动分析的复数矢量法

取实部和虚部相等，得

$$\left.\begin{array}{c} l_1\cos\varphi_1 + l_2\cos\varphi_2 = x_C \\ l_1\sin\varphi_1 + l_2\sin\varphi_2 = 0 \end{array}\right\} \tag{3-19}$$

解得连杆的位置角和滑块的位置坐标为

$$\varphi_2 = \arcsin\left(\frac{-l_1\sin\varphi_1}{l_2}\right) \tag{3-20}$$

$$x_C = l_1\cos\varphi_1 + l_2\cos\varphi_2 \tag{3-21}$$

②速度分析

将式（3-18）对时间求导，得

$$v_C = l_1\,\omega_1\,e^{i(\varphi_1+\frac{\pi}{2})} + l_2\,\omega_2\,e^{i(\varphi_2+\frac{\pi}{2})} \tag{3-22}$$

将式（3-19）的第二式对时间求导，得

$$\omega_2 = \dot\varphi_2 = \frac{-l_1\,\omega_1\cos\varphi_1}{l_2\cos\varphi_2} \tag{3-23}$$

③加速度分析

将式（3-22）对时间求导，得

$$-l_1\,\omega_1^2\,e^{i\varphi_1} + l_2\,\alpha_2 i\,e^{i\varphi_2} - l_2\,\omega_2^2\,e^{i\varphi_2} = a_C \tag{3-24}$$

上式两边分别乘以 $e^{-i\varphi_2}$，取实部和虚部分别相等，得

$$a_C = \frac{-l_1\,\omega_1^2\cos(\varphi_1-\varphi_2) - l_2\,\omega_2^2}{\cos\varphi_2} \tag{3-25}$$

$$\alpha_2 = \ddot\varphi_2 = \frac{l_1\,\omega_1^2\sin\varphi_1 + l_2\,\omega_2^2\sin\varphi_2}{l_2\cos\varphi_2} \tag{3-26}$$

小　结

本章主要介绍了平面机构的性能分析基础和平面机构的运动分析。运动分析和力学分析的结果不仅可以检验所做机构设计满足设计要求的程度，它还将为技术设计提供必要的运动参数和力学参数。

机构运动分析的方法包括图解法和解析法，图解法又包括速度瞬心法和矢量方程法。

速度瞬心法是利用速度瞬心求解，因此必须先找对瞬心（注意三心定理的运用）对于平面高、低副机构求解很方便；但机构构件较多时，瞬心太多反而不易求解，另外速度瞬心法不能求解加速度。

矢量方程法运用运动合成的理论求解，概念清楚、求解结果直观，若只求机构几个位置的运动参数，还是很方便的，但若求一个周期或多位置时，相比解析法就比较麻烦。

在用矢量方程法做运动分析时要注意，当分析牵连运动时只看动系的运动而不看动系内部的运动；而分析相对运动时只看动系内部的运动而不看动系的运动。哥氏加速度是否存在，则要看牵连角速度和相对运动速度是否同时存在，缺少其中之一则不存在哥氏加速度。机构处于特殊位置时，牵连角速度和相对运动速度往往有一个为零，而没有哥氏加速度。哥氏加速度的分析是本章的难点内容之一，要注意运用影像法，但此法只适用于同一构件内而不是用于整个机构。

随着计算机的普及，解析法已显示出它的优越性。常用的方法大体有两类，一类是针对具体机构进行分析列出计算公式，然后编程上机求解，这种方法对于简单机构很方便；另一类则是事先编好子程序求解释调用，这种方法通用性好。另外根据建立和求解方程时由于所用的数学工具不同又分为投影法、矢量分析法、复数矢量法、矩阵法等，但思路和步骤是基本相似的，感兴趣的读者可参阅相关文献。

思　考　题

3-1. 机构运动分析包括哪些内容？对机构进行运动分析的目的是什么？

3-2. 什么叫速度瞬心？相对速度瞬心和绝对速度瞬心有什么区别？

3-3. 在进行机构运动分析时，速度瞬心法的优点及局限是什么？

3-4. 什么叫三心定理？

3-5. 怎样确定组成转动副、移动副、高副的两构件的瞬心？怎样确定机构中不组成运动副的两构件的瞬心？

3-6. 在同一构件上两点的速度和加速度之间有什么关系？

3-7. 组成移动副两平面运动构件在瞬时重合点上的速度和加速度之间有什么关系？

3-8. 平面机构的速度和加速度多边形有何特性？

3-9. 什么叫"速度影像"和"加速度影像"，它在速度和加速度分析中有何用处？利用速度影像原理（或加速度影像）进行构件上某点速度（或加速度）图解时应具备哪些条件？

3-10. 机构运动时在什么情况下有哥氏加速度出现？它的大小及方向如何决定？

3-11. 如何根据速度和加速度多边形确定构件的角速度和角加速度的大小和方向？

3-12. 如何确定构件上某点法向加速度的大小和方向？

3-13. 当某一机构改换原动件时，其速度多边形是否改变？其加速度多边形是否改变?

3-14. 什么叫运动线图? 它在机构运动分析时有什么优点?

习　　题

3-1. 如题图 3-1 所示机构, 求机构的全部瞬心。

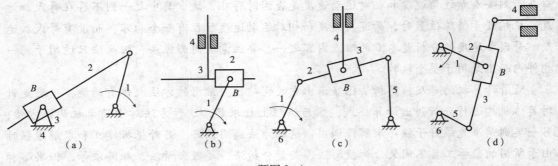

题图 3-1

3-2. 在题图 3-2 所示的机构中, 已知各杆的尺寸, ω_1 = 常数。试用图解法求机构在图示位置构件 3 上 C 点的速度 v_{C3} 和加速度 a_{C3} (画出机构的速度、加速度多边形, 标出全部影像点, 并列出必要的矢量方程式及计算式。)

3-3. 已知题图 3-3 所示铰链四杆机构的位置、尺寸、ω_1 和加速度图。求机构在该位置连杆 BC 上速度为零的点 E 和加速度为零的点 F。

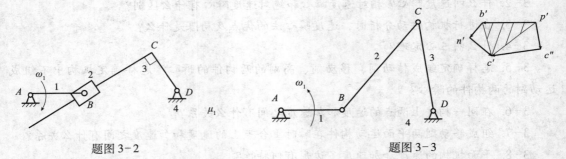

题图 3-2　　　　　　　　　　　　　　　题图 3-3

3-4. 已知题图 3-4 所示机构的位置、尺寸, ω_1 为常数。试用矢量方程图解法求 E 点的速度 v_E 和加速度 a_E。

3-5. 题图 3-5 所示机构中, 已知各构件的长度、原动件 1 的位置 φ_1 及等角速度 ω_1, 求机构在图示位置时构件 3 的速度、加速度以及构件 2 上点 E 的速度、加速度。

3-6. 已知题图 3-6 所示机构的位置及尺寸, ω_1 = 常数, 用相对运动图解法求构件 3 的角速度 ω_3 和角加速度 α_3 (画出机构的速度、加速度多边形, 并列出必要的矢量方程式及计算式)。

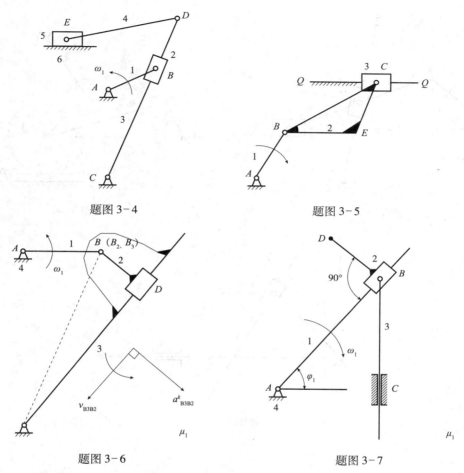

题图 3-4

题图 3-5

题图 3-6

题图 3-7

3-7. 已知题图 3-7 所示机构的位置及尺寸，$\omega_1 =$ 常数，求构件 2 上 D 点的速度 v_D 和加速度 a_D（画出机构的速度、加速度多边形，并列出必要的矢量方程式及计算式）。

3-8. 已知题图 3-8 所示机构的位置及尺寸，$\omega_1 =$ 常数，试用相对运动图解法求图示位置：

（1）构件 5 上 F 点的速度 v_F（在 pb 的基础上作速度多边形并列出有关矢量方程式及计算式）；

（2）构件 5 上 F 点的加速度 a_F（写出求解思路并列出有关矢量方程式及计算式）。

3-9. 在题图 3-9 所示的齿轮—连杆组合机构中，MM 为固定齿条，齿轮 3 的齿数为齿轮 4 的 2 倍，设已知原动件 1 以等角速度 ω_1 顺时针方向回转，试用图解法求机构在图示位置时，E 点的速度 V_E 以及齿轮 3、4 的速度影像。

3-10. 在题图 3-10 所示机构中，已知 $\theta_1 = 45°$，构件 1 以 $\omega_1 = 100\text{rad/s}$ 逆时针方向转动，$L_{AB} = 400\text{mm}$，$\gamma = 60°$，求构件 2 的角速度 ω_2 和构件 3 的速度 v_3（用解析法）。

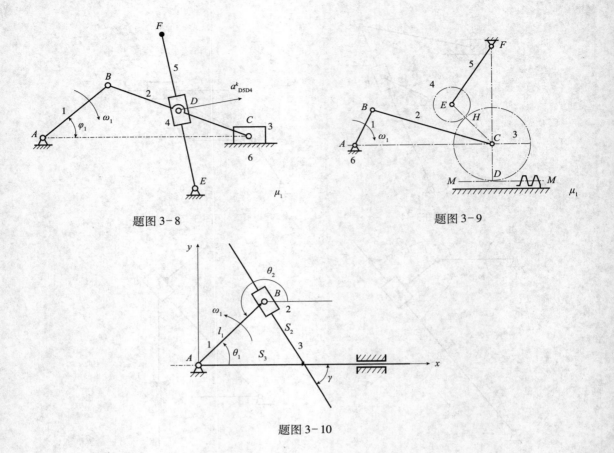

题图 3-8

题图 3-9

题图 3-10

第四章　机械中的摩擦与机械效率

本章以平面铰链四杆机构和曲柄滑块机构为例，介绍平面机构中力的计算，即平衡力和运动副反力的计算方法。此外，在力分析时，由于需要计入运动副中的摩擦力，因此对常用的几种运动副的摩擦也作了分析。最后介绍机械效率的计算方法和用机械效率来判断机械自锁的问题。

本章的重点是平面机构动态静力分析的方法、机械效率的计算和建立自锁条件。难点是运动副中总反力的确定。

第一节　分析机械中摩擦的意义

在压力作用下，相互接触的两个物体受切向外力的影响而发生相对滑动，或有相对滑动的趋势时，在接触表面上就会产生阻碍滑动的阻力，这一作用称为摩擦，所产生的阻力成为摩擦力。摩擦是不可逆的过程，结果必然伴随着能量的损耗，零件的磨损，发热，机械效率下降，运动副元素受到磨损，降低零件的强度、机械的精度和工作寿命。机械效率的大小与机构运动所受的摩擦力大小有关；因此，提高机械效率的有效措施就是减小摩擦。摩擦在机械中有时却是有益的，如带传动、车辆的制动器等，正是利用摩擦来工作的。

在机械分析中，当摩擦起到阻碍作用，对运动起有害作用时，应当做到尽量减小摩擦力，此时的摩擦力称为有害阻力。对机构运动分析时，摩擦力会影响机构的效率、工作精度、使用寿命等要素，因此，对机构力的分析时，摩擦的分析也是重要的一部分。

第二节　机构的力分析

作用在机械上的力不仅影响机械的运动和动力性能，而且也是决定构件尺寸和结构形状、原动机选型计算的重要依据。因此，无论是设计新机械，还是合理使用现有机械，都必须对机械进行受力分析。

一、作用在机械上的力

作用在机械上的力有多种，如重力、惯性力、运动副反力等，根据力对机械运动的影响，分为两类：

（1）驱动力　驱动力是驱使机械运动的力，其方向与力作用点的速度方向相同或成锐角，它所做的功为正功，称为输入功或驱动功 W_d。

（2）阻抗力　阻抗力是阻止机械运动的力，其方向与力作用点的速度方向相反或成钝角，它做的功为负功，称为阻抗功。

阻抗力分为有效阻力（工作阻力）和有害阻力。如机床中工件作用于刀具上的切削力、起重机吊起重物时的重力等都是有效阻力。机械克服有效阻力就完成了有效的工作，克服有效阻力所做的功称为输出功 W_r。而有害阻力是机械在运转过程中所受到的非生产阻力，如摩擦力、介质阻力常为有害阻力。克服有害阻力做的功是一种能量的无谓消耗，称为损耗功 W_f。

重力作用于构件的重心上，当重心上升时，是阻力；当重心下降时，则为驱动力。一个运动循环中，重力做功为零。

构件作变速运动时产生惯性力，惯性力作用于构件质心上，它与质心加速度的方向相反。一个运动循环中，惯性力做功为零。

二、构件中的惯性力和惯性力矩

平面机构中，构件有三种运动形式：往复移动、定轴转动和平面复合运动。现分别介绍其惯性力和惯性力矩的大小和方向。

1. 往复移动的构件

若构件的质量为 m，加速度为 a，则惯性力 $F_1 = -ma$，如图 4-1（a）所示。

2. 绕定轴转动的构件

若构件的质心在 S 点，质心的加速度为 a，质量为 m，构件绕质心的惯量为 J，构件的角加速度为 α，则

①当质心 S 与转轴线重合时［图 4-1（b）］，$a_S = 0$，则惯性力 $F_1 = 0$，惯性力矩 $M_1 = -J_S\alpha$。

②若质心 S 不与回转轴线重合［图 4-1（c）］，则质心 S 处的惯性力 $F_1 = -ma_S$，构件上惯性力矩 $M_1 = -J_S\alpha$。

通常将上述惯性力 F_1 和惯性力矩 M_1 合成一个总的惯性力 F_1'，F_1' 的大小等于 F_1，F_1' 偏移 F_1 的距离为 h，偏向应保证 F_1' 对质心点之矩的方向与 M_1 的方向相同，且 $h = M_1/F_1$。

3. 作平面复合运动的构件

如图 4-1（d）所示，构件作平面复合运动，质心 S 点的加速度为 a_S，角加速度为 α，方向如图。则所受惯性力 $F_1 = -ma_S$ 和惯性力矩 $M_1 = -J_S\alpha$。合成后的总惯性力 F_1' 如图 4-1（d）所示，F_1' 到质心 S 的距离 $h = M_1/F_1$。

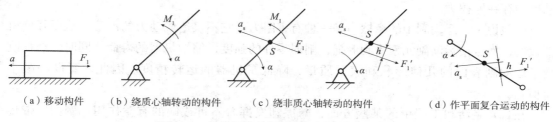

图 4-1　各种构件的惯性力和惯性力矩的确定

（a）移动构件　　（b）绕质心轴转动的构件　　（c）绕非质心轴转动的构件　　（d）作平面复合运动的构件

三、机构力分析的任务

（1）确定运动副中的总反力　运动副中的法向反力和摩擦力的合力称为运动副的总反力。运动副反力的大小和性质对于机构中零件的强度计算、机械效率的计算，以及运动副中摩擦和磨损的确定等都是关键的已知条件。

（2）确定机械上的平衡力（平衡力矩）　机械中的平衡力（平衡力矩）是指机械按给定的运动规律运动，所必需加于机械上的与已知外力、力矩相平衡的未知外力或力矩。若已知生产阻力时，平衡力往往是原动力，据此可以计算所需原动机的功率；若已知原动力时求出的平衡力为生产阻力，据此可以确定机械所能克服的生产载荷。

四、机构力分析的方法

按是否考虑惯性力，机构力分析的方法分为静力分析和动态静力分析。

（1）静力分析对于低速轻型机械，因惯性力小，在力分析时往往忽略惯性力的影响，这种不计惯性力的力分析方法称为静力分析。

（2）动态静力分析对于高速重载的机械，因惯性力大，不能忽略。将惯性力（力矩）按一般外力加于相应构件上，根据达朗伯原理，该机械系统处于平衡状态仍可按静力分析的方法进行受力分析，这种力分析的方法称为动态静力分析。

按是否计入摩擦，机构力分析又分为考虑摩擦的力分析和不计摩擦的力分析两种。一般轻载低速的机械可以不考虑摩擦进行力分析。

机构力分析的解法有图解法和解析法两种。

图解法是通过作图求得未知力，它直观、概念清晰，但求解精度差。

解析法求解精度高，计算量大，借助计算机求解比较方便。解析法中常用矩阵法，它概念清楚，方程简单，且有现成的计算程序，可以直接应用求解。

此外，为简化计算，力分析时往往假定原动件作匀速运动。

第三节　运动副中摩擦力的确定

组成运动副的两构件间一定有相对运动，各构件在运动副中就有相互作用力，所以运动副中存在摩擦力。

一般说来，运动副中的摩擦力是一种有害阻力，它不仅造成动力的浪费，从而降低机器效率，而且使运动副元素受到磨损，削弱零件的强度，缩短机器的寿命。同时，磨损改变了运动副表面的几何形状和表面质量，降低了机器的运转精度。因此，要设法减小摩擦。

在日常生活和工程中的某些方面，摩擦却发挥着不可或缺的有益作用。例如，带传动、机械的制动以及钢材的轧制等都是利用摩擦的典型例证。在这些场合，要确保产生可靠的、足够大的摩擦力。

正是为了限制和利用摩擦，都必须对运动副中的摩擦加以研究。

不计摩擦时，各种平面运动副的约束反力沿着接触面的公法线方向，也称为法向反力。考虑摩擦时，总反力为法向反力与摩擦力的合力，本节研究平面转动副、移动副和高副中的总反力。

就单个运动副中的摩擦性质而言，转动副和移动副中只产生滑动摩擦；对于纯滚动的高副，只存在滚动摩擦，而滚动摩擦力在理论力学中已讲过；对于滚动兼滑动的高副，既产生滑动摩擦力，也产生滚动摩擦力，但滚动摩擦力远远小于滑动摩擦力，常常忽略不计。所以本节只研究滑动干摩擦，且重点介绍转动副和移动副的总反力的确定。

一、移动副中的摩擦

1. 平面接触移动副中的摩擦

图 4-2（a）所示为平面接触的移动副。已知滑块 1 所受铅垂载荷为 G（包括重力），水平驱动力 F 使滑块 1 有向右的运动趋势。则平面 2 给滑块 1 一个法向反力 F_{N21}，同时给滑块一个与运动方向相反的摩擦力 $F_{f21} = fF_{N21} = fG$，两个力的合力即为 2 给 1 的总反力 F_{R21}。

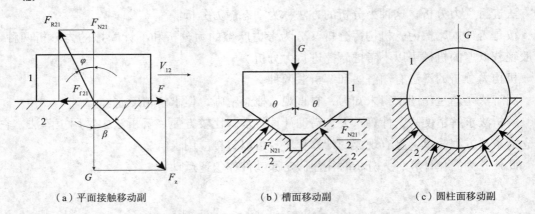

（a）平面接触移动副　　　　（b）槽面移动副　　　　（c）圆柱面移动副

图 4-2　三种平面移动副中的摩擦力与总反力

设总反力 F_{R21} 与 F_{N21} 之间的夹角为 φ。根据几何关系 $\tan\varphi = \dfrac{F_{f21}}{F_{N21}} = f$ 即

$$F_{f21} = fG \tag{4-1}$$

式中，f 为摩擦系数；φ 为摩擦角。

由图 4-2（a）可知，移动副中的总反力 F_{R21} 与法向反力 F_{N21} 偏斜一摩擦角 φ，偏斜方向与 $\overline{v}_{12}$ 的方向相反，即与摩擦力 F_{f21} 的方向相同。也可以说，F_{R21} 的方向与 v_{12} 的方向成（$90° + \varphi$）角。

2. 其他接触面移动副中的摩擦

两接触面间摩擦力的大小与接触面的几何形状有关。如图 4-2（b）所示，两构件沿一个楔形角为 2θ 的槽面接触组成移动副。滑块 1 所受的铅垂方向载荷仍为 G，由于结构对称，两侧面产生相等的法向反力和摩擦力。根据几何关系，$F_{N21} = G/\sin\theta$，则槽面 2 给滑块 1 的摩擦力为

$$F_{f21} = \frac{f}{\sin\theta}G \tag{4-2}$$

如图 4-2（c）所示，两构件沿圆柱面接触组成移动副，其法向反力可以表达为 $F_{N21} = kG$，其中 k 为接触面情况系数。当两圆柱面为点、线接触时，$k \approx 1$；当接触面为半个圆柱均匀接触时，$k = \pi/2$；其余情况下，k 介于上述两者之间。因此，圆柱面接触的移动副摩擦力为

$$F_{f21} = fkG \tag{4-3}$$

综上，移动副摩擦力表达式为

$$F_{f21} = f_v G \tag{4-4}$$

式中，f_v 为当量摩擦系数，平面接触时 $f_v = f$，槽面接触时 $f_v = f/\sin\theta$，圆柱面接触时 $f_v = kf$。与当量摩擦系数 f_v 对应的摩擦角称为当量摩擦角，用 φ_v 表示，即 $\varphi_v = \arctan f_v$。

结论：

1）无论相互接触的两元素的几何形状如何，移动副中所产生的滑动摩擦力均可写成 $F_{f21} = f_v G$ 的形式，只是不同接触表面，其当量摩擦系数不同。

2）对槽面摩擦，$f_v = \dfrac{f}{\sin\theta}$，即在其他条件相同的情况下，槽面摩擦力大于平面摩擦力。所以在需要增大摩擦时，可用槽面移动副，如 V 带传动、管螺纹等。

例 4-1　如图 4-3 所示，滑块 1 置于一倾斜角为 α 的斜面 2 上，G 为作用在滑块 1 上的铅垂载荷（包括滑块自重），求

1）使滑块沿斜面匀速上升（正行程）时水平向右的驱动力 F。

2）滑块沿斜面匀速下滑（反行程）时水平向右的工作阻力 F'。

解：

1. 正行程受力

滑块匀速上升时，水平向右的力 F 为驱动力，受力如图 4-3（a）所示，斜面 2 作用于滑块 1 上的总反力 F_{R21} 的方向与 v_{12} 的方向成（$90° + \varphi$）角，滑块 1 满足力平衡矢量方程

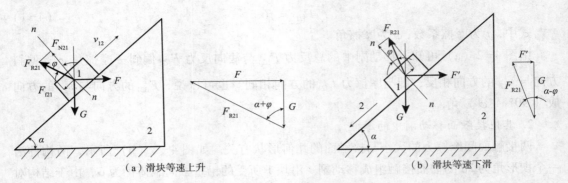

（a）滑块等速上升　　　　　　　　　　　　　　（b）滑块等速下滑

图4-3　滑块沿斜面等速运动的受力分析

$$\vec{F}_{R21} + \vec{G} + \vec{F} = 0$$

大小　　　？　　　　　已知　　　　　？

方向　　如图　　　　铅垂　　　　水平

画力多边形如图4-3（a）右图所示，故得所需的水平驱动力

$$F = G\tan(\alpha + \varphi) \tag{4-5}$$

2. 反行程受力

在 G 的作用下，滑块1要加速下滑，此时 G 为驱动力，水平向右的力 F' 为维持滑块匀速下滑，所需的工作阻力。

滑块的受力分析如图4-3（b）所示，可得工作阻力 F' 为

$$F' = G\tan(\alpha - \varphi) \tag{4-6}$$

可见，滑块在正行程时驱动力的表达式与反行程时阻力的表达式形式一样，仅摩擦角改变了符号。

二、螺旋副中的摩擦

螺杆与螺母形成螺旋副。由于作用有轴向载荷，所以当相对运动时，就在螺纹接触面间产生摩擦力。根据螺纹的牙型不同，常见的螺纹有四种：矩形、梯形、三角形、锯齿形，在分析受力时，把后三种统称为非矩形螺纹。

将螺杆沿着中径 d_2 展开，得到一个斜面，其倾斜角就是螺纹升角 α；取一小段螺母看做是沿着斜面有相对运动的滑块，所以螺旋副中的摩擦问题就转化为斜面与滑块的受力分析问题。

1. 矩形螺纹螺旋副的受力分析

如图4-4（a）所示，已知作用在螺母上的轴向载荷为 G，分别求匀速拧紧和匀速松退螺母所需的拧紧力矩 M_d，及工作阻力矩 M_r。

模型简化：将矩形螺旋副等价为斜面与平滑块，则匀速拧紧螺母的过程简化为滑块在水平驱动力 F 作用下，沿斜面等速上升过程，如图4-4（b）所示；匀速松退螺母的过程简化为滑块在水平工作阻力 F' 作用下，沿斜面匀速下滑的过程。

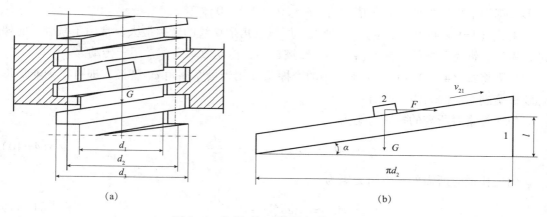

(a)   (b)

图4-4 拧紧时矩形螺纹螺旋副的受力

力矩 M 等于作用在中径处的圆周力 F 和半径 $d_2/2$ 的乘积，即 $M = Fd_2/2$。

应用斜面受力分析的结果式（4-5），匀速拧紧时所需的拧紧力矩（驱动力矩）M_d 为

$$M_d = F\frac{d_2}{2} = G\tan(\alpha + \varphi)\frac{d_2}{2} \tag{4-7}$$

则匀速松退螺母所需的工作阻力矩为

$$M_r = G\tan(\alpha - \varphi)\frac{d_2}{2} \tag{4-8}$$

2. 非矩形螺纹螺旋副的受力分析

矩形螺纹相当于平面移动副，而非矩形螺纹相当于槽面移动副，各自的受力如图4-5所示。

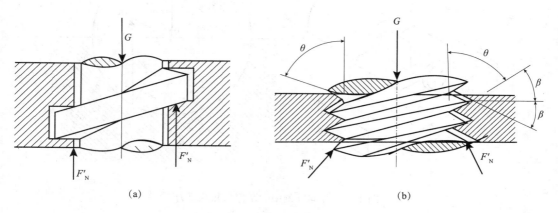

(a)   (b)

图4-5 矩形螺纹和非矩形螺纹的受力比较

按照前述槽面移动副的受力分析，得非矩形螺纹的当量摩擦系数 f_v 为

$$f_v = \frac{f}{\sin\theta} = \frac{f}{\sin(90° - \beta)} = \frac{f}{\cos\beta} \tag{4-9}$$

则，当量摩擦角 $\varphi_v = \arctan f_v$。

式（4-9）中，β 为螺纹牙一侧面与端面间的夹角，称为牙型斜角。三角形、梯形、

矩形、锯齿形螺纹的牙型斜角依次为：$\beta = 30°$、$15°$、$0°$、$3°$。

由式（4-9）可知，β 越大，f_v 越大。所以三角形螺纹的摩擦最大，常用于联接；而梯形、矩形、锯齿形螺纹的牙型斜角小，摩擦较小，传动效率高，常用于传动。

只需将式（4-7）、式（4-8）中的摩擦角 φ 用当量摩擦角 φ_v 替换，即可得到非矩形螺纹螺旋副对应的力矩，则有：

匀速拧紧时所需的拧紧力矩为

$$M_d = G\tan(\alpha + \varphi_v)\frac{d_2}{2} \qquad (4-10)$$

匀速松退时所需的工作阻力矩为

$$M_r = G\tan(\alpha - \varphi_v)\frac{d_2}{2} \qquad (4-11)$$

三、转动副中的摩擦

转动副的形式多样，如轴和轴承的连接，分析转动副中的摩擦，杆与杆间的铰链连接等。下面以轴与轴承为例并将其推广为一般形式。

轴安装在轴承中的部分称为轴颈，按载荷作用方向的不同分为两种。所受载荷沿轴颈半径方向的称为径向轴颈，如图 4-6（a）所示；载荷沿轴颈轴线方向的称为止推轴颈，如图 4-7（a）所示。

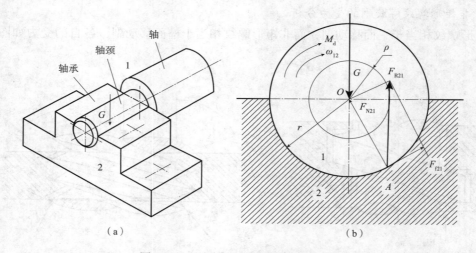

（a）　　　　　　　　　　　　　　（b）

图 4-6　径向轴颈中的摩擦力和总反力

1. 径向轴颈中的摩擦

如图 4-6 所示，半径为 r 的轴颈 1 在径向载荷 G 和驱动力矩 M_d 作用下，以 ω_{12} 相对于轴承 2 等速转动，要确定轴承 2 对轴颈 1 的总反力 F_{R21}。

经过磨合后的轴承存在较大间隙，设其在 A 点接触，则轴颈在总反力 F_{R21}、外加载荷 G、驱动力矩 M_d 作用下处于平衡状态，即 $F_{R21} = -G$。而总反力的大小为 $F_{R21} =$

$$\sqrt{F_{N21}{}^2 + (fF_{N21})^2} = F_{N21}\sqrt{1+f^2}\ \text{。}$$

如果 F_{R21} 偏离轴线的距离为 ρ，则总反力对回转中心 O 之矩 M_f 就等于摩擦力对 O 点之矩，即

$$M_f = F_{R21}\rho = F_{f21}r = fF_{N21}r = \frac{f}{\sqrt{1+f^2}}F_{R21}r = f_v F_{R21}r \qquad (4-12)$$

由上式得

$$\rho = f_v r \qquad (4-13)$$

式中，ρ 为摩擦圆半径；f_v 为当量摩擦系数，$f_v = \dfrac{f}{\sqrt{1+f^2}}$，因为 f 很小，所以取 $f_v \approx f$。

对未经磨合的轴承，一般取 $f_v = 1.57f$。

转动副中总反力的方向可通过以下三步确定：

①F_{R21} 的方向永远与外载荷平衡。图4-6（b）中，$F_{R21} = -G$。

②F_{R21} 总与以 O 为圆心，ρ 为半径的圆（摩擦圆）相切。

③F_{R21} 对 O 点之矩的方向应与 w_{12} 的方向相反。

2. 止推轴颈中的摩擦

止推轴颈通常用于轴端。如图4-7（a）所示，止推轴颈上受轴向载荷 Q，在驱动力矩 M_d 作用下，以 ω_{12} 相对于轴承2等速转动。如图4-7（b）所示在轴端接触面上半径为 ρ 处取环形微面积 $ds = 2\pi\rho d\rho$，当其上作用有压强 P 时，其对回转中心的摩擦力矩 M_f 为

$$M_f = \int_r^R \rho f p\, ds = 2\pi f \int_r^R p\rho^2\, d\rho \qquad (4-14)$$

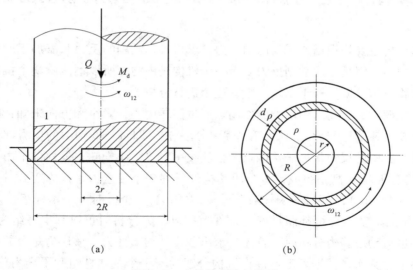

（a）　　　　　　　　　　（b）

图4-7　止推轴颈中的摩擦

对磨合后的止推轴颈，符合实际的假设是轴端和轴承接触面间处磨损，即 P_ρ 近似为常数，解得

$$M_{\text{f}} = fG \frac{(R+r)}{2} \qquad (4-15)$$

由 P_ρ ＝常数可知，轴端中心处的压强非常大（因 ρ 非常小），极易压溃，所以对载荷较大的轴端常做成空心的，如图4-7（a）所示。

四、平面高副中的摩擦

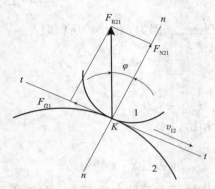

图4-8 高副中的摩擦力和总反力

滚动兼滑动的高副如图4-8所示，由于滚动摩擦很小，一般只考虑滑动摩擦。已知构件1相对于构件2的相对滑动速度 $\vec{v}_{12}$，则总反力 F_{R21} 与法向反力 F_{N21} 偏斜一个摩擦角 φ，偏斜的方向与 $\vec{v}_{12}$ 方向相反。

根据机械运动的不同要求，机构的力分析可以分为三种情况：①考虑运动副中的摩擦而不计构件的惯性力；②不计摩擦及惯性力时机构的力分析；③同时考虑摩擦及惯性力的力分析。

考虑摩擦时进行机构的力分析，当然要首先确定机构各运动副中的摩擦力，而且为了方便于进行机构的力分析，一般是要求运动副中的总反力。

第四节　不考虑摩擦时平面机构动态静力分析

机构力分析主要是根据所受的已知外力，求得各运动副的反力和需加于原动件上的平衡力或平衡力矩。但是，运动副反力对于整个机构是内力，所以不能就整个机构进行力分析，而必须将机构分解为若干个构件组，逐个进行分析。

不考虑摩擦时，转动副中反力的作用点通过回转中心，大小和方向未知；移动副中反力的方向已知（垂直于导路），大小和作用点为未知，即每个低副中的反力都有2个未知要素。平面高副中的反力作用于接触点的公法线上，仅大小未知。设构件组由 n 个活动构件和 P_{L} 个低副和 P_{H} 个高副组成，每个活动构件可列3个独立力平衡方程式（ $\Sigma F_{\text{X}} = 0$，$\Sigma F_{\text{Y}} = 0$，$\Sigma M = 0$ ），反力的未知数共计（ $2P_{\text{L}} + P_{\text{H}}$ ）个。对于基本杆组，因 $P_{\text{H}} = 0$ 且 $3n = 2P_{\text{L}}$。显然，基本杆组都满足静定条件。所以，力分析时可以基本杆组为单元分析。

对机构进行动态静力分析时，首先，求出各构件的惯性力、惯性力矩，并把它们加在相应的构件上；其次，根据静定条件将机构分解为若干个基本杆组和平衡力作用的构件；最后，从外力已知的基本杆组开始，逐步推算到平衡力作用的构件，顺次建立力平衡矢量方程式，并作图求解。现举例说明。

例4-2 图4-9（a）所示的六杆机构中，已知各构件的几何尺寸，连杆2的重量 G_2，转动惯量 J_{S2} 及质心 S_2 的位置；滑块5的重量 G_5 及质心 S_5 的位置；其余构件的重量忽略不计；原动件 1 以 w_1 等速回转；作用于滑块 5 上的生产阻力为 F_r。试求在图示位置时，各运动副中的反力，以及需加在构件 1 上 G 点沿 xx 方向的平衡力 F_b。

解：

1. 运动分析

选定长度比例尺 μ_1。作机构位置图。选速度比例尺 μ_v、及加速度比例尺 μ_a，作机构速度图及加速度图如图 4-9（b）、（c）所示。分析过程参考第三章的运动分析。

2. 确定惯性力、惯性力矩

连杆 2 上惯性力 $F_{12} = m_2 a_{S2} = (G_2/g)\mu_a \overline{p's'_2}$ 与 a_{S2} 反向。惯性力矩 $M_{12} = J_{S2}\alpha_2 = J_{S2}a'_{CB}/l_{BC} = J_{S2}\mu_a \overline{n'_2c'}/l_{BC}$，可确定 α_2 为逆时针，所以 M_{12} 与 α_2 反向，为顺时针。合成后，总惯性力 $F'_{12} = F_{12}$，偏距 $h_2 = M_{12}/F_{12}$，如图 4-9（a）所示。

滑块 5 上惯性力 $F_{15} = (G_5/g)\mu_a \overline{p'f'}$，方向与 a_F 反向，向右。

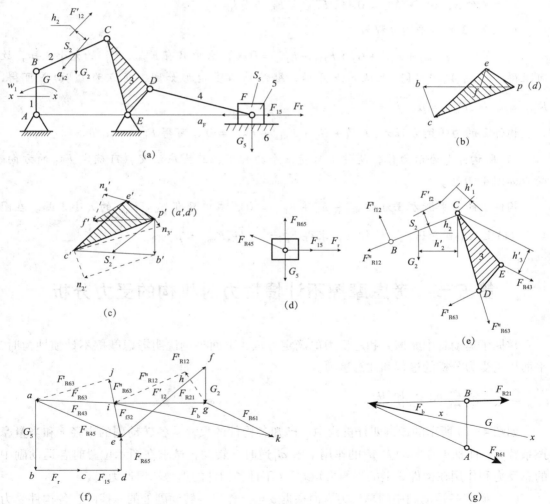

图 4-9　平面六杆机构的动态静力分析

3. 动态静力分析

1) 先取杆组 4、5 为示力体，$\vec{F}_{R54} = -F_{R34}$（沿杆 4 方向），滑块 5 的受力如图 4-9（d）所示。

力平衡方程式为：$\vec{G}_5 + \vec{F}_r + \vec{F}_{15} + \vec{F}_{R45} + \vec{F}_{R65} = 0$，式中只有 $\vec{F}_{R45}$、$\vec{F}_{R65}$ 的大小未知，故可用图解法求解。选定比例尺 μ_F（N/mm）作力多边形，如图 4-9（f）所示，从 a 开始依次作 ab，bc，cd 分别代表 G_5、F_r、F_{15}，从 d 点作 F_{R65} 的方向线，从 a 点作 F_{R45} 的方向线，交点为 e。得

$$F_{R45} = \mu_F ea, \quad F_{R65} = \mu_F de$$

2) 取杆组 2、3 为示力体，受力如图 4-9（e）所示。

对于构件 2，由 $\sum M_c = 0$ 得，$F^t_{R12} = (G_2 h_2' - F_{12}' h_1')/l_{BC}$

对于构件 3，由 $\sum M_c = 0$ 得，$F^t_{R63} = F_{R43} h_3'/l_{CD}$

杆组 2、3 的力平衡方程为

$\vec{F}^n_{R63} + \vec{F}^t_{R63} + \vec{F}_{R43} + \vec{F}_{12}' + \vec{G}_2 + \vec{F}^t_{R12} + \vec{F}^n_{R12} = 0$，此式中只有 $\vec{F}^n_{R63}$、$\vec{F}^n_{R12}$ 的大小未知，故可求得。在图 4-9（f）上从 e 点开始，继续作力多边形如图，交点为 i。由图可得，

$F^n_{R12} = \mu_F \vec{ie}$，$\vec{F}^n_{R65} = \mu_F \vec{ij}$

构件 2 的力平衡方程为：$\vec{F}_{12}' + G_2 + \vec{F}_{R12} + \vec{F}_{R32} = 0$，可得 $F_{R32} = \mu_F \vec{ie}$。

3) 取构件 1 为示力体，构件 1 只受三个力作用，三力应汇交，可确定 $\vec{F}_{R61}$ 的方向。受力如图 4-9（g）。

构件 1 的力平衡方程为：$\vec{F}_{R21} + \vec{F}_b + \vec{F}_{R61} = 0$，式中只有 $\vec{F}_b$、$\vec{F}_{R61}$ 的大小未知。在图 4-9（f）上从 i 点开始，继续作图，求得 $F_b = \mu_F \vec{ki}$，$F_{R61} = \mu_F \vec{gk}$。

第五节　考虑摩擦不计惯性力时机构的受力分析

掌握了运动副中摩擦力和总反力的确定方法，下面举例说明考虑摩擦不计惯性力时，平面机构受力分析的过程和注意事项。

一、铰链四杆机构

如图 4-10 所示的铰链四杆机构中，已知各构件的尺寸，各转动副的半径 r 和当量摩擦系数 f_v，曲柄 1 在驱动力 M_1 的作用下沿 ω_1 逆时针转动，试求在图示位置时各运动副中的总反力和作用在构件 3 上的平衡力矩 M_3（不计各构件的重力和惯性力）。

（1）确定各运动副中的总反力方向根据 $\rho = f_v r$ 作出各转动副处的摩擦圆，各构件受力分析如下。

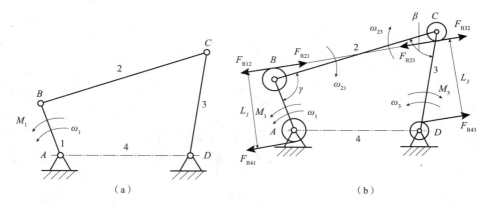

图4-10　铰链四杆机构考虑摩擦的静力分析

构件2是受拉二力杆，因此$\vec{F}_{R12} = F_{R32}$，向外。因图示位置，构件1、2间的夹角γ变小，故ω_{21}顺时针，从而$\vec{F}_{R12}$切于摩擦圆上方。因构件2、3间的夹角β变大，故ω_{23}顺时针，从而$\vec{F}_{R32}$切于摩擦圆下方，且$\vec{F}_{R12}$、$\vec{F}_{R32}$共线，如图4-10（b）所示。

构件1受力偶系作用，力$\vec{F}_{R21}$与$\vec{F}_{R41}$形成一个力偶，与M_1平衡，则$\vec{F}_{R41} = -\vec{F}_{R21}$

构件3受力偶系作用，力$\vec{F}_{R23}$与$\vec{F}_{R43}$形成一个力偶，与M_3平衡，则$\vec{F}_{R23} = -\vec{F}_{R43}$

（2）求各构件运动副处总反力的大小由构件1平衡，得$F_{R21} = M_1/L_1$；由构件3平衡，得平衡力矩$M_3 = F_{R23}L_3$，方向为顺时针。

二、曲柄滑块机构

如图4-11（a）所示的曲柄滑块机构中，已知滑块3受工作阻力F_r的作用，方向水平向左。机构各运动副处的摩擦圆半径ρ，移动副处的摩擦角为φ，不计重力和惯性力，确定各运动副处的总反力及平衡力矩M_1的大小和方向。

（1）根据已知条件，画出摩擦圆［图4-11（a）］受力分析的顺序为

构件2：受压二力件，$\vec{F}_{R12} = -\vec{F}_{R32}$。

滑块3：受三个力$\vec{F}_r$、$\vec{F}_{R43}$和$\vec{F}_{R23}$的作用，这三个力应汇交于一点。

曲柄1：所受两个力大小相等，方向平行且相反，即$\vec{F}_{R21} = -\vec{F}_{R41}$，这两个力构成一个力偶与平衡力矩$M_1$大小相等，方向相反。

（2）根据平衡条件确定各运动副处总反力及平衡力矩的大小求解顺序如下：

滑块3满足平衡方程

$$\vec{F}_r + \vec{F}_{R23} + \vec{F}_{R43} = 0$$

用图解法求得$\vec{F}_{R23}$及$\vec{F}_{R43}$，如图4-11（b）所示。

由曲柄1平衡方程得：$M_1 = F_{R12}L$，方向为顺时针。

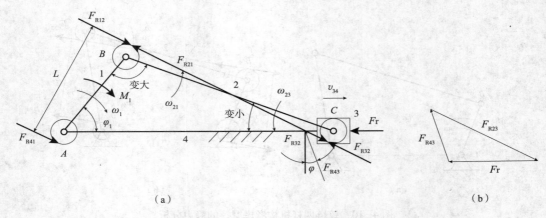

（a）　　　　　　　　　　　　　　　　　（b）

图 4-11　曲柄滑块机构考虑摩擦的静力分析

第六节　机械自锁的分析与应用

一、机械的效率

效率指的是机械稳定运转阶段的效率。

（一）机械效率的计算

机构效率是衡量机器对机械能量有效利用程度的物理量。其计算公式可以表达如下。

1. 功形式的效率

$$\eta = \frac{W_r}{W_d} = 1 - \frac{W_f}{W_d} \tag{4-16}$$

式中，W_d 为输入功；W_r 为输出功；W_f 为损耗功。

2. 功率形式的效率

$$\eta = \frac{P_r}{P_d} \tag{4-17}$$

式中，P_r 为输出功率；P_d 为输入功率。

3. 力形式的效率

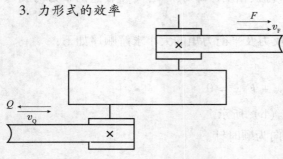

图 4-12　匀速动转的机械系统

在匀速运转时，效率也可以用力的形式来表达。如图 4-12 所示为匀速运转的机械系统，其中 F 为驱动力，Q 为工作阻力，v_F 和 v_Q 分别为力作用点处的速度。则由式（4-17）可知，效率 $\eta = \dfrac{P_r}{P_d} = \dfrac{Qv_Q}{Fv_F}$。

不存在摩擦时，则克服工作阻力 Q 所需的理想驱动力 F_0 一定小于 F，此时的效率

$$\eta_0 = \frac{Qv_Q}{F_0 v_F} = 1$$

同样，驱动力 F 在理想情况下克服的工作阻力为 Q_0，则 $\eta_0 = \frac{Q_0 v_Q}{F v_F} = 1$。将 $Qv_Q = F_0 v_F$ 和 $Q_0 v_Q = Fv_F$ 代入，有

$$\eta = \frac{F_0}{F} = \frac{Q}{Q_0} \qquad (4-18)$$

式中，F_0 为理想情况下所需的驱动力；F 为实际情况下所需的驱动力；Q 为实际克服的工作阻力；Q_0 为理想情况下克服的工作阻力。

4. 力矩形式的效率

$$\eta = \frac{M_{d0}}{M_d} = \frac{M_r}{M_{r0}} \qquad (4-19)$$

式中，M_{d0} 为理想情况下所需的驱动力矩；M_d 为实际情况下所需的驱动力矩；M_r 为实际克服的工作阻力矩；M_{r0} 为理想情况下所能克服的工作阻力矩。

对已有的机器，效率可以用计算的方法获得，也可通过实验测定；对于正在设计的机器，常根据组成机器的机构和运动副来估算，常见机构和运动副的效率值可从机械设计手册中查到。

（二）机组的效率

对于多台机器组成的机组，只要知道单机的机械效率，知道机组的连接方式，就可以计算出机组的效率。

1. 串联机组的效率

图 4-13（a）所示为 k 个机器串联形成的机组。若机组的输入功率为 P_d，输出功率为 P_k，则串联机组的总效率为

$$\eta = \frac{P_k}{P_d} = \frac{P_k}{P_{k-1}} \frac{P_{k-1}}{P_{k-2}} \cdots \frac{P_2}{P_1} \frac{P_1}{P_d} = \eta_k \eta_{k-1} \cdots \eta_2 \eta_1 \qquad (4-20)$$

上式表明，串联机组的效率等于组成该机组的各部分效率的连乘积，它小于其中任何一个部分的效率。

2. 并联机组的效率

图 4-13（b）所示为 k 个机器并联形成的机组。已知各机器的输入功率分别为 P_1，P_2，P_3，$\cdots$，P_k，输出功率分别为 $P_1{}'$，$P_2{}'$，$P_3{}'$，$\cdots$，$P_k{}'$，则并联机组的总效率为

$$\eta = \frac{P_1{}' + P_2{}' + P_3{}' + \ldots + P_k{}'}{P_d} = \frac{\eta_1 P_1 + \eta_2 P_2 + \eta_3 P_3 + \cdots + \eta_k P_k}{P_1 + P_2 + P_3 + \cdots + P_k} \qquad (4-21)$$

式（4-21）表明，并联机组的效率不仅与各部分的效率有关，而且与总功率分配到各分支情况有关。并联机组的效率总是介于各个机器的最大效率和最小效率之间。

3. 混联机组的效率

混联机组效率的求解方法是应先划分出串联部分和并联部分，分别加以处理。

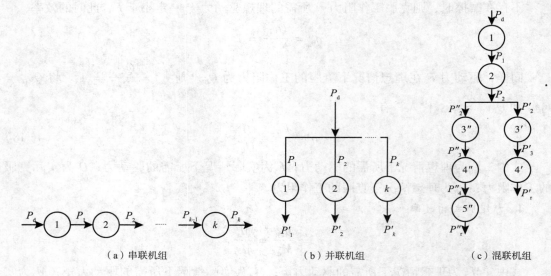

（a）串联机组　　　　　　　　　（b）并联机组　　　　　　　　（c）混联机组

图 4-13　机组的效率

图 4-13（c）所示的混联机组，总的机械效率 $\eta = \dfrac{P_r{}' + P_r{}''}{P_d}$。

总的输入功率代入即可求得总效率 $P_d = \dfrac{P_2}{\eta_1 \eta_2}$，而 $P_2 = P_2{}' + P_2{}'' = \dfrac{P_r{}'}{\eta_3{}'\eta_4{}'} + \dfrac{P_r{}''}{\eta_3{}''\eta_4{}''\eta_5{}''}$，代入即可求得总效率 η。

要提高机械的效率，应设法减少运动副中的摩擦，另外，在能够满足运动及工作要求的前提下，尽可能减少运动链，使功率传递通过的运动副数目越少越好。

二、机器的自锁

一般情况下，只要对机器施加足够大的驱动力，机器就能够沿着有效驱动力的作用方向运动。但有些机器中由于摩擦的存在，有时会出现无论驱动力如何增大，也无法使它运动的现象，称为机器的自锁现象。

自锁在机械工程中具有重要的意义。一方面，当设计机器时，为使机器能够实现预期的运动，当然必须避免该机器在所需运动方向上发生自锁；另一方面，有些机器工作时又必须具有自锁性能。图 4-14 所示为汽车上广泛使用的机械式手摇螺旋千斤顶，当转动手把 6 将汽车顶起后，应保证无论汽

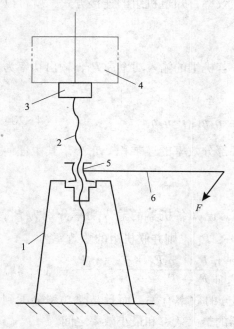

图 4-14　机械式手摇螺旋千斤顶

车的重量 G 多大，螺母 5 不反转，即汽车不能下落，这就要求该千斤顶在反行程中必须具有自锁性能，而正行程不能自锁。

究竟满足什么条件才出现自锁呢？从本质上讲，机器中驱动力在运动方向上的有效分力总是小于其所引起的摩擦力时，机器则处于自锁状态。确定自锁条件常用的方法有四种，可以根据具体情况选择不同的方法来进行。

（一）确定自锁条件的方法

1. 运动副自锁

若机构中的运动副自锁，则机构肯定自锁。现就前面讲过的移动副、转动副、螺旋副的自锁条件加以分析。

（1）移动副自锁条件分析　在图 4-2 中，将作用在滑块上的驱动力 F 与铅垂方向的载荷 G 合成为一个外载荷 F_z，它与铅垂方向的夹角为 β。显然，驱动力 $F = G\tan\beta$，而摩擦力 $F_{f21} = G\tan\varphi$。因此，当 $\beta > \varphi$ 时，$F > F_{f21}$，滑块 1 作加速运动；当 $\beta = \varphi$ 时，$F = F_{f21}$，滑块 1 保持原状态不变；当 $\beta < \varphi$ 时，$F < F_{f21}$，若滑块 1 原来运动，则减速至静止；若 1 原来静止，则永远静止。此时，无论 F_z 如何增大，移动副都无法运动，即处于自锁状态。

因此，移动副的自锁条件是：合外力作用在摩擦角 φ 之内。

（2）转动副自锁条件分析　在图 4-6 中，将轴颈 1 所受外力 G 和驱动力矩 M_d 合成为一个总外力，其大小仍等于 G，偏离轴心的距离 $h = M_d/G$。

图 4-6 中，驱动力矩 $M_d = Gh$，而阻力矩 $M_f = F_{R21}\rho = G\rho$，因此，当 $h > \rho$ 时，$M_d > M_f$，轴颈 1 作加速转动；当 $h = \rho$ 时，$M_d = M_f$，轴颈 1 保持原有状态，轴颈处于临界自锁状态；当 $h < \rho$ 时，$M_d < M_f$，若轴颈 1 减速到静止，这时，无论外力如何增加，轴颈都无法运转，处于自锁状态。

因此，转动副的自锁条件是：合外力作用于摩擦圆之内。

（3）螺旋副自锁条件分析　螺旋副的自锁条件：$\alpha \leqslant \varphi_v$，具体分析见例 4-3。

2. 令效率 $\eta \leqslant 0$

根据效率 $\eta = \dfrac{W_r}{W_d} = 1 - \dfrac{W_f}{W_d}$ 可知，当 $W_f = W_d$ 时，驱动力做功刚好克服有害阻力做功，此时，效率为零。如果机器原来在运动，则此时机器仍能运动，但不能做任何有用功，输出功为零，机器空转；若机器原来静止，因没有多余的功增加动能，所以机器仍然静止。当 $W_f > W_d$ 时，$\eta < 0$，即全部驱动功也不足以克服有害阻力做功，所以机器将减速直至静止。

因此，从效率的观点出发，机器的自锁条件为：$\eta \leqslant 0$

当自锁时，机器不能做功，故此时的效率已经没有一般意义上的含义，它只表明机器自锁的程度。当 $\eta = 0$ 时，机械所处的状态为临界自锁状态；$\eta < 0$ 时，$|\eta|$ 越大，自锁越可靠。

3. 令工作阻力（力矩）$\leqslant 0$

工作阻力（力矩）$\leqslant 0$，说明阻力已经成为驱动力。可以理解为，要想使机器运动，增加工作阻力是不可行的，必须将其变换为驱动力。

4. 令驱动力小于等于摩擦力

根据自锁的本质，令运动方向的驱动力小于等于其摩擦力，从而求得自锁条件。

（二）求自锁条件举例

例4-3 求图4-14所示螺旋千斤顶正、反行程的效率，以及反行程的自锁条件。

解：1. 求效率

正行程相当于拧紧过程，拧紧力矩为 $M_d = G\tan(\alpha + \varphi_v)\dfrac{d}{2}$，令 $\varphi_v = 0°$，得理想驱

动力矩 $M_{d0} = G\tan\alpha\dfrac{d_2}{2}$，由式（4-19），得正行程的效率 $\eta = \dfrac{M_{d0}}{M_d} = \dfrac{\tan\alpha}{\tan(\alpha + \varphi_v)}$。

反行程相当于松开过程，工作阻力矩为 $M_r = G\tan(\alpha - \varphi_v)\dfrac{d_2}{2}$，理想阻力矩 $M_{r0} = G\tan\alpha\dfrac{d_2}{2}$，由式（4-19）得反行程的效率 $\eta = \dfrac{M_r}{M_{r0}} = \dfrac{\tan(\alpha - \varphi_v)}{\tan\alpha}$。

2. 求反行程的自锁条件

方法一：令工作阻力矩 $M_r = G\tan(\alpha - \varphi_v)\dfrac{d_2}{2} \leqslant 0$，得 $\alpha \leqslant \varphi_v$。

方法二：令反行程的效率 $\eta = \dfrac{\tan(\alpha - \varphi_v)}{\tan\alpha} \leqslant 0$，得 $\alpha \leqslant \varphi_v$。

即螺旋千斤顶反行程的自锁条件是：$\alpha \leqslant \varphi_v$，这也是螺旋副的自锁条件。

例4-4 求图4-15（a）所示斜面压榨机中，在滑块2上面施加一个水平外力 P 则通过滑块3压紧物体4，物体4对滑块3产生压紧力 Q。已知各接触面间的摩擦系数均为 f。求当去掉外力 P，机构在力 Q 作用下，滑块2不至于右移的自锁条件。

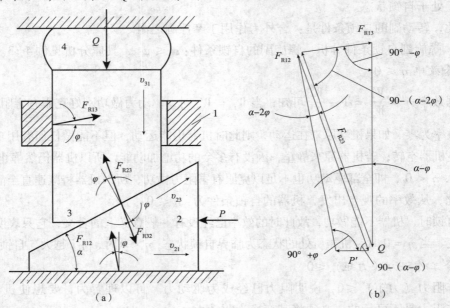

（a）　　　　　　　　　　（b）

图4-15　斜面压榨机

解：设为防止滑块 2 右移所需的工作阻力为 P'。分别对滑块 2 和滑块 3 进行受力分析，各运动副处总反力如图 4-15（a）所示，滑块 3 的力平衡方程为 $\vec{Q} + \vec{F}_{R13} + \vec{F}_{R23} = 0$，滑块 2 的力平衡方程为 $\vec{P'} + \vec{F}_{R12} + \vec{F}_{R32} = 0$，作力多边形如图 4-15（b）所示，根据正弦定理得

$$P' = F_{R32} \frac{\sin(\alpha - 2\varphi)}{\cos\varphi}, Q = F_{R23} \frac{\cos(\alpha - 2\varphi)}{\cos\varphi}$$

则工作阻力 $P' = Q\tan(\alpha - 2\varphi)$，令 $P' \leqslant 0$，得自锁条件为：

$$\alpha \leqslant 2\varphi$$

小　　结

本章主要介绍了平面机构的性能分析基础和力学分析。力学分析的结果不仅可以检验所做机构设计满足设计要求的程度，它还将为技术设计提供必要的力学参数。

通过本章的学习，大家要会分析机构中存在的各种力，但要注意并非是任何机构都要考虑可能存在的各种力。如对质量不大而往复运动加速度很大的内燃机的活塞，其质量往往可忽略不计，但其惯性力却是不可忽视的。而对于一些重型机械质量又是不可忽视的。因此要考虑对机构产生影响的主要力。

机构的动静法分析在理论力学中已学过，在本章又做了简单介绍，目的是让读者对机械设计的方案设计阶段的主要内容有个系统了解，也为课程设计提供了方便条件。

运动副的摩擦及考虑摩擦时的受力分析是本章的重点内容，应对各种典型的运动副进行摩擦分析，在考虑摩擦的基础上，对机构做受力分析和机械效率及自锁分析。

思　考　题

4-1. 什么是机构的动态静分析？对机构进行动态静力分析的步骤如何？

4-2. 何谓平衡力和平衡力矩？平衡力是否总是驱动力？

4-3. 采用当量摩擦系数 f_v 及当量摩擦角 φ_v 意义所在？当量摩擦系数 f_v 与实际摩擦因数 f 不同，是因为两物体接触面几何形状改变，从而引起摩擦系数改变的结果对吗？

4-4. 在运动副中，无论什么情况，总反力始终应与摩擦圆相切的理论正确吗？

4-5. 当作用在运动副中轴颈上的外力为一单力，并分别作用在其摩擦圆之内、之外、或相切时，轴颈将作何运动？当作用在运动副中轴颈上的外力为一力偶矩时，会发生自锁吗？

4-6. 自锁机械根本不能动对吗？

习　　题

4-1. 题图 4-1 所示为一机床的矩形—V 形导轨副，拖板 1 与导轨 2 组成复合移动副。已知拖板 1 的移动方向垂直纸面，重心在 S 处，几何尺寸如图所示，各接触面间的摩擦系数为 f。试求导轨副的当量摩擦系数 f_v。

4-2. 在题图 4-2 所示楔块机构中，已知：$\alpha = \beta = 60°$，$Q = 1000\text{N}$，各接触面间的摩擦系数 $f = 0.15$。Q 为生产阻力，试求所需的驱动力 F（画出力矢量多边形，用正弦定理求解）。

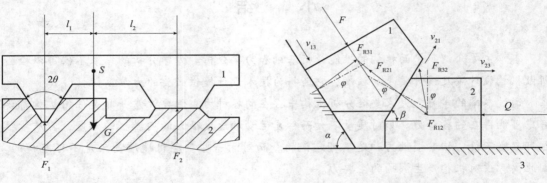

题图 4-1　　　　　　　　　　　　　　　　题图 4-2

4-3. 在题图 4-3 所示斜面机构中，设已知摩擦面间的摩擦系数 $f = 0.2$。求在 Q 力作用下（反行程）机构的临界自锁条件和在此条件下正行程（在 F 力作用下）的效率。

4-4. 题图 4-4 所示为一焊接用的楔形夹具。利用这个夹具把两块要焊的工件 1 及 1′ 预先夹妥，以便焊接。图中 2 为夹具体，3 为楔块。试确定此夹具的自锁条件（即当夹紧后，楔块 3 不会自动松脱出来的条件）。

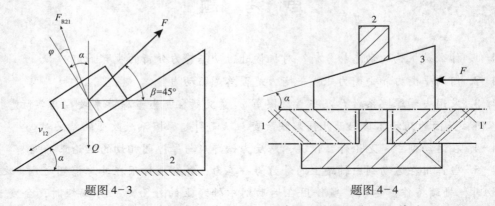

题图 4-3　　　　　　　　　　　　　　　　题图 4-4

4-5. 在题图 4-5 所示双滑块机构中，滑块 1 在驱动力 P 作用下等速运动。设已知各转动副中轴颈半径 $r = 10\text{mm}$，当量摩擦系数 $f_v = 0.1$，移动副中的滑动摩擦系数 $f =$

0.176327，$l_{AB}=200\text{mm}$。各构件的重量略而不计。当 $P=500\text{N}$ 时，试求所能克服的生产阻力 Q 以及该机构在此瞬时位置的效率。

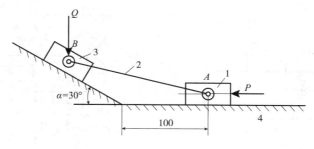

题图 4-5

4-6. 题图 4-6 所示压榨机在驱动力 P 作用下产生压榨力 Q，各转动副处的摩擦圆及移动副的摩擦角 φ 如图所示。试求：

（1）作出各运动副中的反力；

（2）写出构件 2、4、5 的力平衡方程式，并画出它们的力多边形。

4-7. 题图 4-7 所示为一带式运输机，由电动机 1 经带传动及一个两级齿轮减速器带动运输带 8。设已知运输带 8 所需的曳引力 $F=5500\text{N}$，运送速度 $v_1=1.2\text{m/s}$。带传动（包括轴承）的效率 $\eta_1=0.95$，每对齿轮（包括轴承）的效率 $\eta_2=0.97$，运输带 8 的机械效率 $\eta_3=0.92$。试求该系统的总效率 η 及电动机所需的功率。

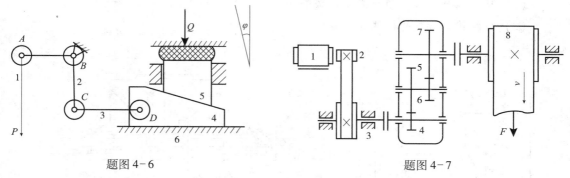

题图 4-6　　　　　　　　　　　　　　　　　題图 4-7

4-8. 题图 4-8 所示为由齿轮机构组成的双路传动。已知两路输出功率相同，锥齿轮传动效率 $\eta_1=0.97$，圆柱齿轮传动效率 $\eta_2=0.98$，轴承摩擦不计，试计算该传动装置的总效率 η。

4-9. 题图 4-9 所示矩形螺纹千斤顶中，已知螺纹大径 $d=24\text{mm}$、小径 $d_1=20\text{mm}$、螺距 $p=4\text{mm}$；顶头环形摩擦面 A 的外径 $D=30\text{mm}$，内径 $d_0=15\text{mm}$，手柄长度 $l=300\text{mm}$，所有摩擦系数均为 $f=0.1$。求该千斤顶的效率 η。又若 $F=100\text{N}$，求能举起的重量 Q 为若干？

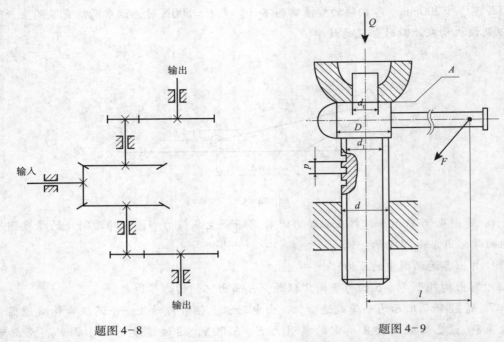

题图 4-8   题图 4-9

4-10. 在题图 4-10 所示楔块夹紧机构中，各摩擦面的摩擦系数为 f，正行程时阻抗力为 Q，P 为驱动力。试求：

（1）反行程自锁时 α 角应满足什么条件？

（2）该机构正行程的机械效率 η。

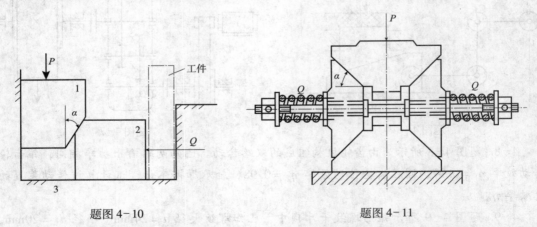

题图 4-10   题图 4-11

4-11. 在题图 4-11 所示的缓冲器中，已知各滑块接触面之间的摩擦系数均为 f，弹簧压力为 Q，各滑块倾角为 α。试求正、反行程中 P 力的大小和该机构效率，以及缓冲器的适用条件（即正、反行程不自锁的几何条件）。

第五章 机械的平衡和机械速度波动的调节

研究机械运转时，运动构件的不平衡惯性力将对运动副产生附加的动压力。这种动压力会对机械产生不良的影响。因此，在设计回转机械时，必须合理地考虑构件的质量分布，使惯性力得到平衡。在简要地叙述平衡的目的和分类后，主要讨论刚性转子的静平衡和动平衡的原理以及平衡的计算方法，同时也对转子的平衡试验也作一些介绍。

还介绍了机械运转时产生速度波动的原因和它的危害性。调节机械运转速度波动的目的和方法以及确定飞轮转动惯量的近似方法。此外，还介绍了等效力、等效质量（或等效力矩、等效转动惯量）的概念，并举例说明了他们的求法和应用。

第一节 机械的平衡的目的及内容

一、机械平衡的目的

机械在运转时，除回转轴线通过质心并作等速回转的构件外，其他运动构件都将产生不平衡惯性力，不平衡惯性力将在运动副中引起附加的动压力。这不仅会增大运动副中的摩擦和零件中的内应力，降低机械效率和使用寿命，而且由于这些惯性力一般都是周期性变化的，所以必将引起机械及其基础产生强迫振动。如其频率接近于机械的固有频率，可能引起共振，这不仅会影响到机械本身还会使附近的工作机械及厂房建筑受到影响甚至破坏。

机械平衡的目的就是设法将构件的不平衡惯性力和惯性力矩加以平衡，以消除或减小其不良影响，以改善机械的工作性能，延长机械的使用寿命，改善现场工作环境等。机械的平衡是现代机械尤其是高速机械及精密机械中的一个重要问题。

但应指出，有一些机械却是利用振动来工作的，如蛙式打夯机、按摩机、震实机、振动打桩机、振动运输机、振动台等。对于这类机械，则是如何合理利用不平衡惯性力的问题。图5-1所示为用于夯实地基的蛙式夯土机，由电动机1通过2、3两级带传动，使带有偏心块5的带轮4回转。当偏心块5回转至一定角度时，在离心惯性力的作用下，夯头6被抬起，

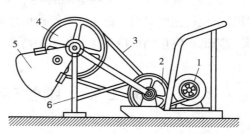

图5-1 蛙式打夯机

夯头被提升到一定高度，同时整台机器向前移动一定距离；当偏心块转到一定位置后，在离心惯性力的作用下，夯头开始下落，下落速度逐渐增大，并以较大的冲击力夯实地基。

二、机械平衡的分类

在机械中，由于各构件运动（回转运动、往复运动、平面复合运动）和结构不同，其所产生的惯性力和平衡方法也不同。机械的平衡问题可分为下述两类。

1. 转子的平衡

绕固定轴转动的构件，常统称为转子。如汽轮机、发电机、电动机以及离心机等机器，就都以转子作为工作的主体。这类构件的不平衡惯性力可利用在该构件上增加或除去一部分质量的方法予以平衡。转子又分为刚性转子和挠性转子两种。取一根钢制转轴将其置于实验台上使其转速逐渐增加，当轴的转速接近某一转速时，通过测量仪可以观察到轴会产生强烈的振动和相当大的挠曲变形，转子越细长，产生强烈振动和出现较大挠曲变形的转速越低，我们把轴在第一次出现强烈振动的转速称为轴的一阶临界转速 n_{c1}。同时还可以观察到，当转子转速越过一阶临界转速以后，轴的振动又逐渐平息下去，但当转速继续升高到某一数值时，轴又会发生第二次、第三次强烈振动……我们把轴再次产生强烈振动的转速依次称为：二阶临界转速、三阶临界转速……依此类推。

（1）刚性转子的平衡　一般机械中的转子刚性较好，其共振转速较高，当转子的工作转速 $n < (0.6 \sim 0.75)n_{c1}$ 时，转子产生的弹性变形较小可忽略不计，称之为刚性转子。其平衡按理论力学中的力系平衡问题来解决。如果只要求其惯性力平衡，则称为转子的静平衡；如果同时要求其惯性力和惯性力矩平衡，则称为转子的动平衡。刚性转子的平衡是本章介绍的主要内容。

（2）挠性转子的平衡　有些机械（如航空涡轮发动机、汽轮机、发电机等）中的大型转子，其共振转速较低，而工作转速 n 又往往很高。对于 $n \geq (0.6 \sim 0.75)n_{c1}$ 的转子，在工作过程中将产生较大的弯曲变形，且其变形量随转速变化，这类转子称为挠性转子。挠性转子的平衡问题比较复杂，目前已有大量专著研究这类转子的平衡问题，可参考相关的专题文献，本章不再作介绍。

2. 机构的平衡

作往复移动或平面复合运动的构件，其所产生的惯性力无法在构件本身上平衡，而必须就整个机构加以研究，设法使各运动构件惯性力的合力和合力矩得到完全或部分平衡，以消除或降低最终传到机械基础上的不平衡惯性力，故又称这类平衡为机构在机座上的平衡。

第二节　刚性转子的平衡计算和实验

为了使转子得到平衡，在设计时常须通过计算使转子达到静、动平衡。下面分别加以讨论。

一、刚性转子的静平衡计算

对于轴向尺寸 b 与其径向尺寸 D 之比 $b/D < 0.2$ 的盘状转子，如齿轮、盘形凸轮、带轮、叶轮、螺旋桨等，由于轴向尺寸较小，它们的质量可以近似认为分布在垂直于其回转轴线的同一平面内，故只需要平衡惯性力，即进行静平衡。若其质心不在回转轴线上，当其转动时，偏心质量就会产生离心惯性力。因这种不平衡现象在转子静态时即可表现出来，故称其为静不平衡。对这类转子进行静平衡时，可在转子上增加或除去一部分质量，使其质心与回转轴心重合，即可得以平衡。

图 5-2 所示为一盘形转子，按结构（如有凸台等）估算出它有两个偏心质量 $m_1 = 20\text{kg}$，$m_2 = 15\text{kg}$，各自的质心到回转中心的距离（矢径）分别为 $\vec{r}_1 = 10\text{mm}$，$\vec{r}_2 = 20\text{mm}$，方位如图所示，与 x 轴正向的夹角分别为 $\alpha_1 = 30°$、$\alpha_2 = 120°$，转子以等角速度 ω 旋转，则各偏心质量所产生的离心惯性力为

$$F_i = m_i r_i \omega^2, i = 1,2 \tag{5-1}$$

式中，r_i 表示第 i 个偏心质量的矢径。

为了平衡这些离心惯性力，可在转子上加一平衡质量 m_b，使其产生的离心惯性力 F_b 与两个偏心质量的离心惯性力 F_1、F_2 相平衡，F_b、F_1、F_2 是汇交于回转中心 O 的平面汇交力系，故静平衡的条件为各质量引起的离心惯性力的合力为零，即

$$\sum \vec{F} = \sum \vec{F}_i + \vec{F}_b = 0 \tag{5-2}$$

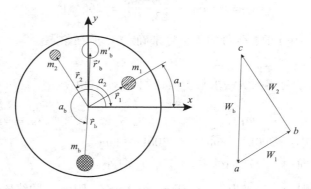

图 5-2　刚性转子的静平衡计算

设平衡质量 m_b 的矢径为 $\vec{r}_b$，转子的总质量为 m，总质心的矢径为 e，则上式为

$$\sum m \vec{e} \omega^2 = \sum m_i \vec{r}_i \omega^2 + m_b \vec{r}_b \omega^2 = 0 \tag{5-3}$$

消掉 ω^2，则式（5-3）转化为

$$\sum m \vec{e} = \sum m_i \vec{r}_i + m_b \vec{r}_b = 0 \tag{5-4}$$

式中，$m_i \vec{r}_i$、$m_b \vec{r}_b$ 都是质量和矢径的乘积，称为质径积。质径积为矢量，其方向就是离心惯性力的方向。式（5-4）表明

①静平衡后，$e = 0$，说明转子的总质心与回转轴线重合，转子可在任何位置静止。

②静平衡的条件也可表述为各质量引起的质径积的矢量和为零。

平衡质径积 $m_b \vec{r}_b$ 的大小和方位，可用解析法或图解法求得。

1. 解析法

由 $\sum F_x = 0$ ，$\sum F_y = 0$ ，得

$$(m_b r_b)_x = -(m_1 r_1 \cos\alpha_1 + m_2 r_2 \cos\alpha_2)$$
$$(m_b r_b)_y = -(m_1 r_1 \sin\alpha_1 + m_2 r_2 \sin\alpha_2) \tag{5-5}$$

代入数值，为

$$(m_b r_b)_x = -(20 \times 10\cos 30° + 15 \times 20\cos 120°)\text{kg} \cdot \text{mm} = -23.205\text{kg} \cdot \text{mm}$$

$$(m_b r_b)_y = -(20 \times 10\sin 30° + 15 \times 20\sin 120°)\text{kg} \cdot \text{mm} = -359.808\text{kg} \cdot \text{mm}$$

则平衡质径积的大小为

$$m_b r_b = \sqrt{(m_b r_b)_x^2 + (m_b r_b)_y^2} \tag{5-6}$$

代入数值

$$m_b r_b = \sqrt{(-23.205)^2 + (-359.808)^2}\text{kg} \cdot \text{mm} = 360.56\text{kg} \cdot \text{mm}$$

其相位角 α_b 为

$$\alpha_b = \arctan \frac{(m_b r_b)_y}{(m_b r_b)_x} \tag{5-7}$$

代入数值 $\quad\quad \alpha_b = \arctan \frac{-359.808}{-23.205} = 266.31°$

根据式（5-7）中分子、分母的正负号来确定 α_b 所在象限。

2. 图解法

图 5-2（b）所示为用图解法求平衡质径积 $m_b r_b$ 。由

$$m_1 \vec{r}_1 \quad\quad + \quad\quad m_2 \vec{r}_2 \quad\quad + \quad m_b \vec{r}_b = 0$$

大小：$\quad 200\text{kg} \cdot \text{mm} \quad\quad 300\text{kg} \cdot \text{mm} \quad\quad\quad ?$

方向：$\quad$ 沿 r_1 向外 $\quad\quad\quad$ 沿 r_2 向外 $\quad\quad\quad ?$

任取质径积比例尺 μ_w ，如取 $\mu_w = 10\text{kg} \cdot \text{mm/mm}$ ，则 $m_1 r_1$ 的线段长为 $20mm$ 。从 a 点开始依次作矢量 $\vec{ab}$ 、$\vec{bc}$ 分别代表 $m_1 \vec{r}_1$ 、$m_2 \vec{r}_2$ ，则多边形的封闭矢量 $\vec{ca}$ 即为 $m_b \vec{r}_b$ ，其大小为 $m_b \vec{r}_b = \mu_w W_b$ ，方向为 $c \rightarrow a$ 。

根据转子结构选定 $\vec{r}_b$ （一般尽量选大一些）后，即可求出平衡质量 m_b ，可在 $\vec{r}_b$ 的方位加上平衡质量 m_b ，也可以在 $\vec{r}_b$ 的反方向 $\vec{r'}_b$ 处除去一部分质量 m'_b 来使转子达到平衡，但要保证 $m_b \vec{r}_b = m'_b \vec{r'}_b$ 。

根据以上分析可见，对于静不平衡的转子，无论它有多少个不平衡质量，都只需要在同一个平衡面内增加或除去一个平衡质量即可获得平衡，故又称为单面平衡。

二、刚性转子的动平衡计算

对于轴向尺寸 b 与其径向尺寸 D 之比 $b/D \geqslant 0.2$ 的转子，如内燃机曲轴、电动机转子和机床主轴等，由于轴向尺寸较大，各偏心质量不能再认为分布在同一平面内，而应认为分布在若干个不同的回转平面内，如图 5-3 所示的曲轴即为一例。因此，对 $b/D \geqslant 0.2$ 的转子既需要平衡惯性力，也要平衡惯性力矩，即进行动平衡。因为各偏心质量产生的离心惯性力形成一空间力系，故转子动平衡的条件是：各偏心质量（包括平衡质量）产生的离心惯性力的矢量和为零，同时这些惯性力所构成的力矩矢量和也为零。即

$$\sum \vec{F} = 0 , \quad \sum M = 0 \tag{5-8}$$

如图 5-4 所示，转子的质心在回转轴线上，满足 $\sum \vec{F} = 0$，因此是静平衡的。但由于各偏心质量所产生的离心惯性力不在同一回转平面内，因而将形成惯性力偶，所以运动过程中仍然是不平衡的。而且该力偶的作用方位是随转子的回转而变化的，故也会引起机械设备的振动。这种不平衡现象只有在转子运转时才能显示出来，故称其为动不平衡。可见，满足静平衡的回转件不一定是动平衡的，而动平衡的回转件一定是静平衡的。

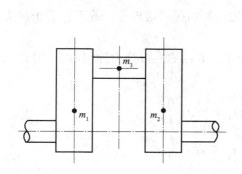

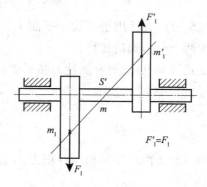

图 5-3　曲轴的质量分布　　　　　　图 5-4　静平衡与动平衡的关系

图 5-5 所示为一长转子，根据其结构，设已知其偏心质量 m_1、m_2 及 m_3 分别位于回转平面 1、2 及 3 内，它们的矢径分别为 r_1、r_2 及 r_3，方向如图 5-5 所示。当此转子以角速度 ω 回转时，各偏心质量产生的离心惯性力分别为 $\vec{F}_{I1}$、$\vec{F}_{I2}$ 及 $\vec{F}_{I3}$。对转子进行动平衡时，一般选择两个平衡基面进行。图 5-5 中，选定两个垂直于转子回转轴线的平面 I 及 II 作为平衡基面。将离心惯性力 $\vec{F}_{I1}$、$\vec{F}_{I2}$ 及 $\vec{F}_{I3}$ 分别分解到这两个平面上，即用平行分力 $\vec{F}_{I1I}$、$\vec{F}_{I2I}$、$\vec{F}_{I3I}$（在平衡基面 I 内）和 $\vec{F}_{I1II}$、$\vec{F}_{I2II}$、$\vec{F}_{I3II}$（在平衡基面 II 内）替代 $\vec{F}_{I1}$、$\vec{F}_{I2}$、$\vec{F}_{I3}$，究竟各分力为多少呢？

如图 5-6 所示，将力 F 分解成平面 I、II 上的两个与 F 方向一致的分力 F_I、F_{II}，由理论力学的平行力分解，可得其大小分别为

$$F_I = F \frac{L_1}{L} , \quad F_{II} = F \frac{L - L_1}{L} \tag{5-9}$$

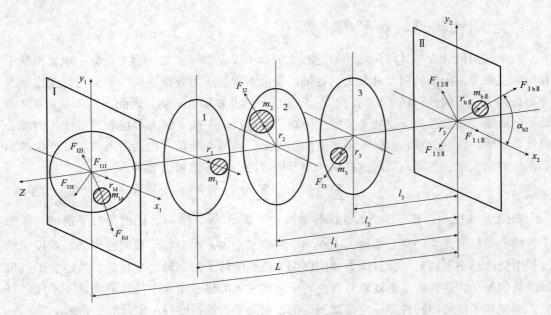

图 5-5 刚性转子的动平衡计算

式（5-9）只适用于 F 位于平面 I 、II 之间的情况。请思考，若 F 位于平面 I 、II 的一侧，则两个分力如何计算？

根据式（5-9），离心惯性力在平衡基面 I 、II 内的三个分力除以 ω^2，得到三个质径积的分量。

平衡基面 I 内的不平衡质径积为

$$\begin{cases} (m_1 r_1)_{\text{I}} = m_1 r_1 \dfrac{l_1}{L} \\[2mm] (m_2 r_2)_{\text{I}} = m_2 r_2 \dfrac{l_2}{L} \\[2mm] (m_3 r_3)_{\text{I}} = m_3 r_3 \dfrac{l_3}{L} \end{cases}$$

平衡基面 II 内的不平衡质径积为

$$\begin{cases} (m_1 r_1)_{\text{II}} = m_1 r_1 \dfrac{L - l_1}{L} \\[2mm] (m_2 r_2)_{\text{II}} = m_2 r_2 \dfrac{L - l_2}{L} \\[2mm] (m_3 r_3)_{\text{II}} = m_3 r_3 \dfrac{L - l_3}{L} \end{cases}$$

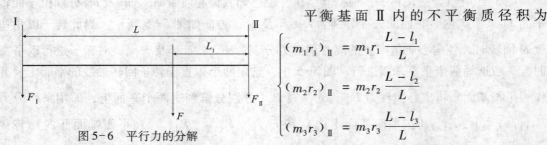

图 5-6 平行力的分解

这样，刚性转子的动平衡问题就转化为两个平面 I 、II 内的静平衡问题了。只要在平衡基面 I 及 II 内各加一适当的平衡质量 m_{bI} 及 m_{bII}，使两平衡基面内的惯性力（质径积）的矢量之和分别为零，这个转子即可得以动平衡。

由式（5-4），平面 I 内 $m_{\text{bI}} \vec{r}_{\text{bI}} + (m_1 \vec{r}_1)_{\text{I}} + (m_2 \vec{r}_2)_{\text{I}} + (m_3 \vec{r}_3)_{\text{I}} = 0$，可用图解法或解

析法求出应加的平衡质径积 $m_{bI} \vec{r}_{bI}$。同样，可求得平面 II 内应加的平衡质径积 $m_{bII} \vec{r}_{bII}$，这里就不再赘述了。

由以上分析可知，对于任何动不平衡的刚性转子，无论有多少个偏心质量，分布在多少个平面内，都只要在两个平衡基面内分别各加上或除去一个适当的平衡质量，即可得到完全平衡。故动平衡又称为双面平衡。

平衡基面的选取需要考虑转子的结构和安装空间，考虑到力矩平衡的效果，两平衡基面间的距离应适当大一些。

三、刚性转子的平衡实验

经过平衡设计的刚性转子，由于制造和装配的不精确、材质的不均匀等原因，又会产生新的不平衡。这时，由于不平衡量的大小和方位未知，故只能用实验的方法来平衡。下面就静、动平衡实验分别加以介绍。

1. 静平衡实验

对转子进行静平衡实验的目的是使转子的质心落在其回转中心上，为此可采用图 5-7 所示的装置。把转子支承在两水平放置的摩擦很小的导轨〔图 5-7（a）〕或滚轮〔图 5-7（b）〕上，当转子存在偏心质量时，就会在支承上转动直至质心处于最低位置时停止，这时可在质心相反的方向上加上校正平衡质量，再重新使转子转动，反复增减平衡质量或位置，直至转子可在任何位置保持静止，即说明转子已达到静平衡。

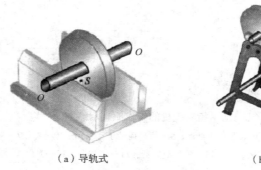

（a）导轨式　　　　　　　　（b）滚轮式

图 5-7　实验用静平衡架

图 5-7（a）所示的导轨式静平衡架只能平衡转子两端轴径相同的转子；图 5-7（b）所示的滚轮式静平衡架，由于其一端支承的高度可调节，所以也可以平衡两端轴径不同的转子，但滚轮式静平衡架摩擦阻力较大，故平衡精度不如导轨式。

2. 动平衡实验

转子的动平衡实验一般需要在专用的动平衡机上进行。动平衡机有各种不同的型式，各种动平衡机的构造及工作原理也不尽相同，有通用平衡机、专用平衡机（如陀螺平衡机、曲轴平衡机、传动轴平衡机等），但其作用都是用来测定需加于两个平衡基面中的平衡质量的大小及方位，并进行校正。动平衡实验机主要由驱动系统、支承系统、测量指示系统和校正系统等部分组成。当前工业上使用较多的动平衡机是根据振动原理设计的，测振传感器将因转子转动所引起的振动转换成电信号，通过电子线路加以处理和放大，最后用电子仪器显示出被试转子的不平衡质径积的大小和方位。

图 5-8 所示是动平衡实验机的工作原理示意图。

待平衡转子 4 放在两弹性支承上，由电动机 1 通过带传动 2 和双万向联轴器 3 驱动。实验时，转子上的偏心质量使弹性支承产生振动。此振动通过传感器 5 与 6 转变为电信号，两电信号同时传到解算电路 7，它对信号进行处理，以消除两平衡基面之间的相互影响。用选择开关选择平衡基面Ⅰ或Ⅱ，再经选频放大器 8，将信号放大，并由仪表 9 显示出该基面上的不平衡质径积的大小。而放大后的信号又经过整形放大器 10 转变为脉冲信号，送到鉴相器 11 的一端。鉴相器的另一端接收来自光电头 12 和整形放大器 13 的基准信号，它的相位与转子上的标记 14 相对应。鉴相器两端信号的相位差由相位表 15 读出。可以标记 14 为基准，确定出偏心质量的相位。用选择开关可对另一平衡基面进行平衡。

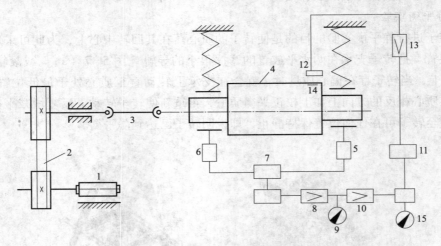

图 5-8　动平衡实验机的工作原理示意图

1—电动机；2—带传动；3—双万向联轴器；4—待平衡转子；5、6—传感器；7—解算电路
8—选频放大器；9、15—仪表；10、13—整形放大器；11—鉴相器；12—光电头；14—标记

随着汽车行驶速度和对乘坐舒适性要求的日益提高，对车轮动平衡的要求已列入工艺规范。图 5-9 所示为汽车车轮动平衡机示意图。将待平衡车轮 3 整体（包括轮胎和轮毂）安装在心轴 5 上，支承心轴的两个轴承 6 装于传感器 2 的悬架上。推动杠杆使驱动电机 1 靠在轮胎上并拖动轮胎旋转，到达预定转速后脱开电动机，轮胎自由旋转，这时力传感输出信号给计算机，计算机即可计算出两平衡基面（校正面 7）上所需加的平衡质径积的大小和方位。

在轮毂两侧的边缘处，加上适当的平衡块，即可使车轮获得令人满意的动平衡。类似的车轮动平衡机目前已是许多修车行的必备设备。

3. 现场平衡

前面提到的转子平衡实验都是在专用的平衡机上进行的。而对于一些尺寸很大的转

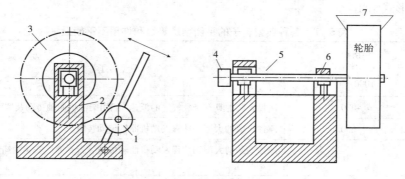

图 5-9　汽车车轮动平衡机示意图

1—驱动电动机；2—传感器；3—待平衡车轮；4—挡块；

5—心轴；6—轴承；7—平衡基面

子，如几十吨重的大型发电机转子等，要在实验机上进行平衡是很困的。另外，有些高速转子，虽然在制造期间已经过平衡，但由于装运、蠕变和工作温度过高或电磁场的影响等原因，又会发生微小变形而造成不平衡。在这些情况下，一般可进行现场平衡，即在现场通过直接测量机器中转子支架的振动，来确定不平衡量的大小及方位，进而进行平衡。

第三节　转子的平衡精度和许用不平衡量

经过平衡实验的转子，不可避免的还会有一些残存的不平衡。欲减小残存的不平衡量，势必要提高平衡成本。因此，根据工作要求，对转子规定适当的许用不平衡量是很必要的。

一、转子的许用不平衡量的表示方法

转子的许用不平衡量有两种表示方法，即质径积表示法和偏心距表示法。如设转子的质量为 m，其质心至回转轴线的许用偏心距为 $[e]$，而转子的许用不平衡质径积以 $[mr]$ 表示，则两者的关系为

$$[e] = \frac{[mr]}{m} \tag{5-10}$$

偏心距是一个与转子质量无关的绝对量，而质径积则是与转子质量有关的相对量。通常，对于具体给定的转子，用许用不平衡质径积较好，因为它比较直观，便于平衡操作。而在衡量转子平衡的优劣或平衡的检测精度时，则用许用偏心距为好，因为便于比较。

二、刚性转子的平衡精度

关于转子的许用不平衡量，目前我国尚未定出标准，表 5-1 是国际标准化组织制定的各种典型转子的平衡精度等级和许用不平衡量，可供参考使用。表中转子的不平衡量以平

衡精度 A 的形式给出。

表5-1　各种典型转子的平衡精度等级和许用不平衡量

平衡等级 G	平衡精度 $A = \dfrac{[e]\omega^{①}}{1000}$ /mm·s^{-1}	典型转子举例
G4000	4000	刚性安装的具有奇数气缸的低速②船用柴油机曲轴传动装置③
G1600	1600	刚性安装的大型二冲程发动机曲轴传动装置
G630	630	刚性安装的大型四冲程发动机曲轴传动装置；弹性安装的船用柴油机曲轴传动装置
G250	250	刚性安装的高速四缸柴油机曲轴传动装置
G100	100	六缸和六缸以上高速柴油机曲轴传动装置；汽车、机车用发动机整体（汽油机或柴油机）
G40	40	汽车车轮、轮缘、轮组、传动轴；弹性安装的六缸或六缸以上高速四冲程发动机（汽油机或柴油机）曲轴传动装置；汽车、机车用发动机曲轴传动装置
G16	16	特殊要求的传动轴（螺旋桨轴、万向联轴器轴）；破碎机械的零件；农业机械的零件；汽车和汽车发动机（汽油机和柴油机）部件；特殊要求的六缸或六缸以上的发动机曲轴传动装置
G6.3	6.3	作业机械的回转零件；船用主汽轮机齿轮（商船用）；离心机鼓轮；风扇；装配好的航空燃气轮机；泵转子；机床和一般的机械零件；普通电机转子；特殊要求的发动机部件
G2.5	2.5	燃气轮机和汽轮机，包括船用主汽轮机（商船用）；刚性汽轮发电机转子；透平压缩机；机床传动装置；特殊要求的中型和大型发电机转子，小型电动机转子；透平驱动泵
G1	1	磁带录音仪和录音机的传动装置；磨床传动装置；特殊要求的小型电动机转子
G0.4	0.4	精密磨床主轴、砂轮盘及电动机转子；陀螺仪

①ω 为转子转动的角速度（rad/s），[e] 为许用偏心距（μm）。
②按国际标准，低速柴油机的活塞速度小于 9m/s，高速柴油机的活塞速度大于 9m/s。
③曲轴传动装置是包括曲轴、飞轮、离合器、带轮、减震器等的组件。

在使用表5-1的推荐数值时，应注意下列不同情况：

1）对于静不平衡的转子，根据精度等级计算许用不平衡量 $[e] = 1000A/\omega$ ，单位为 μm。

2）对于动不平衡的转子，由表中求出的许用偏心距 $[e]$ 是针对转子质心而言的。所以应根据式（5-10）求出许用不平衡质径积 $[mr] = m[e]$ 后，再将其分配到两个平衡基面上。如图5-10所示，两平衡基面的许用许用不平衡质径积为

$$[mr]_{I} = [mr]\frac{b}{a+b}$$

$$[mr]_{II} = [mr]\frac{a}{a+b} \tag{5-11}$$

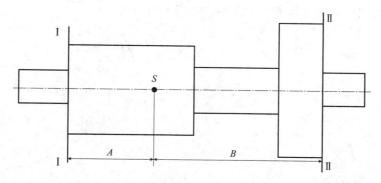

图 5-10　质径积向平衡基面的分配计算图

式中，a 和 b 分别为平衡基面 Ⅰ、Ⅱ 至转子质心 S 的距离。

第四节　平面机构的平衡

如前所述，作往复运动或平面复合运动的构件，其在运动中产生的惯性力不可能像转子那样在构件本身上予以平衡，而必须就整个机构设法加以研究。具有往复运动构件的机械是很多的，如汽车发动机、高速柱塞泵、活塞式压缩机、振动剪床等，这些机械的速度又较高，所以平衡问题常成为产品质量的关键问题之一。

当机构运动时，其各运动构件所产生的惯性力可以合成一个通过机构质心的总惯性力和一个总惯性力偶矩，该总惯性力和总惯性力偶矩全部由基座承受。为了消除机构在基座上引起的动压力，就必须设法平衡此总惯性力和总惯性力偶矩。机构平衡的条件是机构的总惯性力 $\vec{F}_{\mathrm{I}}$ 和总惯性力偶矩 M_{I} 分别为零，即

$$\vec{F}_{\mathrm{I}} = 0 , M_{\mathrm{I}} = 0 \tag{5-12}$$

不过，在平衡计算中，总惯性力偶矩对基座的影响应当与外加的驱动力矩和阻抗力矩一并研究（因这三者都将作用到基座上），但是由于驱动力矩和阻抗力矩与机械的工况有关，单独平衡惯性力偶矩往往没有意义。故这里只讨论总惯性力的平衡问题。

设机构的总质量为 m，其质心 S' 的加速度为 $a_{S'}$，则机构的总惯性力 $F_{\mathrm{I}} = -ma_{S'}$。由于质量 m 不可能为零，所以欲使总惯性力 $\vec{F}_{\mathrm{I}} = 0$，必须使 $\vec{a}_{S'} = 0$，即应使机构的质心静止不动。平面机构惯性力的平衡可分为惯性力的完全平衡和部分平衡。

一、总惯性力的完全平衡

总惯性力的完全平衡是指总的惯性力为零，为达到完全平衡，可采取下述措施。

1. 利用对称机构平衡

如图 5-11 所示，由于左、右两部分对 A 点完全对称，故可使机构的总惯性力得到完全平衡，如某些型号的摩托车的发动机就采用了这种布置方式。显然，利用对称机构可得

到很好的平衡效果，但使机构的结构复杂，体积大为增加。

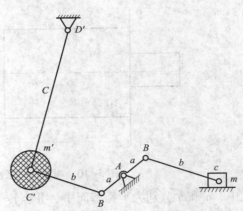

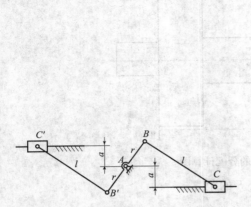

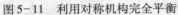

图 5-11 利用对称机构完全平衡 　　图 5-12 ZG12-6 型高速冷镦机中的平衡机构

　　又如在图 5-12 所示的 ZG12-6 型高速冷镦机中的平衡机构，利用了与此类似的方法获得了较好的平衡效果，使机器转速提高到 350r/min，而振动仍较小。它的主传动机构为曲柄滑块机构 ABC，平衡装置为四杆机构 $AB'C'D'$，由于 $C'D'$ 较长，C' 点的运动近似于直线，加在 C' 点处的平衡质量 m' 即相当于 C 处滑块的质量 m。

　　2. 利用平衡质量平衡

　　通过在机构的某些构件上加适当的平衡质量，以调节运动构件质心的位置，使机构得到完全平衡。

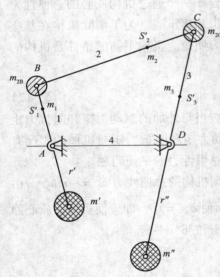

图 5-13 用平衡质量完全平衡
铰链四杆机构

　　在图 5-13 所示的铰链四杆机构中，设构件 1、2、3 的质量分别为 m_1、m_2、m_3，其质心分别位于 S'_1、S'_2、S'_3 处。为了进行平衡，先将构件 2 的质量 m_2 用分别集中于 B、C 两点的两个集中质量 m_{2B} 及 m_{2C} 代换，即

$$m_{2B} = m_2 \frac{l_{CS'_2}}{l_{BC}}, \quad m_{2C} = m_2 \frac{l_{BS'_2}}{l_{BC}} \qquad (5-13)$$

　　然后，可在构件 1 的延长线上加一平衡质量 m' 来平衡构件 1 的质量 m_1 和 m_{2B}，使构件 1 的质心移到固定轴 A 处，即

$$m' = \frac{m_{2B}l_{AB} + m_1 l_{AS'_1}}{r'} \qquad (5-14)$$

　　同理，可在构件 3 的延长线上加一平衡质量 m''，来平衡质量 m_3 和 m_{2C}，使其质心移至固定轴 D 处，m'' 为

$$m'' = \frac{m_{2C}l_{DC} + m_3 l_{DS'_3}}{r''} \qquad (5-15)$$

在加上平衡质量 m' 及 m'' 后，机构的总质心 S' 应位于 AD 线上一固定点，即 $a_{S'} = 0$，所以机构的惯性力已得到平衡。

运用同样的方法，可以对图 5-14 所示的曲柄滑块机构进行平衡。为使机构的总质心位于定轴 A 处，m' 及 m'' 为

$$m' = \frac{m_2 l_{BS'_2} + m_3 l_{BC}}{r'}$$

$$m'' = \frac{(m' + m_2 + m_3)l_{AB} + m_1 l_{AS'_1}}{r''}$$

(5-16)

据研究，完全平衡 n 个构件的单自由度机构的惯性力，应至少加 $n/2$ 个平衡质量，这将使机构的总质量大大增加，尤其是将平衡质量装在作一般平面复合运动的连杆上时，对结构

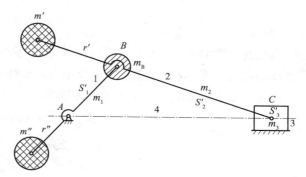

图 5-14　用平衡质量完全平衡曲柄滑块机构

极为不利。所以，工程实际上很多机构不采用这种方法，宁愿采用下面的部分平衡法。

二、惯性力的部分平衡

部分平衡是指平衡掉机构总惯性力的一部分，常采用下列方法进行部分平衡。

1. 利用近似对称机构进行平衡

在图 5-15 (a) 所示的机构中，当曲柄 AB 转动时，滑块 C 和 C' 的加速度方向相反，它们的惯性力方向也相反，故可以相互抵消。但由于两滑块运动规律不完全相同，所以只是部分平衡。

在图 5-15 (b) 所示的机构中，当曲柄 AB 转动时，两摇杆 CD、$C'D$ 的角加速度相反，故它们的惯性力方向相反，也可以部分抵消。

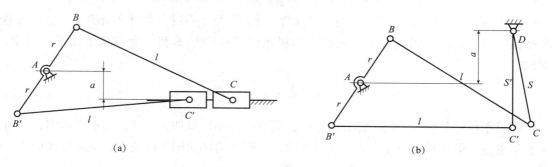

(a)　　　　　　　　　　　　　　(b)

图 5-15　利用近似对称机构部分平衡惯性力

2. 利用平衡质量平衡

对图 5-16 所示的曲柄滑块机构进行平衡时，先将连杆 2 的质量 m_2 用集中于 B、C 两

点的质量 m_{2B} 、m_{2C} 来代换；将曲柄 1 的质量 m_1 用集中于 B、A 两点的质量 m_{1B} 、m_{1A} 来代换。此时，机构产生的惯性力只有两部分，即集中在 B 点的质量 $m_B = m_{2B} + m_{1B}$ 所产生的离心惯性力 F_{IB} 和集中于 C 点的质量 $m_C = m_{2C} + m_3$ 所产生的往复惯性力 F_{IC} 。为了平衡离心惯性力 F_{IB} ，只要在曲柄的延长线上加一平衡质量 m' 即可，则

$$m' = m_B \frac{l_{AB}}{r} \tag{5-17}$$

而往复惯性力 F_{IC} 的大小随曲柄 AB 转角 φ 发生变化，所以平衡往复惯性力 F_{IC} 就不像平衡离心惯性力 F_{IB} 那样简单。下面介绍往复惯性力的平衡法。

由运动分析可得滑块 C 的加速度方程为

$$a_C \approx -\omega^2 l_{AB}\cos\varphi \tag{5-18}$$

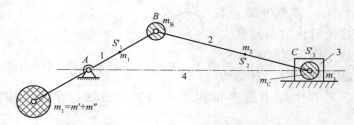

图 5-16 利用平衡质量进行曲柄滑块机构的部分平衡

因而集中质量 m_C 所产生的往复惯性力为

$$F_{IC} \approx m_C\omega^2 l_{AB}\cos\varphi \tag{5-19}$$

为了平衡惯性力 F_{IC} ，可在曲柄的延长线上距 A 为 r 处再加上一个平衡质量 m'' ，并使

$$m'' = m_C \frac{l_{AB}}{r} \tag{5-20}$$

将平衡质量 m'' 产生的离心惯性力 F''_I 分解为一水平分力 F''_{Ib} 和一铅直分力 F''_{Iv} ，则有

$$F''_{Ib} = m''\omega^2 r\cos(180° + \varphi) = -m_C\omega^2 l_{AB}\cos\varphi$$

$$F''_{Iv} = m''\omega^2 r\sin(180° + \varphi) = -m_C\omega^2 l_{AB}\sin\varphi$$

由于 $F''_{Ib} = -F_{IC}$ ，故 F''_{Ib} 已与往复惯性力 F_{IC} 平衡。不过，此时又增加了一个新的不平衡惯性力 F''_{Iv} ，此铅直方向的惯性力对机械的工作也很不利。为了减小此不利因素，可取

$$m'' = \left(\frac{1}{3} : \frac{1}{2} \right) m_C \frac{l_{AB}}{r} \tag{5-21}$$

即只平衡往复惯性力的一部分。这样，既可以减小往复惯性力 F_{IC} 的不良影响，又可使在铅直方向的不平衡惯性力 F''_{Iv} 不致太大，同时所需加的配重也较小，这对机械的工作较为有利。

对四缸、六缸、八缸发动机来说，若各活塞和连杆的质量取得一致，在各缸适当排列下，往复质量之间即可自动达到力与力矩的完全平衡。为此，对同一台发动机，应选用相同质量的活塞，各连杆的质量、质心位置也应保持一致。故在一些高质量发动机的生产

中，采用了全自动连杆质量调整机、全自动活塞质量分选机等先进设备。

第五节　机械的运转及其速度波动的调节概述

一、研究内容

在前面研究机构的运动分析及力分析时，一般都假设原动件作等速运动，然而实际上机构原动件的运动规律是由其各构的质量、转动惯量和作用于其上的驱动力（矩）与阻抗力（矩）等因素决定的。在一般情况下，原动件的速度和加速度是随时间而变化的，因此为了对机构进行精确的运动分析和力分析，就需要首先确定机构原动件的真实运动规律，这对高速度、高精度和重载荷的机械是十分重要的。所以要研究在外力作用下机械的真实运动规律。

二、机器运转的三个阶段

机器运转一般分为三个阶段，即启动阶段、稳定阶段和停车阶段，如图5-17所示。下面分析机器在其各运转阶段的运动状态以及作用在机器上的驱动功和抗阻功的关系。

1. 启动阶段

在启动阶段，机器原动件的角速度 ω 由零逐渐上升，直至达到正常运转的平均角速度 ω_{m} 为止。在此阶段，由于驱动功 W_{d} 大于阻抗功 W_{c}，根据动能定理，多余的功能增加了系统的动能，动能的变化量为 ΔE。其功能关系表示为

$$\Delta W = W_{\mathrm{d}} - W_{\mathrm{c}} = \Delta E > 0 \tag{5-22}$$

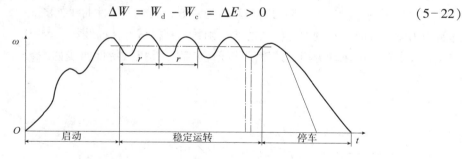

图5-17　机械运转的三个阶段

2. 稳定运转阶段

继启动阶段之后，机器进入稳定运转阶段，它是机器的真正工作阶段。在这一阶段，原动件的瞬时角速度 ω 通常会有两种情况。

①原动件的瞬时角速度 ω 在其平均角速度 ω_{m} 上下作周期性波动，称之为周期变速稳定运转。如活塞式压缩机等机器的运转情况即属此类。机器原动件角速度变化的一个周期 T 又称为机器的一个运动循环。就一个周期而言，机器的总驱动功与总阻抗功是相等的，即

$$W_{\mathrm{d}} = W_{\mathrm{c}} \tag{5-23}$$

②原动件的瞬时角速度 ω 在稳定运转过程中恒定不变，即 $\omega =$ 常数，称之为等速稳定

运转，机器的驱动功与阻抗功时时相等，如鼓风机、风扇等即属此类。

3. *停车阶段*

在机器的停车阶段，一般驱动功 $W_d = 0$（机器上不再作用有驱动力），当阻抗功将机器具有的动能消耗完时，机器便停止运转。其功能关系为

$$\Delta E = W_c \tag{5-24}$$

在停车阶段，为了缩短停车所需的时间，常在机器上安装有制动装置。安装制动器后的停车阶段角速度与时间的关系图 5-17 中的虚线所示。

启动阶段与停车阶段统称为机器运转的过渡阶段。一些机器对其过渡阶段的工作有特殊要求，如空间飞行器姿态调整要求小推力推进系统响应迅速，发动机的启动，停机等过程要在几十毫秒内完成。

多数机器是在稳定运转阶段进行工作的，但也有少量机器（如起重机等）其工作过程却有相当一部分是在过渡阶段进行的。

三、作用在机器上的驱动力（矩）和工作阻力

从前述可见，驱动力（矩）所做的功和工作阻力（矩）所做的功与机器的运转状况密切相关，因此，有必要对驱动力（矩）和工作阻力的特点进行讨论。

1. *驱动力（矩）*

驱动力（矩）是原动机提供的。原动机不同，驱动力（矩）的特性也不同。常用的原动机有电动机、内燃机等，在一些控制系统中，也常用弹簧、电磁铁等来提供驱动力。原动机提供的驱动力（矩）与其运动参数（位移、速度等）之间的关系称为原动机的机械特性。

如用重锤的重量作为驱动力时，其值为常数，其机械特性曲线如图 5-18（a）所示；用弹簧作为驱动件时，驱动力是位移的线性函数，其机械特性曲线如图 5-18（b）所示。三相交流异步电动机的驱动力矩是速度的非线性函数，其机械特性曲线如图 5-18（c）所示。

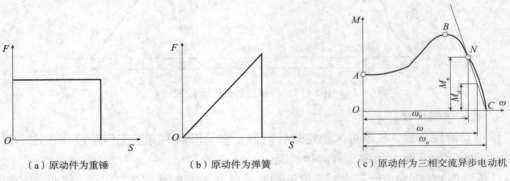

（a）原动件为重锤　　　　（b）原动件为弹簧　　　　（c）原动件为三相交流异步电动机

图 5-18　不同原动件的机械特性曲线

当用解析法研究机械的运动时，原动件的驱动力（矩）必须以解析式表达。为了简化计算，常将原动机的机械特性曲线用简单的代数式来近似地表示。如三相交流异步电动机的机械特性曲线的 BC 段是工作段，曲线 BC 常近似地以通过 N 点和 C 点的直线来代替。

N 点的转矩 M_n 为电动机的额定转矩，角速度 ω_n。为电动机的额定角速度。C 点的角速度 ω_o 为电动机的同步角速度。直线 NC 上任意角速度为 ω 的点处驱动力矩 M_d 为

$$M_d = \frac{M_n(\omega_o - \omega)}{\omega_o - \omega_n} \qquad (5-25)$$

式中，M_n、ω_o、ω_n 可以从电动机铭牌中查到。

2. 工作阻力

工作阻力是机械正常工作时必须克服的作用在执行构件上的外载荷。完成不同工作过程的机械，其工作阻力的变化规律也不相同。如起重机、车床的工作阻力 $F_r =$ 常数；空气压缩机的工作阻力是位移的函数，即 $F_r = f(s)$；鼓风机的工作阻力是叶片角速度的函数，即 $F_r = f(\omega)$；揉面机、球磨机的工作阻力是时间的函数，即 $F_r = f(t)$，等等。

驱动力（矩）和工作阻力的确定涉及许多专业知识，已不属于本课程的范围。本章在讨论机械在外力作用下的运动时，认为外力是已知的。

四、速度波动产生的原因及波动类型

机器是在外力作用下运转的，若在任意时间段里驱动力（矩）所做的功都等于阻抗力（矩）所做的功，则动能的增量为零，机器将保持匀速运动。但实际上，对于大多数机器，在任二时间段内，其驱动功并不是总与阻抗功相等。当驱动功大于阻抗功时，动能增加，反之，则动能减小，因而导致机器运转的速度发生波动。速度波动一般分为两类，即周期性速度波动和非周期性速度波动。

第六节　机械系统的等效动力学模型和机器运动方程式

一、建立等效动力学模型的目的

当研究在已知外力（力矩）作用下机器的运动时，需要研究作用在它的所有构件上各力所做的功以及所有运动构件的动能变化，求解过程十分复杂。对于具有一个自由度的机械系统，只要知道其中一个构件的运动规律，其余所有构件的运动规律是确定的，可求的。所以可以将整个机器的运动问题转化为它的某一构件的运动问题来研究，这样就可以大大简化求解过程。这里的"某一构件"称为等效构件，以等效构件建立的动力学模型称为等效动力学模型。在转化时，要保证等效构件的运动和原机械系统中该构件的运动相同。

二、等效构件、等效动力学模型及等效量的计算

1. 等效构件和等效动力学模型

理论上可以任意选择等效构件，为了使问题简化，常选机械系统中作定轴转动的构件或作直线移动的构件作为等效构件。

当研究机器在已知力作用下的运动时，我们用作用在机器某一构件（等效构件）上的

一个假想力或假想力矩，来代替作用在该机器上的所者已知外力和力矩，用转化到等效构件上的一个假想质量或假想转动惯量，来代替机器中所有构件的质量和转动惯量。这里的假想力称为等效力，用 F_e 表示；假想力矩称为等效力矩，用 M_e 表示；假想质量称为等效质量，用 m_e 表示；假想转动惯量称为等效转动惯量，用 J_e 表示。转化的原则是转化前后的机器运动不变，即：等效力 F_e 或等效力矩 M_e 所做的功或所产生的功率应等于所有被代替的力和力矩所做的功或产生的功率之和；等效质量或等效转动惯量所具有的动能应等于系统中所有构件的动能之和。

当取定轴转动的构件为等效构件时，转化到其上的等效力矩 M_e 和等效转动惯量 J_e；当取直线移动的构件为等效构件时，转化到其上的是等效力 F_e 和等效质量 m_e，得到图 5-19 所示的两种常见的等效动力学模型。

2. 等效量的计算

下面以图 5-20 所示曲柄滑块机构为例，推导各等效量计算公式。

图 5-20 中，机构由三个活动构件组成。已知曲柄 1 为原动件，其上作用有驱动力矩 M_1，曲柄的角速度为 ω_1，质心在 O 点，转动惯量为 J_1；连杆 2 的角速度为 ω_2，质量为 m_2，其对质心 S_2 的转动惯量 J_{S2}，质心 S_2 的速度为 v_{S2}；滑块 3 的质量为 m_3，其质心 S_3 在 B 点，速度为 $\vec{v_3}$，滑块 3 上的工作阻力为 F_3。求分别以曲柄 1 和滑块 3 为等效构件时的等效量。

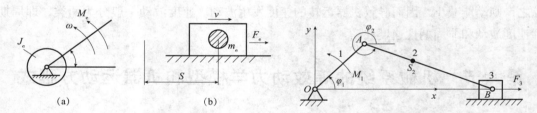

图 5-19 常见的等效力学模型　　　　图 5-20 曲柄滑块机构等效量的计算

（1）以曲柄 1 为等效构件

1）等效转动惯量 J_e 图 5-20 中，构件 1 作定轴转动，构件 2 作平面复合运动，构件 3 作往复移动，故构件中各构件的总动能为

$$E = \frac{J_1\omega_1^2}{2} + \left(\frac{m_2 v_{S2}^2}{2} + \frac{J_{S2}\omega_2^2}{2}\right) + \frac{m_3 v_3^2}{2} \qquad (5-26)$$

而等效后，等效构件的动能为　　　$E' = \dfrac{J_e\omega_1^2}{2}$

因等效前后动能不变，有

$$\frac{J_e\omega_1^2}{2} = \frac{J_1\omega_1^2}{2} + \left(\frac{m_2 v_{S2}^2}{2} + \frac{J_{S2}\omega_2^2}{2}\right) + \frac{m_3 v_3^2}{2}$$

即

$$J_e = J_1 + J_{S2}\left(\frac{\omega_2}{\omega_1}\right)^2 + m_2\left(\frac{v_{S2}}{\omega_1}\right)^2 + m_3\left(\frac{v_3}{\omega_1}\right)^2 \qquad (5-27)$$

推广到一般情况，则等效转动惯量的计算公式为

$$J_e = \sum_{i=1}^{n} \left[m_i \left(\frac{v_{si}}{\omega} \right)^2 + J_{Si} \left(\frac{\omega_i}{\omega} \right)^2 \right] \tag{5-28}$$

2）等效力矩 M_e 机构上所有外力和力矩产生的功率为

$$P = M_1 \omega_1 + F_3 v_3 \cos 180° \tag{5-29}$$

等效后，等效构件上的等效力矩产生的功率为

$$P' = M_e \omega_e$$

因等效前后的功率不变，所以有

$$M_e = M_1 - F_3 \frac{v_3}{\omega_1} \tag{5-30}$$

推广到一般情况，则等效力矩的计算公式为

$$M_e = \sum_{i=1}^{n} \left[F_i \left(\frac{v_i}{\omega} \right) \cos\alpha_i \pm M_i \left(\frac{\omega_i}{\omega} \right) \right] \tag{5-31}$$

（2）以滑块 3 为等效构件

1）等效质量 m_e 等效前系统的动能见式（5-26），等效后，等效构件的动能 $E'' = \frac{1}{2} m_e v_3^2$，因 $E'' = E$，有

$$m_e = J_1 \left(\frac{\omega_1}{v_3} \right)^2 + m_2 \left(\frac{v_{S2}}{v_3} \right)^2 + J_{S2} \left(\frac{\omega_2}{v_3} \right)^2 + m_3 \tag{5-32}$$

推广到一般情况，则等效质量的计算公式为

$$m_e = \sum_{i=1}^{n} \left[m_i \left(\frac{v_{Si}}{v} \right)^2 + J_{Si} \left(\frac{\omega_i}{v} \right)^2 \right] \tag{5-33}$$

2）等效力 F_e 等效前系统的功率见式（5-29），等效后，等效构件的功率为 $P'' = F_e v_3$，因 $P'' = P$，有

$$F_e = M_1 \frac{\omega_1}{v_3} - F_3 \tag{5-34}$$

推广到一般情况，则等效力的计算公式为

$$F_e = \sum_{i=1}^{n} \left[F_i \left(\frac{v_i}{v} \right) \cos\alpha_i \pm M_i \left(\frac{\omega_i}{v} \right) \right] \tag{5-35}$$

式（5-31）、式（5-35）中"±"号取决于构件 i 上的力矩 M_i 与该构件的角速度 ω_i 的方向是否相同，相同时取"+"号，相反时取"－"号。

在式（5-28）式（5-31）、式（5-33）、式（5-35）中：

n 为活动构件的个数；F_i，M_i 为作用在构件 i 上的力、力矩，m_i 为构件 i 质量；

v_{si} 为构件 i 质心处的速度；v_i 为力 F_i 作用点的速度；α_i 为力 F_i 与速度 v_i 的夹角；ω_i 为构件 i 的角速度；v 为等效构件的移动速度；ω 为等效构件的角速度。从以上公式可以看出，各等效量与各构件对等效构件的速比有关，与构件的真实速度无关，故当不知道构件真实运动时，可以任意假定一个速度，通过速度分析求出速比，即可求得各等效量。

在计算等效力 F_e 和等效力矩 M_e 时，有时将驱动力和驱动力矩、阻力和阻力矩分别等效来计算等效驱动力 F_{ed}（等效驱动力拒 M_{ed}）和等效阻力 F_{er}（等效阻力矩 M_{er}），而

$$F_e = F_{ed} - F_{er}, \quad M_e = M_{ed} - M_{er}$$

例 5-1 图 5-21 所示的齿轮连杆机构中，已知齿轮 1 的齿数 $z_1 = 20$，转动惯量为 $J_1 = 0.1 \text{kg} \cdot \text{m}^2$；齿轮 2 的齿数 $z_2 = 60$，质心在 A 点，对 A 轴的转动惯量 $J_2 = 0.9 \text{kg} \cdot \text{m}^2$，$l_{AB} = 120 \text{mm}$；滑块 3 的质量忽略不计；导杆 4 的质量为 $m_4 = 0.4 \text{kg}$，质心 S_4 位于 BC 的中点，对质心 S_4 的转动惯量 $J_4 = 0.16 \text{kg} \cdot \text{m}^2$；作用在齿轮 1 上的驱动力拒 $M_1 = 20 \text{N} \cdot \text{m}$，作用在导杆 4 上的阻力矩 $M_4 = 12 \text{N} \cdot \text{m}$。若取齿轮 1 为等效构件，试求该机构在图示位置的等效力矩 M_e 和等效转动惯量 J_e。

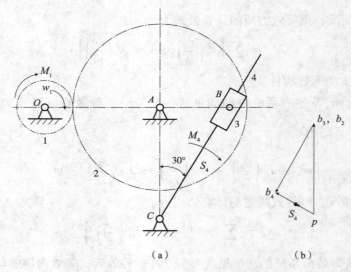

图 5-21 齿轮连杆机构

解：（1）求等效力矩 M_e 根据式（5-31）可得

$$M_e = M_1 - M_4 \frac{\omega_4}{\omega_1} \tag{5-36}$$

由图 5-21（a）可知 $l_{BC} = 2 l_{AB}$，根据方程式 $\vec{v}_{B4} = \vec{v}_{B3} + \vec{v}_{B4B3}$，任选比例尺 μ_v，作如图 5-21（b）所示的速度多边形，可得 $\vec{v}_{B4} = \frac{1}{2} \vec{v}_{B2}$，即 $l_{BC} \omega_4 = \frac{1}{2} l_{AB} \omega_2$，得 $\frac{\omega_4}{\omega_2} = \frac{1}{4}$，又 $\frac{\omega_1}{\omega_2} = \frac{z_2}{z_1} = 3$，所以 $\frac{\omega_4}{\omega_3} = \frac{1}{12}$，代入（5-36），得

$$M_e = \left(20 - 12 \times \frac{1}{12}\right) \text{N} \cdot \text{m} = 19 \text{N} \cdot \text{m}$$

（2）求转动惯量 J_e 根据式（5-28）可得

$$J_e = J_1 + J_2 \left(\frac{\omega_2}{\omega_1}\right)^2 + J_4 \left(\frac{\omega_4}{\omega_1}\right)^2 + m_4 \left(\frac{v_{S4}}{\omega_1}\right)^2 \tag{5-37}$$

由速度分析,可得 $\vec{v}_{B4} = \dfrac{1}{2}\vec{v}_{B4} = \dfrac{1}{4}\vec{v}_{B2}$,代入式(5-37),得

$$J_e = J_1 + J_2\left(\frac{1}{3}\right)^2 + J_4\left(\frac{1}{12}\right)^2 + m_4\left(\frac{l_{AB}}{12}\right)^2$$

$$= \left[0.1 + 0.9 \times \left(\frac{1}{3}\right)^2 + 0.16 \times \left(\frac{1}{12}\right)^2 + 0.4\left(\frac{0.12}{12}\right)\right]\text{kg} \cdot \text{m}^2 = 0.201\text{kg} \cdot \text{m}^2$$

这里求出的等效力矩和等效转动惯量是在图示位置下的结果。当机构处于不同位置时,与齿轮机构相关的部分速比是恒定的,而与连杆机构有关的部分速比是变化的。所以,尽管各机构的质量和转动惯量及所受到的力矩为常数,但在机构的一个运动周期内,折算到等效构件上的等效力矩和等效转动惯量却是随机构位置而改变的变量。

三、机器运动方程式

1. 运动方程式的推演

（1）动能形式的机器运动方程

根据动能定理,在一定时间间隔内,系统所做的功 ΔW 等于系统的变量 ΔE,即

$$\Delta W = \Delta E$$

针对图5-19a的等效动力学模型,若等效构件从角位移为 φ_0 的位置 I 转动到角位移 φ 的位置 II,则上式可写成第一种动能形式的机器运动方程式,为

$$\int_{\varphi_0}^{\varphi} M_e d_\varphi = \frac{1}{2}J_e\omega^2 - \frac{1}{2}J_{e0}\omega_0^2 \tag{5-38}$$

式中, ω_0、ω 为在位置 I、II时,等效构件的角速度; J_{e0}、J_e 为位置 I、II时,等效构件上的等效转动惯量。

针对图5-19（b）的等效动力学模型,若等效构件从位移为 s_0 的位置 I 运动到位移为 s 的位置 II,可得第二种动能形式的机器运动方程式,为

$$\int_{s0}^{s} F_e d_s = \frac{1}{2}m_e v^2 - \frac{1}{2}m_{e0}v_0^2 \tag{5-39}$$

式中, v_0、v 为在位置 I、II时,等效构件的速度; m_{e0}、m_e 为位置 I、II时的等效质量。

（2）力矩和力形式的机器运动方程式

将式（5-38）对 φ 求导,得

$$M_e = \frac{d(J_e\omega^2/2)}{d\varphi} = J_e\omega\frac{d\omega}{d\varphi} + \frac{\omega^2}{2}\frac{dJ_e}{d\varphi} = J_e\omega\frac{d\omega/dt}{d\varphi/dt} + \frac{\omega^2}{2}\frac{dJ_e}{d\varphi}$$

整理得,力矩形式的机器运动方程式

$$M_e = J_e\omega\frac{d\omega}{d\varphi} + \frac{\omega^2}{2}\frac{dJ_e}{d\varphi} \tag{5-40}$$

当等效转动惯量 J_e 为常数时,则上式为

$$M_e = J_e\frac{d\omega}{d\varphi} = J_e\alpha \tag{5-41}$$

从（5-41）可知，当 $d\omega/dt = 0$ 时，$M_e = M_{ed} - M_{er} = 0$，即角速度的极值一定出现在 $M_{ed} = M_{er}$ 处。

同样，将式（5-39）对 s 求导，得

$$F_e = \frac{m_e}{2}2v\frac{dv}{ds} + \frac{v^2}{2}\frac{dm_e}{ds}$$

整理得，力形式的机器运动方程为

$$F_e = m_e\frac{dv}{dt} + \frac{v^2}{2}\frac{dm_e}{ds} \tag{5-42}$$

2. 机器运动方程式求解

机器运动方程式建立后，便可求解已知外力作用于机械系统的真实运动规律。由于不同机械系统的等效力矩（等效力）、等效转动惯量（等效质量）可能是位置、速度或时间的函数，它们可能以函数式、数值表格或曲线等形式给出，因此求解运动方程式的方法也不尽相同。下面就几种常见的情况，简要介绍机械系统真实运动的求解方法。

（1）等效转动惯量 J_e 和等效力矩 M_e 均为常数

定传动比机械系统的等效转动惯量 J_e 和等效力矩 M_e 通常为常数，这类问题的求解非常方便，由式（5-41），得

$$\alpha = d\omega/dt = M_e/J_e \tag{5-43}$$

对上式积分，可得

$$\omega = \omega_0 + \alpha t \tag{5-44}$$

例 5-2 图 5-22 所示的齿轮机构中，已知齿数 $z_1 = 20$，$z_2 = 40$；转动惯量 $J_1 = 0.01\text{kg} \cdot \text{m}^2$，$J_2 = 0.04\text{kg} \cdot \text{m}^2$；齿轮 1 上的驱动力 $M_1 = 10\text{N} \cdot \text{m}$，齿轮 2 上的阻力矩 $M_2 = 4\text{N} \cdot \text{m}$，求齿轮 2 的角速度从零等加速上升到 100rad/s 所需的时间 t。

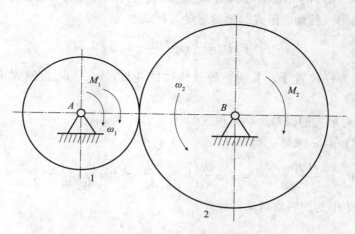

图 5-22 齿轮机构

解： 选择齿轮 2 为等效构件，则等效力矩为

$$M_e = M_1 \frac{\omega_1}{\omega_2} - M_2 = 16 \text{N} \cdot \text{m}$$

等效转动惯量为

$$J_e = J_1 \left(\frac{\omega_1}{\omega_2} \right)^2 + J_2 = \left[0.01 \times \left(\frac{40}{20} \right)^2 + 0.04 \right] \text{kg} \cdot \text{m}^2 = 0.08 \text{kg} \cdot \text{m}^2$$

由式（5-43）$\alpha = \dfrac{M_e}{J_e} = \dfrac{16}{0.08} = \dfrac{100}{t}$，得 $t = 0.5$s 即所需时间为 0.5s。

（2）等效转动惯量 J_e 和等效力矩 M_e 均为位置的函数

用内燃机驱动的含有连杆的机械系统即属这种情况。因为内燃机给出的驱动力矩 M_d 是位置的函数，故等效力矩 M_e 也是位置的函数；连杆机构部分的等效转动惯量是位置的函数，故系统的等效转动惯量 J_e 也是位置的函数，即 $M_e = M_e(\varphi)$，$J_e = J_e(\varphi)$。

若 $M_e = M_e(\varphi)$，$J_e = J_e(\varphi)$ 可以用解析式表示时，由式（5-38）可得

$$\frac{1}{2} J_e(\varphi) \omega^2(\varphi) = \frac{1}{2} J_{e0} \omega_0^2 + \int_{\varphi 0}^{\varphi} M_e(\varphi) \mathrm{d}\varphi$$

从而可求得

$$\omega(\varphi) = \sqrt{\frac{J_{e0}}{J_e(\varphi)} \omega_0^2 + \frac{2}{J_e(\varphi)} \int_{\varphi 0}^{\varphi} M_e(\varphi) \mathrm{d}\varphi} \tag{5-45}$$

由上式可求出 $\omega = \omega(\varphi)$ 的函数关系，进而可求得角速度 ω 随时间 t 的变化规律。若 $M_e(\varphi)$ 是以线图或表格形式给出的，则只能用数值积分法求解。

（3）等效转动惯量 J_e 是常数，等效力矩 M_e 是角速度 ω 的函数

由电动机驱动的鼓风机、搅拌机等机械系统就属于这种情况。对于这类机器应用式（5-41）求解比较方便，由于

$$M_e(\omega) = M_{ed}(\omega) - M_{er}(\omega) = J_e \mathrm{d}\omega / \mathrm{d}t$$

将式中的变量分离后，得

$$\mathrm{d}t = J_e \mathrm{d}\omega / M_e(\omega)$$

积分得

$$t = t_0 + J_e \int_{\omega 0}^{\omega} \frac{\mathrm{d}\omega}{M_e(\omega)} \tag{5-46}$$

由上式解出 $\omega = \omega(t)$ 以后，对其求导得角加速度 $\alpha = \mathrm{d}\omega / \mathrm{d}t$ 对其积分得角位移

$$\varphi = \varphi_0 + \int_{t0}^{t} \omega(t) \mathrm{d}t \tag{5-47}$$

（4）等效转动惯量 J_e 是位置的函数，等效力矩 M_e 是位置和速度的函数

用电动机驱动的的含连杆机构的机械系统，如刨床、压力机等机械系统都属于这种情况。应为电动机驱动力拒 M_{ed} 是速度 ω 的函数，而工作阻力是机构位置 φ 的函数，等效转动惯量 J_e 随机构位置的不同而改变。

这类机械的运动方程式根据式（5-40）可列为

$$M_e(\omega,\varphi) = J_e(\varphi)\frac{d\omega}{dt} + \frac{\omega^2}{2}\frac{dJ_e(\varphi)}{d\varphi} = J_e(\varphi)\omega\frac{d\omega}{d\varphi} + \frac{\omega^2}{2}\frac{dJ_e(\varphi)}{d\varphi}$$

这是一个非线性微分方程，若 ω、φ 变量无法分离，则不能用解析法求解，而只能采后数值法求解。下面介绍一种简单的数值解法——差分法。

将上式改写为

$$\frac{\omega^2}{2}dJ_e(\varphi) + J_e(\varphi)\omega d\omega = M_e(\omega,\varphi)d\varphi \tag{5-48}$$

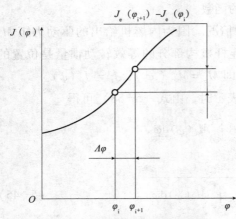

图 5-23 用增量代替微分示意图

如图 5-23 所示，将转角 φ 等分为 n 个微小的转角 $\Delta\varphi = \varphi_{i+1} - \varphi_i (i = 0,1,2,\cdots,n)$。而等效转动惯量 $J_e(\varphi)$ 的微分 $dJ_e(\varphi)$ 可以用增量 $\Delta J_{ei} = J_e(\varphi_{i+1}) - J_e(\varphi_i)$ 来近似地代替，并简写成 $\Delta J_{ei} = J_{i+1} - J_i$。同样，$\varphi = \varphi_i$ 时，角速度 $\omega(\varphi)$ 的微分 $d\omega_i$ 可以用增量 $\Delta\omega_i = \omega(\varphi_{i+1}) - \varphi_i(\varphi_i)$ 来近似地代替，并简写为 $\Delta\omega_i = \omega_{i+1} - \omega_i$。于是，当 $\varphi = \varphi_i$ 时，式（5-48）可写为

$$\frac{(J_{i+1} - J_i)\omega_i^2}{2} + J_{i\omega_i}(\omega_{i+1} - \omega_i) = M_e(\omega_i,\varphi_i)\Delta\varphi$$

解出 ω_{i+1} 得

$$\omega_{i+1} = \frac{M_e(\omega_i,\varphi_i)\Delta\varphi}{J_{i\omega_i}} + \frac{3J_i - J_{i+1}}{2J_i}\omega_i \tag{5-49}$$

式（5-49）可用计算机方便地求解。

例 5-3 设有一台电动机驱动的牛头刨床，当取主轴为等效构件时，其等效力矩 $M_e = (5500 - 1000\omega - M_{er})$，其等效转动惯量 J_e 与等效阻抗力矩 M_{er} 的值列于表 5-2 中，试分析该机器在稳定运转时的运动情况。

表 5-2 等效转动惯量 J_e 与等效阻抗力矩 M_{er} 的值

i	φ/（°）	$J_e(\varphi)$/kg·m^2	$M_{er}(\varphi)$/N·m	ω'/（rad/s）	ω''/（rad/s）
0	0	34.0	789	5.00	7.81
1	15	33.9	812	4.56	4.66
2	30	33.6	825	4.80	4.73
3	45	33.1	797	4.64	4.67
…	…	…	…	…	…
21	315	33.1	803	4.39	3.39
22	330	33.6	818	4.91	4.91
23	345	33.9	802	4.52	4.52
24	360	34.0	789	4.81	4.81

解： 由所给数据可知，该机器的周期为（$\varphi_T = 360°$。现自序号 $i=0$ 开始，按式（5-49）进行迭代计算。

由于对应于 φ_0 的 ω_0 为未知量，通常可按照机器的平均角速度来试选初始角速度。设 $i_0 = 0$ 时，$t_0 = 0$，$\varphi = \varphi_0 = 0$，$\omega_0 = \omega' = 5\text{rad/s}$，取步长 $\Delta\varphi = 15° = 0.2618\text{rad}$，

则由式（5-49）及表 5-2 可知

$$\omega'_1 = \frac{(5500 - 100 \times 5 - 789) \times 0.2618}{34.0 \times 5} + \frac{3 \times 34.0 - 33.9}{2 \times 34.0} \times 5 = 4.56\text{rad/s}$$

$$\omega'_2 = \frac{(5500 - 100 \times 4.56 - 812) \times 0.2618}{33.9 \times 4.56} + \frac{3 \times 33.9 - 33.6}{2 \times 33.9} \times 4.56 = 4.80\text{rad/s}$$

同理，可求得当 $i = 2,3,4,\cdots$ 时的 ω_3'，ω_4'，ω_5'，$\cdots$ 将结果列于表 5-2 中第五列。

由表 5-2 中 ω' 的数据可以看出，根据试取的角速度初始值 $\omega_0 = 5\text{rad/s}$，计算主轴回转一周后，ω_{24}' 并不等于 ω_0，这说明机器尚未进入周期性稳定运转。只要以 ω_{24}' 作为 ω_0 的新初始值再继续计算，数轮后机器即可进入稳定运转。本例中，在第二轮时，因 $\omega_0'' = \omega_{24}'' = 4.81\text{rad/s}$，即可进入稳定运转阶段。按 ω'' 绘制的等效构件角速度的变化规律如图 5-24 所示。

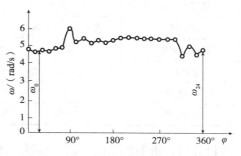

图 5-24　等效构件角速度的变化规律

第七节　周期性速度波动及其调节

周期性速度波动的特征是：在一个周期 T 内的各个瞬时，原动件的角速度 $\omega \neq$ 常数，但在一个周期 T 的始末，角速度 ω 是相同的。因此，在周期 T 的任意一段时间间隔内，驱动功与阻抗功并不相等；而就一个周期而言，驱动功与阻抗功是相等的。

一、衡量周期性速度波动的参数

为了对机械运转过程中出现的周期性速度波动进行分析，下面介绍两个衡量速度波动程度的参数。

1. 平均角速度 ω_m

图 5-25 为在一个周期 φ_T 内等效构件角速度 ω 的变化曲线，在工程实际中，平均角速度 ω_m 常用其算术平均值来表示，即

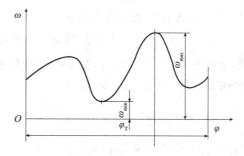

图 5-25　一个周期内等效构件的角速度

$$\omega_m = \frac{\omega_{max} + \omega_{min}}{2} \tag{5-50}$$

2. 速度不均匀系数 δ

机器速度波动的程度不仅与平均角速度 ω_m 的速度大小有关，也与角速度的差（ω_{max} － ω_{min}）有关。工程上，用角速度的差（ω_{max} － ω_{min}）与平均角速度 ω_m 之比来表示机器速度波动的程度，称为机器运转的速度不均匀系数，用 δ 表示，即

$$\delta = \frac{\omega_{max} - \omega_{min}}{\omega_m} \tag{5-51}$$

不同类型的机械，对速度不均匀程度的限制是不同的。表 5-3 中列出了一些常用机器的许用速度不均匀系数 [δ]，供设计时参考。

表 5-3　常用机器的许用速度不均匀系数 [δ]

机器的名称	[δ]	机器的名称	[δ]
碎石机	1/5 ~1/20	水泵、鼓风机	1/30 ~1/50
冲床、剪床	1/7 ~1/10	造纸机、织布机	1/40 ~1/50
轧压机	1/10 ~1/25	纺纱机	1/60 ~1/100
汽车、拖拉机	1/20 ~1/60	直流发电机	1/100 ~1/200
金属切削机床	1/30 ~1/40	交流发电机	1/200 ~1/300

设计时，机器的速度不均匀系数不得超过许用值，即

$$\delta \leqslant [\delta] \tag{5-52}$$

由式（5-50）和式（5-51）可得

$$\omega_{max} = \omega_m\left(1 + \frac{\delta}{2}\right), \ \omega_{min} = \omega_m\left(1 - \frac{\delta}{2}\right)$$

二、飞轮调速的基本原理

若不满足式（5-52），则可在机械中安装一个具有很大转动惯量的回转构件——飞轮，以调节周期性速度波动。

1. 在运动周期内动能的变化

图 5-26（a）所示为某机械系统在稳定运转过程中，等效构件在一个周期 φ_T 内等效驱动力矩 M_{ed} 和等效阻抗力矩 M_{er} 的变化曲线，设等效构件在起始位置 a 时的角度为 φ，回转到 φ 角时，机器动能的增量为

$$\Delta E = W_d(\varphi) - W_r(\varphi) = \int_{\varphi_a}^{\varphi} [M_{ed}(\varphi) - M_{er}(\varphi)]\, d\varphi = \frac{J_e(\varphi)\omega^2(\varphi)}{2} - \frac{J_{ea}\omega_a^2}{2} \tag{5-53}$$

由式（5-53）计算得到机械系统的动能 $E(\varphi)$，其变化曲线如图 5-26（b）所示。

图 5-26（a）中，在 bc 段由于 $M_{ed} > M_{er}$，因而机器的驱动功大量阻抗功，多余出来的功在图中 "＋" 号标出，称之为盈功。在这一阶段，等效构件的角速度由于动能的增加而上升。反之，在图 5-26 中 cd 段，由于 $M_{ed} < M_{er}$，因而机器的驱动功小于阻抗功，不足的功在图 5-26 中以 "－" 号标识，称为亏功。在这一阶段，等效构件的角速度由于动能

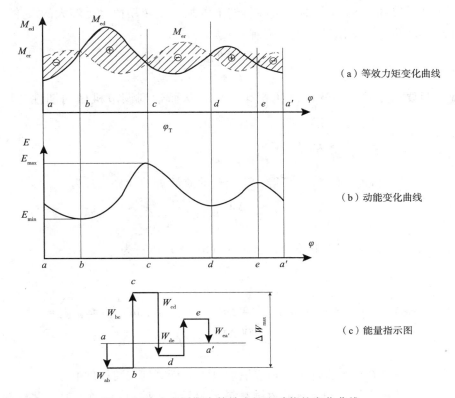

（a）等效力矩变化曲线

（b）动能变化曲线

（c）能量指示图

图 5-26　一个周期内等效力矩和动能的变化曲线

的减少而下降。在等效力矩和等效转动惯量变化的公共周期中 φ_T 内，驱动功等于阻抗功，则机器动能的增量等于零，即

$$\int_{\varphi_a}^{\varphi'_a}(M_{ed} - M_{er})\mathrm{d}\varphi = \frac{J_{ea'}\omega_{a'}^2}{2} - \frac{-J_{ea}\omega_a^2}{2} = 0 \tag{5-54}$$

由图 5-26（b）可见，在 b 点处机器出现能量的最小值 E_{min}，而在 c 点处出现能量最大值 E_{max}，故在 φ_b 和 φ_c 之间将出现最大盈亏功（一个周期内动能的最大变化量），用 ΔW_{max} 表示。

$$\Delta W_{max} = E_{max} - E_{min} = \int_{\varphi_b}^{\varphi_c}[M_{ed}(\varphi) - M_{er}(\varphi)]\mathrm{d}\varphi \tag{5-55}$$

2. 机器中安装飞轮的目的

如果忽略等效转动惯量中的变量部分，即设 J_e = 常数，则当 $\varphi = \varphi_b$ 时，$\omega = \omega_{min}$，当 $\varphi = \varphi_c$ 时，$\omega = \omega_{max}$。式（5-55）可写成

$$\Delta W_{max} = E_{max} - E_{min} = \frac{J_e(\omega_{max}^2 - \omega_{min}^2)}{2} = J_e\omega_m^2\delta$$

所以，不加飞轮时等效构件的速度不均匀系数

$$\delta = \frac{\Delta W_{max}}{J_e\omega_m^2} \tag{5-56}$$

当用上式计算的 $\delta > [\delta]$ 时，可在机器上添加一个转动惯量足够大的飞轮。设在等效构件上添加的飞轮转动惯量为 J_F，则有

$$\delta = \frac{\Delta W_{max}}{(J_e + J_F)\omega_m^2} \tag{5-57}$$

可见，只要 J_F 足够大，就可以使 $\delta > [\delta]$，从而达到调节机械周期性速度波动的目的。

三、飞轮转动惯量的计算

由式（5-52）和式（5-57）可得，飞轮转动惯量 J_F 的计算公式为

$$J_F \geqslant \frac{\Delta W_{max}}{\omega_m^2 [\delta]} - J_e \tag{5-58}$$

如果 $J_e \ll J_F$，则 J_e 可以忽略不计，于是式（5-58）可写为

$$J_F \geqslant \frac{\Delta W_{max}}{\omega_m^2 [\delta]} \tag{5-59}$$

若式（5-58）中的平均角速度 ω_m 用平均转速 n_m（r/min）代换，则有

$$J_F \geqslant \frac{900\Delta W_{max}}{\pi^2 n_m^2 [\delta]} - J_e \tag{5-60}$$

若飞轮不是安装在等效构件上，则应把求得的 J_F 折算到安装构件上。

可以看出，计算飞轮转动惯量的关键是最大盈亏功 ΔW_{max} 的计算。对一些较简单的情况，最大盈亏功可直接由 $M_e - \varphi$ 图看出。对于较复杂的情况，则可借助于能量指示图来确定。

现说明图 5-26（c）所示能量指示图的画法。任画一条水平线，在线上取点 a 作起点，选定比例尺，用铅垂矢量线段依次表示图 5-26（a）中相应位置 M_{ed} 与 M_{er} 之间所包围的面积（盈亏功）W_{ab}、W_{bc}、W_{cd}、W_{de}、$W_{ea'}$，盈功向上画，亏功向下画，为避免铅垂线重叠在一起，画各垂直线前在水平方向任意平移一小段距离。由于在一个循环的起止位置的动能相等，所以能以指示图的首尾应在同一水平线上，即形成封闭的台阶形折线。由图 5-26（c）可以看出，能量指示图中最低点（b 处）动能最小，是最小角速度出现的位置；最高点（c 处）动能最大，是最大角速度出现的位置，而图中折线的最高点和最低点的距离 W_{max} 就是最大盈亏功 ΔW_{max} 的大小，其数值等于最小角速度和最大角速度之间盈亏功的代数和的绝对值。

分析式（5-59）可知：

1）当 ΔW_{max} 与 ω_m 一定时，若 $[\delta]$ 取值很小，则 J_F 就会很大。所以，过分追求机器运转速度的均匀性，将会使飞轮过于笨重。

2）由于 J_F 不可能无穷大，而 ΔW_{max}、ω_m 都是有限值，所以 $[\delta]$ 不可能为零，即安装飞轮后机械的速度仍有波动，只是波动幅度减小而已。

3）当 ΔW_{max} 与 $[\delta]$ 一定时，J_F 与 ω_m 的平方值成反比，故为减小 J_F，最好将飞轮安

装在机器的高速轴上。当然，在实际设计中还必须考虑安装飞轮轴的刚性和结构上的可能性等因系。

应当指出，飞轮之所以调整，是利用了它的储能释能作用。由于飞轮具有很大的转动惯量，故其转速只作微小变化，就可储存或释放较大的能量。当机器出现盈功时，飞轮的角速度只作微小上升，即可抵消这部分多余的功，即将多余的功以动能的形式储存起来；而当机器出现亏功时，飞轮的角速度只作微小下降，即可弥补这部分不足的功，飞轮又将能量释放出来。可见，安装飞轮，任存在速度波动，但使机器速度波动的幅度大大降低。

在有些机械系统中安装飞轮，不仅是为了调速，还可达到减小原动机功率的目的。如电动机驱动的冲床、锻压机械中，飞轮在机器非冲压（或锻压）期间，将电动机提供的多余能量储存起来；而在冲压（或锻压）时，工作阻力很大，需要有很大的驱动力，这时飞轮释放能量来帮助克服尖峰载荷。因此，可以选用比按工作阻力推算的电动机功率小一些的电动机，进而达到减少投资、降低能耗的目的。

随着高强度纤维材料（用以制造飞轮）、低损耗磁悬浮轴承和电力电子学（控制飞轮运动）等技术的发展，飞轮储能技术正以其能量转换效率高、充放能快捷、不受地理环境限制、不污染环境等优点而备受关注。在电动汽车的飞轮电池，风力、太阳能、潮汐等发电系统的不间断供电等方面有广泛的应用前景。

四、飞轮主要尺寸的设计计算

求出飞轮的转动惯量以后，就可以确定其各部分尺寸。飞轮为回转件，常设计成轮辐式或实心式，如图 5-27 所示。

轮辐式飞轮由轮毂、轮辐和轮缘组成。最佳设计是以最少的材料来获得最大的转动惯量 J_F，即应把质量集中在轮缘上，如图 5-27（a）所示。

与轮缘相比，轮辐及轮毂的转动惯量较小可略去不计。设 G_A 为轮缘的重量，D_1、D_2 和 D 分别为轮缘的外径、内径与平均直径。当轮缘的厚度 H 较小时，飞轮的转动惯量近似为

$$J_F \approx J_A = \frac{G_A(D_1^2 + D_2^2)}{8g} \approx \frac{G_A D^2}{4g}$$

或
$$G_A D^2 = 4g J_V \qquad\qquad (5-61)$$

式中，$G_A D^2$ 称为飞轮矩，单位为 $N \cdot m^2$。当选定飞轮的平均直径 D 后，即可求出飞轮轮缘的重量 G_A。

设轮缘的宽度为 b，材料密度为 ρ（单位：kg/m^3），则 $G_A/g = \pi D H b \rho$。

于是
$$Hb = \frac{G_A}{\pi g D \rho} \qquad\qquad (5-62)$$

式中，D、H 及 b 的单位为 m。当飞轮的材料及比值 H/b 选定后，即可求得轮缘的横剖面尺寸 H 和 b。

若飞轮尺寸较小，也可以做成图 5-27（b）所示的实心圆盘式，设其外半径为 d，由

理论力学知

$$J = \frac{1}{2}m\left(\frac{d}{2}\right)^2 = \frac{md^2}{8} \tag{5-63}$$

选定圆盘直径 d，便可求出飞轮的质量 m，即

$$m = \frac{\pi d^2}{4}b\rho \tag{5-64}$$

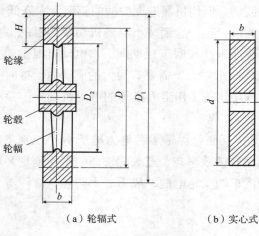

（a）轮辐式 （b）实心式

图 5-27　飞轮的结构

选定材料之后，便可求出飞轮的宽度 b。

飞轮的转速越高，其轮缘材质产生的离心力越大。当轮缘材料所受的离心力超过其材料的强度极限时，轮缘便会爆裂。所以，为了安全，在选择轮辐式飞轮平均直径和圆盘式飞轮的外径时，应使飞轮外缘的圆周速度不超过工程上规定的许用值。

应当说明，飞轮不一定是外加的专门构件。实际机器中常用增大带轮或齿轮的尺寸和质量的方法，使它们兼起飞轮的作用。

例 5-4　某机械转化到主轴上的等效阻力矩 M_{er} 在一个工作周期 2π 中的变化规律如图 5-28 所示，等效驱动力矩 $n_m = 750\text{r/min}$，要求速度不均匀系数 $\delta = 0.01$。试求：

1）等效驱动力矩 M_{ed}。

2）最大和最小角速度出现的位置，最大盈亏功 ΔW_{max}。

3）安装在主轴上的飞轮转动惯量 J_F。

解：1）求等效驱动力拒 M_{ed}。因在一个周期内，等效驱动力拒 M_{ed} 做的功等于等效阻力矩 M_{er} 做的功，有

$$600 \times \left(\frac{1}{4}\pi + \frac{1}{6}\pi\right) = M_{ed} \times 2\pi$$

$M_{ed} = 125\text{N} \cdot \text{m}$，将它画在图上，如图 5-28（b）所示。

2）求最大盈亏功 ΔW_{max}，各盈亏功为

$$A_1 = +125\pi, A_2 = -\frac{475}{4}\pi, A_3 = +\frac{125}{4}\pi, A_4 = -\frac{475}{6}\pi, A_5 = +\frac{125}{3}\pi$$

画出能量指示图，如图 5-28（c）所示。

图 5-28（c）上的最高点 a 是最大角速度出现的位置，即 π 处；最低点 d 是最小角速度出现的位置，即 $5\pi/3$ 处，最大盈亏功是 ad 之间盈亏功的代数值的绝对值，即

$$\Delta W_{max} = \left| -\frac{475}{4}\pi + \frac{125}{4}\pi - \frac{475}{6}\pi \right| = \frac{500}{3}\pi$$

3）飞轮转动惯量

$$J_F \geqslant \frac{\Delta W_{max}}{[\delta]\omega_m^2} - J_e = \left(\frac{\dfrac{500\pi}{3}}{0.01 \times \left(\dfrac{750\pi}{30}\right)^2} - 2 \right) kg \cdot m^2 = 6.49 kg \cdot m^2$$

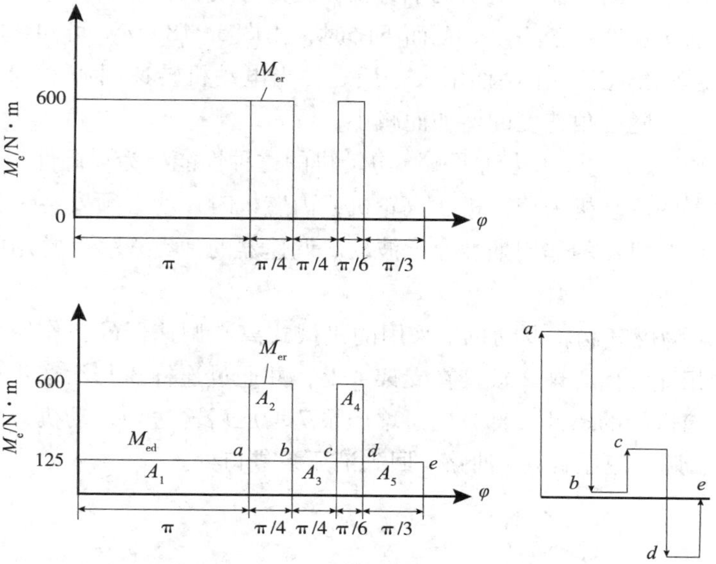

图 5-28

第八节 非周期性速度波动及其调节

机器在运转过程中，如果等效力矩 $M_e = M_{ed} - M_{er}$ 的变化是非周期性的，则机器运转的速度波动也将没有一定的周期，这样会破坏机器的稳定运转状态，这种速度波动就称为非周期性速度波动。

一、非周期性速度波动产生的原因

在机器的稳定运转时期内，不论是等速运转还是变速运转，如果其驱动力或工作阻力或有害阻力突然发生巨大的变化时，其主轴的速度也会跟着突然增大或减小，若长时间内 $M_{ed} > M_{er}$，则机器将越转越快，甚至可能会出现"飞车"现象，从而使机器遭到破坏反之；若 $M_{ed} < M_{er}$，则机器将越转越慢，最后导致停车。为了避免上述情况的发生，必须对非周期性速度波动进行调节，使机器重新恢复稳定运转。

以内燃机驱动的发电机为例，用电负荷的变化是随机的，当用电负荷突然减小时必须关小汽阀，否则会导致"飞车"现象；当用电负荷突然增加时，必须开大气阀更多地供汽，否则会导致"停车"现象。即必须采用特殊的机构来调节内燃机汽油的供给量，使其产生的功率与发电机所需的功率相适应，从而达到新的稳定运转。

二、非周期性速度波动的调节

对电动机为原动机的机器，电动机本身就可使其等效驱动力矩和等效阻力矩自动协调一致。当电动机的角速度由于 $M_{ed} < M_{er}$ 而下降时，由图5-18（c）可知，电动机所产生的驱动力矩 M_{ed} 将随着角速度的下降而增大；反之，当电动机转速因 $M_{ed} > M_{er}$ 而上升时，其所产生的驱动力拒将随着角速度的增加而减小，

以使 M_{ed} 与 M_{er} 自动地重新达到平衡，电动机的这种性能称为自调性。

但是，若机器的原动机为蒸汽机、汽轮机或内燃机时，就必须安装一种专门的调节装置—调速器，来调节机器的非周期性速度波动。调速器的种类很多，常用的有机械式调速器和电子式调速器等。

图5-29所示为燃气涡轮发动机中采用的机械式离心调速器的工作原理图。图中，支架1与发动机轴相连，离心球2铰接在支架1上，并通过连杆3与活塞4相连。在稳定运转状态下，由油箱供给的燃油一部分通过增压泵7增压后输送到发动机，另一部分多余的油则经过油路 a、调节液压缸6、油路 b 回到液压泵进口处。

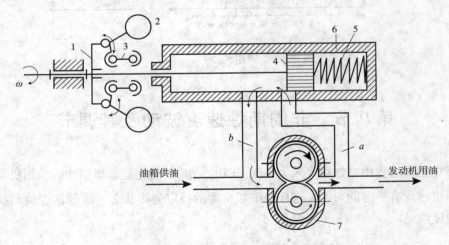

图5-29　机械式离心调速器的工作原理

当外界条件变化引起阻力矩减小时，发动机的转速 ω 将增高，离心球2将因离心力的增大而向外摆动，通过连杆3推动活塞4部分封闭的回油孔间隙增大，因此回油量增大，输送给发动机的油量减小，故发动机的驱动力矩有所下降，与减小的阻力矩相匹配，机器又重新归于稳定运转。反之，如果阻力矩增加时，则作相反运动，供给发动机的油量增加，驱动力矩增加，与增大的阻力矩相匹配，从而使发动机又恢复稳定运转。

关于调速器的详细原理、结构及设计可参阅有关调速器的专业书籍。

小　　结

　　机械平衡部分的重点是转子静平衡和动平衡的概念及动平衡的原理和计算方法。难点是不平衡质量位于平衡基面外面的刚性转子的动平衡计算。

　　机械速度波动部分的重点掌握机械周期性速度波动的原因及调节方法，机械中安装飞轮的作用，飞轮调速原理及飞轮设计的基本方法，能求解等效力矩是机构位置函数时飞轮的转动惯量，其中关键在于确定最大盈亏功。单自由度机械系统等效动力学模型的建立与运动方程式的求解是本章的难点。

思　考　题

　　5-1. 什么是静平衡？什么是动平衡？各至少需要几个平衡平面？静平衡、动平衡的条件是什么？

　　5-2. 动平衡的构件一定是静平衡的，反之亦然，对吗？为什么？

　　5-3. 既然动平衡的构建一定是静平衡的，为什么一些制造精度不高的构件在作动平衡之前需先作静平衡？

　　5-4. 在什么条件下机械才会作周期性速度波动？速度波动有何危害？如何调节？

　　5-5. 飞轮为何能调速？能否利用飞轮调节周期性速度波动，为什么？

　　5-6. 造成机械振动的原因主要有哪些？采用什么措施加以控制？

习　　题

　　5-1. 题图 5-1 所示为一钢质圆盘。盘厚 $\delta = 20\text{mm}$，在向径 $r_1 = 100\text{mm}$ 处有一直径 $d = 50\text{mm}$ 的通孔，向径 $r_2 = 200\text{mm}$ 处有一重量为 2N 的重块，为使盘满足静平衡条件，拟在向径 $r = 200\text{mm}$ 的周上再钻一通孔，试求此通孔的直径和方位（钢的密度 $\gamma = 7.6 \times 10^5 \text{N/mm}^2$）。

　　5-2. 题图 5-2 所示转轴系统，各不平衡质量皆分布在回转线的同一轴向平面内，$m_1 = 2.0\text{kg}$、$m_2 = 1.0\text{kg}$、$m_3 = 0.5\text{kg}$，$r_1 = 50\text{mm}$、$r_2 = 50\text{mm}$、$r_3 = 100\text{mm}$，各载荷间的距离为 $l_{L1} = 100\text{mm}$、$l_{12} = 200\text{mm}$、$l_{23} = 100\text{mm}$，轴承的跨距 $l = 500\text{mm}$，转轴的转速为 $n = 1000\text{r/min}$，试求作用在轴承 L 和 R 中的动压力。

　　5-3. 题图 5-3 所示为一行星轮系，各轮为标准齿轮，其齿数 $z_1 = 58$，$z_2 = 42$，$z_{2'} = 44$，$z_3 = 56$，模数均为 $m = 5$，行星轮 $2 - 2'$ 轴系本身已平衡，质心位于轴线上，其总质量

$m = 2\text{kg}$。问：（1）行星轮 $2 - 2'$ 轴系的不平衡质径积为多少（kg·mm）？（2）采取什么措施加以平衡？

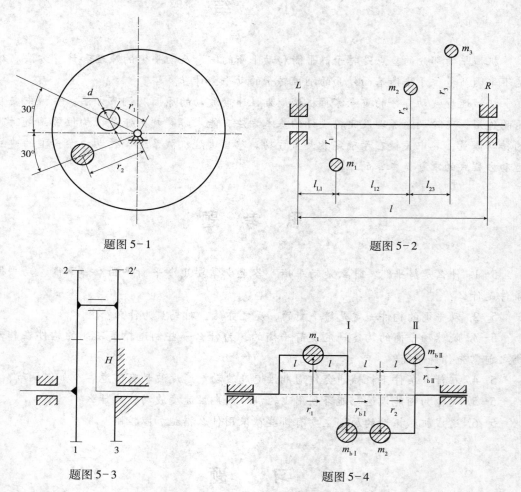

题图 5-1　　　　　　　　　　　题图 5-2

题图 5-3　　　　　　　　　　　题图 5-4

5-4. 题图 5-4 所示一曲轴，已知两个不平衡质量 $m_1 = m_2 = m$，$\vec{r_1} = -\vec{r_2}$，位置如图，试判断该轴是否静平衡？是否动平衡？若不平衡，求下列两种情况下在两个平衡基面 I、II 上需加的平衡质径积 $m_{bI}\,\vec{r_{bI}}$ 和 $m_{bII}\,\vec{r_{bII}}$ 的大小和方位。

5-5. 题图 5-5 所示的搬运器机构中，已知：滑块质量 $m = 20\text{kg}$（其余构件质量忽略不计），$L_{AB} = L_{ED} = 100\text{mm}$，$L_{BC} = L_{CD} = L_{EF} = 200\text{mm}$，$\varphi_1 = \varphi_{23} = \varphi_3 = 90°$。求由作用在滑块 5 上的阻力 $F_5 = 1\text{kN}$ 而换算到构件 1 的轴 A 上的等效阻力矩 M_r 及换算到轴 A 的滑块质量的等效转动惯量 J。

5-6. 题图 5-6 所示的定轴轮系中，已知加于轮 1 和轮 3 上的力矩 $M_1 = 80\text{N·m}$，$M_3 = 100\text{N·m}$；各轮的转动惯量 $J_1 = 0.1\text{kg·m}^2$，$J_2 = 0.225\text{kg·m}^2$，$J_3 = 0.4\text{kg·m}^2$；各轮的齿数 $z_1 = 20$，$z_2 = 30$，$z_3 = 40$。在开始转动的瞬时，轮 1 的角速度等于零。求在运动开始后经过 0.5s 时轮 1 的角加速度 α_1 和角速度 ω_1。

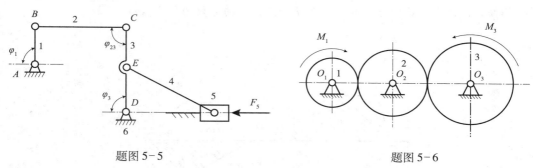

题图 5-5　　　　　　　　　　　　　　　　　题图 5-6

5-7. 在题图 5-7（a）所示的刨床机构中，已知空程和工作行程中消耗于克服阻抗力的恒功率分别为 $P_1 = 367.7\text{W}$ 和 $P_2 = 3677\text{W}$，曲柄的平均转速 $n = 100\text{r/min}$，空程中曲柄的转角为 $\varphi_1 = 120°$。当机构的运转不均匀系数 $\delta_1 = 0.05$ 时，试确定电机的平均功率，并分别计算在以下两种情况中的飞轮转动惯量 J_F（略去各构件的重量和转动惯量，一个工作周期内的示功图如图 b 所示）。

（1）飞轮装在曲柄轴上；

（2）飞轮装在电机轴上，电动机的额定转速 $n_n = 1440\text{r/min}$。电动机通过减速器驱动曲柄。为简化计算，减速器的转动惯量忽略不计。

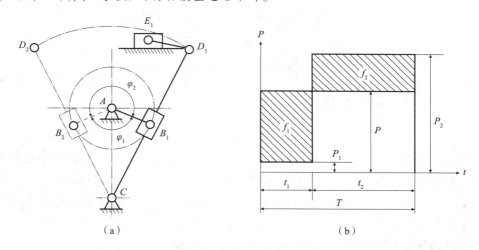

（a）　　　　　　　　　　　　　　　　　（b）

题图 5-7

5-8. 某内燃机的曲柄输出力矩 M_d 随曲柄转角 φ 的变化曲线如题图 5-8 所示，其运动周期 $\varphi_T = \pi$，曲柄的平均转速 $n_m = 620\text{r/min}$，当用该内燃机驱动一阻杭力为常数的机械时，如果要求运转不均匀系数 $\delta = 0.01$，试求：

（1）曲柄最大转速 n_{max} 和相应的曲柄转角位置 φ_{max}；

（2）装在曲柄轴上的飞轮转动惯量 J_F（不计其余构件的重量和转动惯量）。

5-9. 题图 5-9 所示车床主轴箱系统中，带轮半径 $R_0 = 40\text{mm}$，$R_1 = 120\text{mm}$，各齿轮齿数为 $z_{1'} = z_2 = 20$，$z_{2'} = z_3 = 40$；各轮转动惯量为 $J_{1'} = J_2 = 0.01\text{kg} \cdot \text{m}^2$，$J_{2'} = J_3 = 0.04\text{kg} \cdot \text{m}^2$，$J_0 = 0.02\text{kg} \cdot \text{m}^2$，$J_1 = 0.08\text{kg} \cdot \text{m}^2$，作用在主轴Ⅲ上的阻力矩 $M_3 = 60\text{N} \cdot \text{m}$。当取轴Ⅰ为

等效构件时，试求机构的等效转动惯量 J 和阻力矩的等效力矩 M_r。

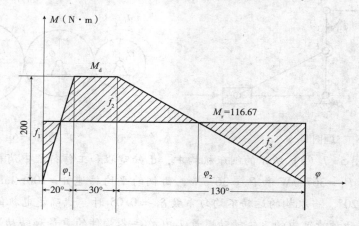

题图 5-8

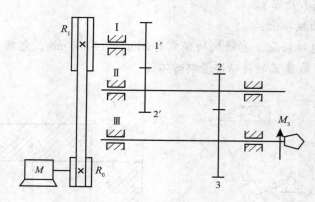

题图 5-9

5-10. 在题图 5-10 所示机构中，当曲柄推动分度圆半径为 r 的齿轮 3 沿固定齿条 5 滚动时，带动活动齿条 4 平动，设构件长度及质心位置 S_i，质量 m_i 及绕质心的转动惯量 J_{Si}（$i=1$，2，3，4）均已知，作用在构件上的力矩 M_1 和作用在齿条 4 上的力 F_4 亦已知，忽略构件的重力。试求：

（1）以构件 1 为等效构件时的等效力矩；

（2）以构件 4 为等效构件时的等效质量。

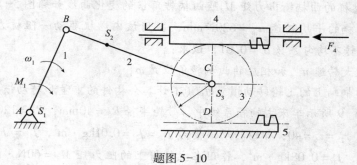

题图 5-10

5-11. 在某机械系统中，取其主轴为等效构件，平均转速 $n_m = 1000r/min$，等效阻力矩 $M_r(\varphi)$ 如题图 5-11 所示。设等效驱动力矩 M_d 为常数，且除飞轮以外其他构件的转动惯量均可略去不计，求保证速度不均匀系数 δ 不超过 0.04 时，安装在主轴上的飞轮转动惯量 J_F。设该机械由电动机驱动，所需平均功率多大？如希望把此飞轮转动惯量减小一半，而保持原来的 δ 值，则应如何考虑？

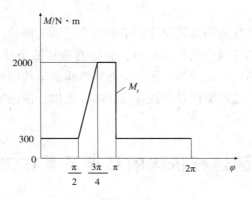

题图 5-11

5-12. 在题图 5-12 所示传动机构中，轮 1 为主动件，其上作用有驱动力矩 $M_1 =$ 常数，轮 2 上作用有阻力矩 M_2，它随轮 2 转角 φ_2 的变化关系如图中（b）所示，轮 1 的平均角速度 $\omega_m = 50rad/s$，两轮的齿数 $Z_1 = 20$，$Z_2 = 40$。试求：

（1）以轮 1 为等效构件时，等效阻力矩 M_r；

（2）在稳定运转阶段（运动周期为轮 2 转 360°）驱动力矩 M_1 的大小；

（3）最大盈亏功 ΔW_{max}；

（4）为减小轮 1 的速度波动，在轮 1 轴上安装飞轮，若要求速度不均匀系数 $\delta = 0.05$，而不计轮 1，2 的转动惯量时，所加飞轮的转动惯量 J_F 至少应为多少？

（5）如将飞轮装在轮 2 轴上，所需飞轮转动惯量是多少？是增加还是减少？为什么？

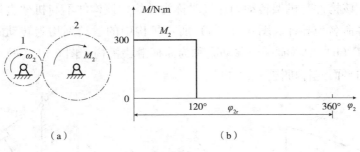

（a）　　　　　　（b）

题图 5-12

第六章　平面连杆机构及其设计

本章主要介绍平面连杆机构及其设计，基本内容包括三部分：①平面四杆机构的基本形式及其演化；②平面四杆机构的传动特性，包括有曲柄的条件、从动件行程速比系数、压力角和传动角、机构的死点位置等；③平面连杆机构的运动设计，包括按连杆的两个或三个位置设计四杆机构，按连架杆对应位置设计四杆机构，按预定的行程速比系数设计四杆机构等。

第一节　平面连杆机构的特点及其在工程中的应用

一、平面连杆机构及其特点

平面连杆机构是由多个构件以低副连接而成的平面机构，又称为平面低副机构，换言之，平面连杆机构中的运动副仅有转动副和移动副。最简单的单自由度平面连杆机构由四个构件和四个低副连接而成，称为平面四杆机构，它在工程中应用十分普遍，故本章主要介绍四杆机构的类型、特点及设计。

通常使用的平面四杆机构一般是原动件 1 的运动经过一个不直接与机架相连的中间构件 2 传动给从动件 3。中间构件 2 称为连杆，和机架相连的构件称为连架杆，能相对机架整周转动的连架杆称为曲柄，仅能相对机架摆动的连架杆称为摇杆。若机构中含有移动副，有一个构件常会被表示为矩形块，该构件为机架时称为定块，该构件与机架组成移动副时称为滑块，该构件与机架转动副连接时称为摇块，该构件不与机架直接相连时将与其相连的另一构件命名为导杆。图 6-1（a）所示机构中的运动副均为转动副，称为铰链四杆机构；图 6-1（b）中含有一个移动副称为曲柄滑块机构；图 6-1（c）称为导杆机构，这都是最常见的平面连杆机构。

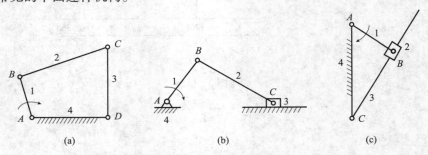

(a)　　　　　　　　　　(b)　　　　　　　　　　(c)

图 6-1　典型的平面连杆机构

平面连杆机构具有以下传动特点：

①平面连杆机构中的运动副都是低副，运动副元素为面接触，相对于高副而言，压强较小，故承载能力强；有利于润滑，磨损较小；运动副元素几何形状简单，便于加工制造。

②能实现多种运动形式的转换，如转动变为转动，转动变为摆动，转动变为移动，摆动变为转动，移动变为转动，摆动变为摆动，还能实现远距离操纵。

③在连杆机构中，连杆上的各点轨迹是各种不同形状的曲线，该曲线称为连杆曲线。因此可获得多种运动轨迹。

④在连杆机构中，原动件的运动规律不变，可用改变构件相对长度的方法，使从动件得到不同的运动规律，即实现一定的输入输出函数。

⑤连杆机构是靠运动副的几何封闭来保证构件之间的接触，所以其结构简单、工作可靠。

连杆机构也存在如下一些缺点：

①各运动副之间存在着间隙，原动件将运动和动力通过连杆传到最后一个从动件，其传递路线较长，易产生较大的积累误差，这也使其机械效率降低。

②连杆机构在运动的过程中，连杆及滑块等都在作变速运动，所产生的惯性力和惯性力矩难以用一般的平衡方法加以消除，这样会增加机构中的动载荷，故高速运动的连杆机构需要认真处理平衡问题。

③虽然可以利用连杆机构满足一些运动规律和运动轨迹的设计要求，但其设计却十分烦琐，且一般只能是近似地得到满足。

二、平面连杆机构在工程中的应用

连杆机构是一类古老的机构，早在两三千年前，我国的劳动人民就已在农业生产、粮食加工、冶炼锻造、交通运输等方面，广泛地应用了连杆机构。在科学技术十分发达的今天，连杆机构也以其独有的特点，在诸如内燃机、石油矿场抽油机、人造卫星太阳能板的展开机构、机械手的传动机构、人体假肢、折叠伞的收放机构等中都得到了广泛的应用。

图1-2所示的是石油矿场采用的游梁式抽油机。整个抽油装置由电动机1带动，动力通过V带12、减速器11，由曲柄2、连杆3、横梁5组成的曲柄摇杆机构，把电动机1的高速转动变为抽油机驴头6的低速往复摆动，通过悬绳器7带动抽油杆以实现油井中抽油泵往复的抽油运动，这里所用的曲柄摇杆机构就是典型的平面四杆机构。

图6-2（a）所示为自卸卡车的翻斗机构。其中摇块3做成绕固定轴C摆动的油缸，导杆4的一端固结在活塞上。油缸下端进油推动活塞4上移，从而推动与车身铰结的构件1，使之绕点B转动，达到自动卸料的目的，图6-2（b）是它的机构运动简图。这种油缸式的摇块机构，在建筑机械、农业机械以及许多机床中得到了广泛的应用。

图6-3所示为汽车前轮转向等腰梯形机构。相对固定件是汽车的底盘4，构件1、2、3、4构成转向梯形机构。汽车的两上前轮浮套在梯形机构两连架杆1和3向两侧伸出的所

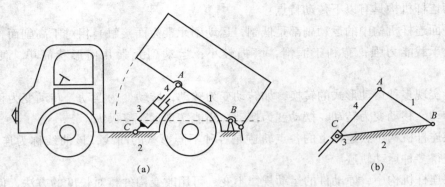

图6-2　自卸卡车的翻斗机构

谓的"羊角"轴上。当汽车直线前进时，两前轮平行，如图中的粗实线所示。当汽车向左转弯时，要求两前轮轴线的交点位于后轴的延长线上，亦即要求三条轴线交于同一点，从而能使两前轮轮胎于地面保持纯滚动而减少摩擦。

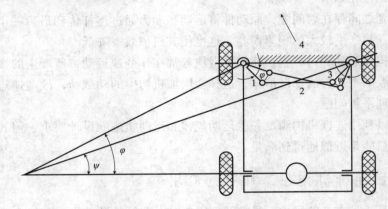

图6-3　汽车前轮转向

图6-4（a）所示为搅拌器机构。该机构连杆2上的端点能描出"肾"形轨迹，它属于实现给定轨迹的设计问题。图6-4（b）所示为一种大行程的刨床机构。该刨床机构是双曲柄机构，由于从动件3做整周转动，因此通过连杆5使装卡工件的平台6获得大行程的往复移动，以便使固定的刨刀对长尺寸的工件进行刨切加工。

图6-5（a）所示为雷达天线俯仰机构。电机将转子的高速转动通过轮系减速器传递给曲柄 *AB*，曲柄的速度较低，这样可使摇杆 *CD* 得到所需要的速度，以满足极慢的角度变化。

图6-5（b）所示为风扇的摇头机构。它的摇头机构 *ABCD* 实际上是双摇杆机构，电机安装在摇杆1上，铰链 *B* 处装有一个与连杆2固结成一体的蜗轮，该蜗轮与电机上的蜗杆相啮合，电机转动时，通过蜗杆和蜗轮迫使连杆2相对于构件1绕转动副 *B* 做整周转动，从而使连架杆1和3做往复摆动，达到风扇摇头的目的。

图6-6所示为惯性输送机。它是利用物料的惯性力和摩擦力来实现零散物料的步进输送，当曲柄 *AB* 逆时针转动时，摇杆 *CD* 左右摆动，从而使推动杆5左右移动。只要满足

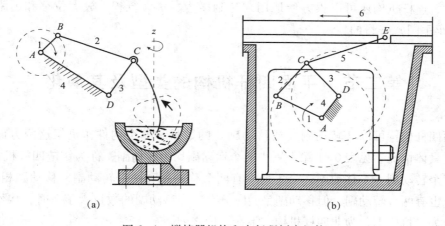

图6-4 搅拌器机构和大行程刨床机构

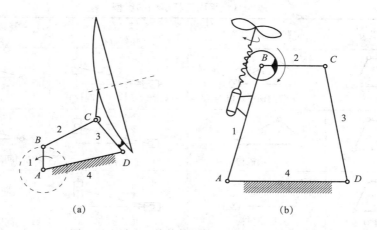

图6-5 雷达天线俯仰机构和风扇的摇头机构

左右运动时物料惯性力与摩擦力特定的关系，就能在向左移动时，物料相对向右移动，卸下物料从而达到实现物料的步进输送的目的。

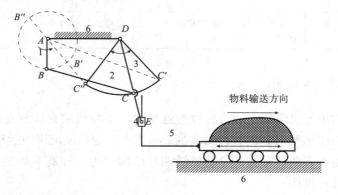

图6-6 惯性输送机

此外，连杆机构还可以很方便地用来达到增力、扩大行程、放大位移和远距离传动（如自行车手闸）等目的。

第二节　平面四杆机构的类型及其演化

平面四杆机构可以从转动副（或移动副）的数目和哪个构件作机架这两方面进行分类，分类具体情况参见表6-1第1列中四个运动副均为转动副，称为铰链四杆机构；第2列中有三个转动副一个移动副；第3列中有两个移动副和两个转动副，移动副相邻分布；第4列中也有两个转动副，但移动副呈间隔分布。当移动副的数目大于2时，构件相对转动能力消失，机构退化为非四杆机构，不在讨论之列。

表6-1　平面四杆机构的类型

移动副数目为0	移动副数目为1	移动副数目为2（相邻分布）	移动副数目为2（间隔分布）
曲柄摇杆机构	偏置曲柄滑块机构	双滑块机构（椭圆仪）	正切机构
双曲柄机构	定块机构	正弦机构	移动副间隔分布的一般机构
曲柄摇杆机构	摇块机构	正弦机构	移动副间隔分布的一般机构
双摇杆机构	导杆机构	双摇块机构（十字滑块联轴器）	移动副间隔分布的一般机构
机构参数：4个构件长度	机构参数：2个构件长度和1个偏距	机构参数：1个构件长度和2移动副间的夹角	机构参数：2个偏距

一、铰链四杆机构

铰链四杆机构中与机架相连的构件称为连架杆，不与机架直接相连的构件称为连杆。在连架杆中能作360°整周转动的杆称为曲柄，只能在一定角度范围内运动的连架杆称为摇杆。按连架杆中是否有曲柄存在，可将铰链四杆机构分为三种基本类型：曲柄摇杆机构、双曲柄机构和双摇杆机构。

1. 曲柄摇杆机构

四铰链机构中的两个连架杆，如果一个是曲柄，另一个是摇杆，则称为曲柄摇杆机构

（crankand rocker mechanism），如表6-1第1行第1列所示。如图1-2所示的抽油机中由构件2、3、5、8所组成的四杆机构，图6-4所示的搅拌器中由构件1、2、3、4所组成的四杆机构，图6-5所示的雷达天线俯仰机构中由构件1、2、3、4所组成的四杆机构，以及图6-6所示的惯性输送机中由构件1、2、3、6所组成的四杆机构都是曲柄摇杆机构。

2. 双曲柄机构

当两个连架杆均可以相对机架做整周转动时，该四杆机构称为双曲柄机构（double-crank linkage），如表6-1第2行第1列所示。图6-4所示的大行程的刨床机构是双曲柄机构，当主动曲柄做匀速转动时，从动曲柄作变速转动，从而可使刨头6在切削工作时慢速前进，而在空回行程中快速反回，以提高刨切工作的效率。

在双曲柄机构中，若两连架杆相互平行且长度相等则称为平行四边形机构，如图6-7（a）所示。它有两个显著特性：①两曲柄以相同速度、相同方向转动，机车车轮的联动机构就是平行四边形机构，它就利用这一特性；②连杆作平动，如图6-7（b）所示的摄影平台升降机构和图6-7（c）所示的播种机料斗机构则是利用了第二个特性。平行四边形机构中的四个转动副均能转动360°。

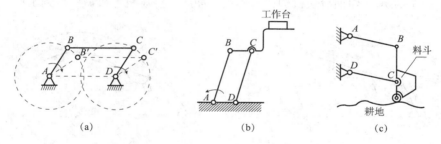

图6-7 平行四边形机构

3. 双摇杆机构

当两个连架杆均为摇杆，则称为双摇杆机构（double-rocker mechanism）。图6-3所示的汽车前轮转向等腰梯形机构（由构件1、2、3、4所组成的四杆机构）是双摇杆机构，图6-5（b）所示的摇头风扇的机构（由构件1、2、3、4所组成的四杆机构）也是双摇杆机构。图6-8（a）所示的铸造用大型造型机的翻箱机构，就应用了双摇杆机构 $ABCD$，它可将固定在连杆上的砂箱在 BC 位置进行造型振实后，翻转180°，转到 $B'C'$ 位置，以便进行拔模。图6-8（b）所示的鹤式起重机也为双摇杆机构的应用实例，它的双摇杆机构为 $ABCD$，吊钩设置在连杆 BC 上，连杆上的延长点 E 轨迹近似为直线，以实现水平方向平移。

二、含有一个移动副的平面四杆机构

移动副可以看做无限远处的转动副，这种转动副的转化也就对应于平面四杆机构类型之间的转化。

图6-9（a）所示的曲柄摇杆中，当原动件曲柄1绕 A 点回转时，铰链 C 将沿圆弧往

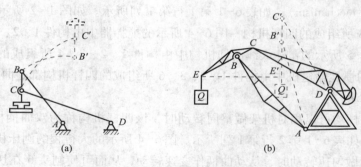

图6-8 双摇杆机构应用举例

复摆动。现不改变运动规律，只改变摇杆3的形状，将其改变成滑块的形式，使其沿圆弧导轨往复滑动，如图6-9（b）所示，这样就将曲柄摇杆机构演化成为具有圆弧导轨的机构。若将摇杆3的长度增至无穷大，则曲线导轨将变成直线导轨，于是最终演化成含有一个移动副的四杆机构。演化结果如图6-9（c）所示，它是偏置曲柄滑块机构，其偏距为e。若$e=0$，则称为对心曲柄滑块机构，简称为曲柄滑块机构（slider – crank mechanism），如图6-9（d）所示。曲柄滑块机构在内燃机、冲床、空压机等机械中得到了广泛应用。

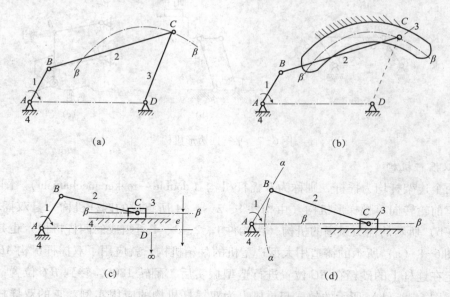

图6-9 转动副向移动副的转化

对图6-10（a）所示的曲柄滑块机构，运用机架置换，选取构件AB为机架，此时构件4绕轴A转动，构件3以构件4为导轨沿其相对移动，构件4称为导杆，该机构称为导杆机构，如图6-10（b）所示。在导杆机构中，若导杆能做整周转动，则称为转动导杆机构（rotating guide – bar mechanism）。这种机构在旋转油泵中使用较多；转动导杆机构中，若使杆AB的长度增加，杆BC的长度减少，达到$l_{AB} > l_{BC}$时，导杆仅能在某一角度范围内摆动，此时机构称为摆动导杆机构（oscillating guide – bar mechanism）。

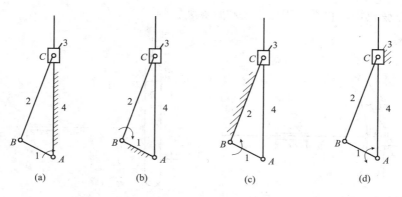

图 6-10 含有一个移动副四杆机构的类型

摆动导杆机构在牛头刨床［见图 6-11（a）］及插床上均有应用。在曲柄滑块机构中，选取构件 BC 为机架，则演化成为曲柄摇块机构（crank and rocking - block mechanism），如图 6-10（c）所示。构件 3 仅能绕点 C 作摇摆。图 6-2 所示的自卸卡车的翻斗机构就是曲柄摇块机构的应用实例。在曲柄滑块机构中，选取滑块 3 为机架，则演化成为定块机构，如图 6-10（d）所示。这种机构常用于抽油机及油泵中，如图 6-11（b）所示的手摇唧筒。

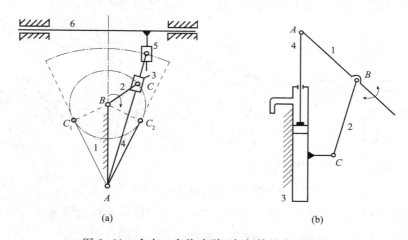

图 6-11 含有一个移动副四杆机构的应用举例

应当注意，滑块机构和定块机构其实是同一种机构，摇块机构和导杆机构也是同一种机构，区别仅仅是移动副所连接的两个构件的绘图符号调换而已。如果运动副之间的相对位置尺寸相同，机构中各构件的运动完全相同。

三、含有两个移动副的平面四杆机构

曲柄滑块机构还可进一步由图 6-12（a）演化成为图 6-12（b）所示的双移动副机构，移动副呈相邻分布，构件 3 上有两个移动副，构件 1 上有两个转动副，其余两个构件有一个转动副和一个移动副。在该机构中，从动件 3 的位移与原动件 1 的转角的正弦成正比，故称为正弦机构。它常常用在仪表和解算装置中。

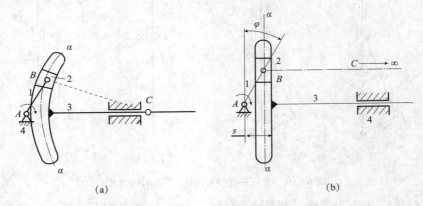

图 6-12　转动副向移动副的进一步转化

如表 6-1 的第三列所示，当已有两个移动副的构件为机架时，形成的机构称为双滑块机构，可以证明连杆上点的轨迹为椭圆，可作为椭圆仪或椭圆规使用，如图 6-13（a）所示；当已有两个转动副的构件为机架时，称为双摇块机构，图 6-13（b）所示的十字滑块联轴器就是其典型应用，两根轴由该联轴器连接在一起转动，即便是两轴存在较大的径向安装误差仍然可以正常工作，径向误差就是两转动副之间的距离。

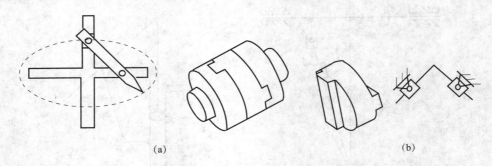

图 6-13　移动副相邻的二转动副机构的典型应用

如果将图 6-12（a）中以 A 点为圆心、以 l_{AB} 为半径的圆弧为滑道进行转化，可以演化出另一种含有两个移动副的机构，转动副和移动副呈间隔分布。每一个构件上都有一个转动副和一个移动副，因而，不论以哪一个构件为机架机构的类型均相同，最典型的是正切机构，如表 6-1 的第四列第一行所示，连在机架转动副上的构件转角与连在机架移动副上的构件位移符合正切函数关系。

含有一个移动副的平面四杆机构可以看做两个杆长为无限长的铰链四杆机构；两个移动副相邻分布的平面四杆机构，可以看做三个构件为无限长的铰链四杆机构；两个移动副间隔分布的平面四杆机构，可以看做四个构件均为无限长的铰链四杆机构。有关铰链机构的各种分析计算公式，按照这样的要求限极限值，也就转化为含有移动副机构的计算公式。

此外，转动副的实际直径尺寸的变化也会造成机构外观形式的变化。在图 6-14（a）

所示的曲柄滑块机构中，将转动副 B 处销轴的半径扩大，使之超过曲柄的长度，此时，转动副 B 处的销轴就演化成为偏心盘，俗称偏心轮机构，如图 6-14（b）所示。偏心轮机构的运动性质和曲柄滑块机构完全相同，这种变化并不改变机构的实质类型。这种结构可以避免在极短的曲柄两端装设两个转动副而引起结构设计上的困难；而且盘状构件比杆状曲柄的强度高得多。因此，在一些载荷很大而行程很小的场合，如冲床、压印机床、剪床、柱塞油泵等设备中，广泛采用偏心盘结构。

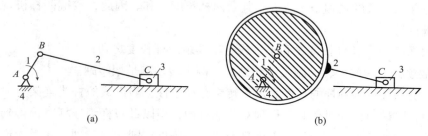

(a)   (b)

图 6-14　转动副直径改变的情形

第三节　平面四杆机构的基本特性

平面四杆机构的基本特性直接关系到构件的运动和受力性质，掌握这些特性对正确合理地设计平面连杆机构十分重要。

一、整转副存在条件

整转副是能够整周相对旋转的转动副，摆动副则只能在一个限定的角度范围内相对转动，一旦确定了机构中的整转副，机构的整体运动情况就十分清晰了。

1. 铰链四杆机构有整转副的条件

在图 6-15 所示的四杆机构中，构件 1 为曲柄、2 为连杆、3 为摇杆、4 为机架。设各杆长度分别为 a、b、c、d。当曲柄 1 转过一周时，铰链 B 的轨迹是以 A 为圆心、AB 为半径的圆。显然，在 B 经过 B_1、B_2 点时，曲柄和连杆必然形成两次共线。换言之，要使杆 1 成为曲柄，它必须顺利地通过这两个共线的位置。

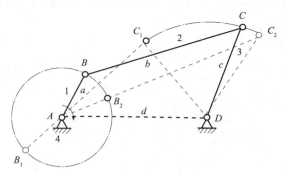

图 6-15　铰链四杆机构有整转副的条件

因此，各杆长度应满足以下条件：当杆 1 与杆 2 在点 B_1 点共线时，形成 $\triangle AC_1D$。由三角形关系可得

$$b - a + c \geq d \text{ 及 } b - a + d \geq c$$

即
$$a+d \leqslant b+c \text{ 及 } a+c \leqslant b+d$$

同理，在 $\triangle AC_2D$ 中有
$$a+b \leqslant c+d$$

将上述三式分别两两相加，则得
$$a \leqslant b, \ a \leqslant c, \ a \leqslant d \tag{6-1}$$

由上述关系可知，在曲柄摇杆机构中，要使杆 1 为曲柄，它必须是四杆中的最短杆，且最短杆与最长杆长度之和小于或等于其余两杆长度之和。因此，铰链四杆机构整转副存在的条件概括为：

（1）最短杆与最长杆长度之和小于或等于其余两杆长度之和；

（2）最短杆上的两个转动副是整转副，另两个转动副是摆转副。

如果铰链四杆机构各杆的长度满足整转副存在条件，当以最短杆为连架杆时，得到曲柄摇杆机构；以最短杆为机架时，得到双曲柄机构；当以最短杆为连杆时，得到双摇杆机构。如果铰链四杆机构各杆的长度不满足上述杆长条件，则无整转副，此时无论以何杆为机架，均为双摇杆机构。

请同学们用上述两个条件分析一下，如果存在两个长度相等的最短杆时，情况又会是怎样的，非常有趣！

2. 有移动副的四杆机构整转副存在条件

对于含有移动副的四杆机构，根据机构演化原理，可以认为移动副是转动副中心在无穷远处的转动副，将机构转化为铰链四杆机构来分析其整转副存在的条件。

如图 6-16 （a）所示为含有一个移动副时的情形，l_1 是最短杆，l_4 是最长杆，当 l_3 和 l_4 趋近于无限长时，$l_4 - l_3$ 趋近于偏心距 e，前述的整转副存在条件演变为
$$l_1 + e \leqslant l_2 \tag{6-2}$$

此时，整转副为最短杆上的两个转动副。若以 l_1 作机架为转动导杆机构，若以 l_2 作机架为曲柄摇块机构，若以 e 作机架为偏置曲柄滑块机构，若以滑块构件作机架为定块机构。

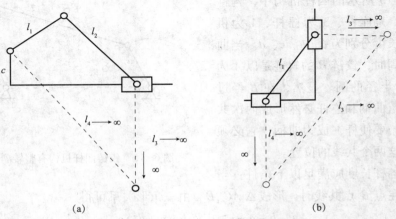

(a)   (b)

图 6-16 有移动副的四杆机构整转副存在条件

如图 6－16（b）所示为含有两个移动副且移动副相邻布置的情形，l_1 是最短杆，l_3 是最长杆，除 l_1 之外其余三杆长度都为无限长，此时，取长杆与最短杆的长度之和永远小于其余两杆长度之和，这其实相当于三角形任意两边长度之和大于第三边的长度，故两移动副相邻的四杆机构一定存在整转副，整转副也就是机构中仅存的两个转动副。若以 l_1 作机架为双摇块机构，若以有两移动副的构件作机架为双滑块机构，若以方块构件作机架为正弦机构。

对于两移动副间隔布置的四杆机构，四杆的长度均为无限长，按照上述的杆长求和比较的判断方法，可以判断为有整转副，也可以判断为无整转副，若认为有整转副也需要构件运动到无限远才能实现整周转动，故认为此类机构永远不存在整转副。

二、四杆机构的急回特性和行程速比系数

在图 6－17（a）所示的曲柄摇杆机构中，转动副 B 位于 B_1、B_2 位置时，曲柄与连杆共线，此时，摇杆摆动到左右两个极限位置。当主动曲柄 1 沿顺时针方向以等角速度 ω_1 转过 φ_1，即铰链 B 从 B_1 运动到 B_2 时，摇杆 3 自左极限位置 C_1D 摆动至右极限位置 C_2D（常作为从动件的工作行程和负载行程），设所需的时间为 t_1，C 点的平均速度为 v_1；而当曲柄 1 再继续转过 φ_2，即用铰链 B 从 B_2 运动到 B_1 时，摇杆 3 自右极限位置 C_2D 摆动至左极限位置 C_1D（常叫做空回行程或空载行程），设所需的时间为 t_2，C 点的平均速度为 v_2。机构在左右两个极限位置时，曲柄 AB 所在两个位置之间所夹的锐角 θ 称为极位夹角。不难看出，由于 $\varphi_1 = 180° + \theta$，$\varphi_2 = 180° - \theta$，$\varphi_1 > \varphi_2$，所以 $t_1 > t_2$。又因摆杆 3 上的 C 点在两极限位置间往返走过的弧长相等，而所用的时间却不相同，所以 C 点往返的平均速度也不同，即 $v_2 > v_1$。由此说明：曲柄 1 虽做等速转运，而摇曲杆 3 空回行程的平均速度却大于工作行程的平均速度，因此把铰链四杆机构的这种性质称为急回特性（quick－return characteristic）。

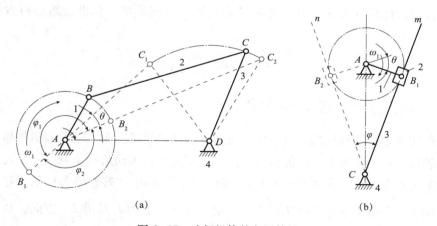

（a）　　　　　　　　　　　　　（b）

图 6－17　连杆机构的急回特性

在许多机械中，如抽油机、牛头刨床、插床等，常利用机构的急回特性来缩短空回行

程的时间，以提高生产效率。

为表明机构急回运动的急回程度，用行程速比系数 K 来衡量，即

$$K = \frac{v_2}{v_1} = \frac{\overset{\frown}{C_2C_1} / t_2}{\overset{\frown}{C_1C_2} / t_1} = \frac{t_1}{t_2} = \frac{\varphi_1}{\varphi_2} = \frac{180° + \theta}{180° - \theta} \qquad (6-3)$$

式中，K 为行程速比系数（coefficient of travel velocity ratio）；v_2 为从动件空回行程的平均速度；v_1 为从动件工作行程的平均速度；θ 为极位夹角。

上式表明：当原动件为曲柄，从动件存在着正、反行程的极限位置，机构存在极位夹角 θ，即 $\theta \neq 0$ 时，机构便具有急回运动特性。θ 角愈大，K 值愈大，机构的急回运动性质愈显著，机械的生产效率愈高。当以上三个条件有任意一个条件不满足，则机构不具有急回特性。

在图6-17（b）所示的摆动导杆机构中，当曲柄 AB 两次转到与导杆垂直时，导杆 BC 处于两侧极限位置，并且 $\theta \neq 0$，故也有急回作用。并用导杆的摆角 φ 等于极位夹角 θ，即 $\varphi = \theta$。在图6-18（a）所示的对心曲柄滑块机构中，有 $\theta = 0$，$K = 1$，故无急回特性；而图6-18（b）所示的偏置曲柄滑块机构中，$\theta \neq 0$，有急回特性。

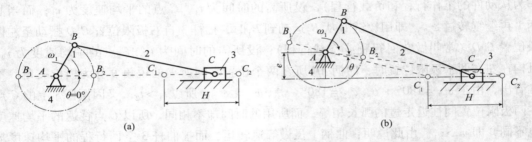

(a)   (b)

图6-18　曲柄滑块机构的急回特性

对于要求具有急回运动性质的机器，如牛头刨床、往复式运输机等，在设计时，要根据所需的行程速比系数 K 来设计，此时应先利用于公式求出 θ 角度，然后再设计各杆的尺寸。

$$\theta = 180° \times \frac{K - 1}{K + 1} \qquad (6-4)$$

三、四杆机构的压力角和传动角

在生产实践中，连杆机构不仅应能实现给定的运动规律，而且还希望机构做到运动轻便、效率较高，即要求具有良好的传力性能，而压力角和传动角则是判断一个连杆机构传力性能优劣的重要指标。在图6-19所示的曲柄摇杆机构中，若忽略各杆的质量和运动副的摩擦，则主动曲柄1通过连杆2作用于从动摇杆3上的力 $\vec{F}$ 是沿 BC 方向。从动件的受力 $\vec{F}$（一定做正功）方向与受力 C 点的速度方向所夹的锐角 α 称为机构在此位置时的压力角（pressure angle）。力 $\vec{F}$ 在速度方向的分力为切向分力 $F_t = F\cos\alpha$，此力为有效分力，

能做有效的正功；而沿摇杆 CD 方向的分力为法向分力 $F_n = F\sin\alpha$，此力为有害分力，它非但不能做有用功，而且增大了运动副的摩擦阻力。显然压力角 α 越小，F_t 越大，传力性能越好。为度量方便，常用压力角的余角 γ 来判断连杆机构的传力性能，γ 角称为传动角（transmission angle）。$\alpha + \gamma = 90°$，显然 α 越接近 $0°$，γ 越接近 $90°$，说明机构的传力性能越好，反之传力性能越差。

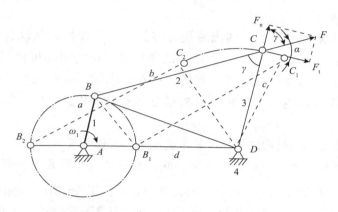

图 6-19　机构的压力角和传动角

在机构运动过程中，压力角 α 和传动角 γ 的大小是变化的，为保证机构传力性能良好，应使 $\gamma_{min} \geq 40° \sim 50°$；具体数值根据传递功率的大小而定，传递功率大时，传动角应取大些，如颚式破碎机、冲床等可取 $\gamma_{min} \geq 50°$；而在一些控制机构和仪表机构中 γ_{min} 甚至可以小于 $40°$。对于曲柄摇杆机构，γ_{min} 出现在主动曲柄与机架共线的两位置之一，这时有

$$\angle B_1 C_1 D = \arccos \frac{b^2 + c^2 - (d - a)^2}{2bc} \tag{6-5}$$

$$\angle B_2 C_2 D = \arccos \frac{b^2 + c^2 - (d + a)^2}{2bc} \tag{6-6}$$

传动角应当是锐角，当 $\angle BCD > 90°$ 时，有

$$\gamma = \begin{cases} \angle BCD < 90° \\ 180° - \angle BCD > 90° \end{cases} \tag{6-7}$$

故 γ_{min} 应当是 $\angle B_1 C_1 D$、$\angle B_2 C_2 D$、$180° - \angle B_1 C_1 D$、$180° - \angle B_2 C_2 D$ 这四个角度中的最小者。

由上式可见，传动角的大小与机构中各杆的长度有关，故可按给定的许用传动角来设计四杆机构。还应当注意各种机构中都存在压力角，因为各种机构的从动件都要运动，也都要受驱动力的作用。各种机构的压力角都是从动件受力方向与受力点速度方向的夹角。

四、四杆机构的死点

在图 6-20（a）所示的曲柄摇杆机构中，若取摇杆 3 为原动件，曲柄 1 为从动件，当摇杆 3 处于两极限位置 C_1D、C_2D 时，连杆 2 与曲柄 1 将出现两次共线。这时，如不计各杆的质量和运动副中的摩擦，则摇杆 3 通过连杆 2 传给曲柄 1 的力必通过铰链中心 A。因为该作用力对 A 点的力矩为零，故曲柄 1 不会转动。机构的这种位置称为死点位置（dead point position），即压力角 $\alpha = 90°$ 或传动角 $\gamma = 0°$ 时机构所处的位置。同理，对于曲柄滑动机构，当滑块为主动件时，若连杆与从动件曲柄共线，机构也处于死点位置。

对于传动机构来说死点位置的出现是有害的，它常使机构从动件无法运动或出现运动的不确定现象。如图 6-20（a）所示的家用缝纫机的驱动机构在构件 1 和 2 共线时，即为死点位置。为保证机构正常运转，可在曲柄轴上装一飞轮，利用其惯性作用使机构闯过死点位置，也可采用相同机构错位排列通过死点位置，如多缸内燃机即采用这种方式。

但是在工程中也利用机构的死点位置来满足某些工作要求。如图 6-20（b）所示的工件夹紧机构，就是利用死点的实例。当在手柄（连杆 2）上加 F 力夹紧工件时，杆 2、3 的三个铰链 B、C、D 处于同一直线上。而去掉力 $\vec{F}$ 后，工件作用于直角杆 1 上的反力经 2 传给杆 3 并通过铰链中心 D，对 D 的力矩为零。所以杆 3 不会转动，从而使工件处于夹紧状态，便可对工件进行加工。当需要卸下工件时，只需在手柄上加一相反的 $\vec{F}$ 力即可。$\vec{N}$ 为工件对夹头的支反力。这种夹具方便，常在机械加工中使用。

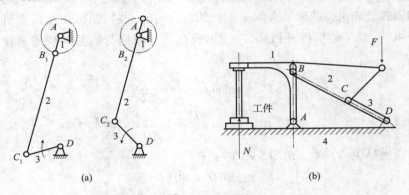

图 6-20　平面连杆机构的死点位置

图 6-21（a）所示的飞机起落架机构，在机轮放下时，杆 BC 与杆 CD 成一直线，此时机轮上虽受到很大的力，但由于机构处于死点位置，起落架不会反转折回，这可使飞机起落和停放可靠。当飞机飞行时，转动杆 CD，收缩为位置 2。

综上所述，机构的极限位置和死点实际上是机构的同一位置，只是机构的原动件不同。当原动件与连杆共线时为极限位置，在极限位置附近，由于从动件的速度接近为零，可获得很大的增力效果。如图 6-21（b）所示的拉铆机，当把手柄手内靠拢时，使 ABC 接近于直线，可使芯杆产生很大的向下的拉铆力。

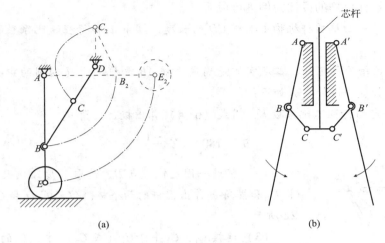

(a)　　　　　　　　　　　　　　(b)

图 6-21　死点位置的应用举例

第四节　平面四杆机构的设计

连杆机构设计的基本任务是根据给定的要求选定机构的型式，确定各构件的尺寸。根据机械的用途、性能要求的不同，对连杆机构设计的要求是多种多样的，这些设计要求可归纳为以下四类问题：

（1）满足预定的机构工作特性要求：如要求机构具有急回特性、死点位置等。

（2）满足预定的连杆位置要求：即要求连杆能占据一系列的预定位置。因这类设计问题要求机构能引导连杆按一定方法通过预定位置，故又称为刚性导引问题。

（3）满足预定的运动规律要求：如要求两连架杆的转角能够满足预定的对应位置关系，或要求在原动件运动规律一定的条件下，从动件能够准确地或近似地满足预定运动规律要求。

（4）满足预定的轨迹要求：即要求在机构运动过程中，连杆上某些点的轨迹能符合预定的轨迹要求。如图 6-8 所示的鹤式起重机构，为避免货物作不必要的上下起伏运动，连杆上吊钩滑轮的中心点 E 应沿水平直线 EE' 移动；而图 6-4 所示的搅拌机机构，应保证连杆上的搅拌端点能按预定的轨迹运动，以完成搅拌运动等等。

连杆机构的设计方法有解析法、图解法等，现分别介绍如下。

一、按给定的行程速比系数设计四杆机构

给定行程速比系数 K，也就是给定了四杆机构急回运动的条件。设计时先按 K 值算出极位夹角 θ，再按极限位置的几何关系，结合给定的有关辅助条件，确定机构的尺寸参数。

现以曲柄摇杆机构的设计为例进行说明。

例 6-1 已知曲柄摇杆机构中摇杆 CD 的长度、摆角 φ 和行程速比系数 K，试设计该曲柄摇杆机构。

解： 根据已给条件可知，本题实质是确定曲柄 AB 和机架上转动副的中心点 A，进而求出其他各杆长度。设计步骤如下：

（1）由给定的行程速比系数 K，用式（6-4）算出极位夹角 θ：

$$\theta = 180° \times \frac{K-1}{K+1}$$

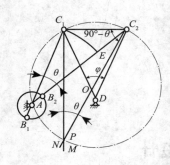

（2）任选一固定铰链点 D，选取长度比例尺 μ_l 并按摇杆长 l_{CD} 和摆角 φ 作出摇杆的两个极限位置 C_1D 和 C_2D，如图 6-22 所示。

（3）连接 C_1，C_2 并自 C_1（或 C_2）作 C_1C_2 的垂直线 C_1M。

（4）作 $\angle C_1C_2N = 90° - \theta$，则直线 C_2N 与 C_1M 相交于 P 点。由三角形的内角和等于 $180°$ 可知，直角三角形 $\triangle C_1PC_2$ 中 $\angle C_1PC_2 = \theta$。

图 6-22 根据 K 设计
曲柄摇杆机构

（5）以 C_2P 为直径作直角三角形 $\triangle C_1PC_2$ 的外接圆，在圆周上任选一点 A 作为曲柄 AB 的机架铰链点，分别与 C_1，C_2 相连，则 $\angle C_1AC_2 = \angle C_1PC_2 = \theta$（同弧所对的圆周角相等）。

（6）由图可知，摇杆在两极限位置时曲柄和连杆共线，有 $AC_1 = BC - AB$ 和 $AC_2 = BC + AB$。解此两方程可得 $AB = \dfrac{AC_2 - AC_1}{2}$，$BC = \dfrac{AC_1 + AC_2}{2}$。此结果也可通过作图在图上直接求出，方法是：以 A 为圆心，AC_1 为半径作圆弧交 AC_2 直线于 E 点，则 $EC_2 = 2AB$。然后，再以 A 为圆心，以 $EC_2/2$ 为半径作圆交 C_1A 的延长线和 C_2A 于 B_1 和 B_2 点，则 $AB_1 = AB_2 = AB$ 即为曲柄长，$B_1C_1 = B_2C_2 = BC$ 为连杆长，AD 为机架，则铰链四杆机构 AB_1C_1D 即为所求。

由于 A 点可在 $\triangle C_1PC_2$ 的外接圆周上任选（C_1C_2 及 φ 角反向对应的圆弧除外），故在满足行程速比系数 K 的条件下可有无穷多解。

故前所述，A 点位置不同，机构传动角极限值也不同。为了获得较好的传力性能，可按最小传动角或其他辅助条件来确定 A 点的位置。

例 6-2 图 6-23（a）为一个四铰链机构的示意图。已知其机架的长度 $l_{AD} = 100\text{mm}$，摇杆的长度 $l_{CD} = 75\text{mm}$，当角 $\varphi = 45°$ 时，摇杆 CD 到达其极限位置 C_1D。且要求此机构的行程速比系数 $K = 1.5$。试设计此机构并求出曲柄和连杆的长度 l_{AB} 和 l_{BC}。

解： 根据给定的系数 K，计算出此机构的极位夹角：

$$\theta = 180° \times \frac{K-1}{K+1} = 180° \times \frac{1.5-1}{1.5+1} = 36°$$

由于仅知道从动摇杆的一个极限位置，而不知其另一个极限位置，所以可根据极位夹角的定义，找出解题途径。

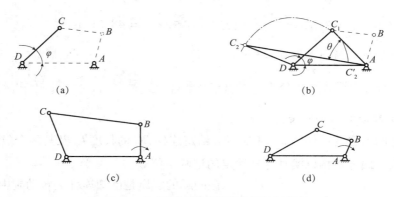

图6-23 按行程速比系数设计四铰链机构

机架的长度 l_{AD} 已知，则固定铰链 A 和 D 的位置即属已知，只要能求得铰链 C 的另一个极限位置 C_2，则此题即可解出。根据极位夹角的定义，C_2 点既应该在与 AC_1 夹角为 $\theta = 36°$ 的直线上，又应该在以 D 点为圆心、l_{CD} 为半径的圆弧上。由此得出下述设计步骤：

（1）在图6-23（b）中，取长度比例尺 $\mu_1 = 4$，画出机架 AD，其图示长度为

$$\overline{AD} = \frac{l_{AD}}{\mu_1} = \frac{100}{4} = 25(\text{mm})$$

（2）以 D 为顶点，作 $\angle ADC_1 = \varphi = 45°$，且取

$$\overline{DC_1} = \frac{l_{CD}}{\mu_1} = \frac{75}{4} = 18.75(\text{mm})$$

得 C_1 点。

（3）以 D 为圆心、$\overline{DC_1}$ 为半径画圆弧。连接点 A 和 C_1，并以 AC_1 为一边作 $\angle C_1 A C_2 = \theta = 36°$，此角的另一边交圆弧于 C_2 和 C'_2 点。

（4）由于题目中并未说明 DC_1 是摇杆的哪一个极限位置，则 DC_2 和 DC'_2 均可作为摆杆的另一个极限位置。因而，此题有两个解：

解法一： 将 C_1D 视为摇杆的右极限位置，则 DC_2 即为摇杆的左极限位置。因而

$$\overline{AC_1} = b - a, \overline{AC_2} = b + a$$

于是

$$l_{AB} = \frac{1}{2}(\overline{AC_2} - \overline{AC_1})\mu_1 = \frac{1}{2} \times (42.5 - 17.8) \times 4 = 49.4(\text{mm})$$

$$l_{BC} = \frac{1}{2}(\overline{AC_2} + \overline{AC_1})\mu_1 = \frac{1}{2} \times (42.5 + 17.8) \times 4 = 120.6(\text{mm})$$

此解的一般位置简图如图6-23（c）所示。

解法二： 将 C_1D 视为摇杆的左极限位置，则 DC'_2 即为摇杆的右极限位置。因而

$$\overline{AC_1} = b + a, \overline{AC'_2} = b - a$$

于是

$$l_{AB} = \frac{1}{2}(\overline{AC_1} - \overline{AC'_2})\mu_1 = \frac{1}{2} \times (17.8 - 6.5) \times 4 = 22.6(\text{mm})$$

$$l_{BC} = \frac{1}{2}(\overline{AC_1} + \overline{AC'_2})\mu_1 = \frac{1}{2} \times (17.8 + 6.5) \times 4 = 48.6(\text{mm})$$

此解的一般位置简图如图 6-23 (d) 所示。

二、按给定连杆两个位置（或三个位置）设计四杆机构

1. 连杆上转动副已知的情况

此类问题的一般情形如图 6-24 所示。给定连杆 BC 的长度 l_{BC} 及其两个位置 B_1C_1 和 B_2 C_2，设计一铰链四杆机构以实现连杆给定的这两个位置。

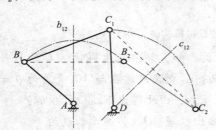

图 6-24　按连杆两个位置设计四杆机构

该问题的实质是已知连杆上转动副中心 B 和 C 的位置，求机架上的两个转动副中心 A 和 D。由于 B、C 两点分别在 A、D 为圆心的圆弧上运动，因此只需找出两个圆弧的中心即可求得该四杆机构。作图步骤如下：

（1）连接 B_1B_2 和 C_1C_2 并分别作它们的垂直平分线 b_{12} 和 c_{12}。

（2）在 b_{12} 上任选一点 A，在 c_{12} 上任选一点 D 作为机架的两个铰链点。显然，B_1，B_2 必在以 A 为圆心、AB_1 为半径的圆弧上；C_1，C_2 必在以 D 为圆心、DC_1 为半径的圆弧上。连接 AB_1 和 DC_1，则 AB_1C_1D 即为所求的铰链四杆机构。

（3）由于 A，D 可分别在 b_{12} 和 c_{12} 上任选，故有无穷多解。

由上述方法同样可设计铰链四杆机构以实现连杆给定的三个位置。但由于连杆有三个确定位置，其转动副中心点 B_1，B_2，B_3（或 C_1，C_2，C_3）三点通过的圆周只有一个，因此，机架铰链点 A（或 D）的位置只有一个确定解。

例 6-3　图 6-25 (a) 所示为铸工车间用的翻台振实造型机械的砂箱翻转机构，它应用一铰链四杆机构 AB_1C_1D 来实现砂箱翻台的两个位置的。在图中的实线位置 I 时，放有砂箱 7 的翻台 8 在振实台 9 上造型振实。当压力油推动活塞 6 时，通过连杆 5 推动摇杆 4 摆动，从而将翻台与砂箱转到虚线位置 II。然后托台 10 上升接触砂箱并起模。设已知连杆 BC 长 $l_{BC} = 0.5\text{m}$ 及其两个位置 B_1C_1 和 B_2C_2，机架铰链点 A，D 取在同一水平线上且 $l_{AD} = l_{BC}$，试设计此翻台机构。

解：如图 6-25 (b) 所示按前述原理作图步骤如下：

（1）取长度比例尺 $\mu_1 = 0.1\text{m/mm}$，经换算得 $BC = l_{BC}/\mu_1 = 5\text{mm}$，按给定位置作 B_1C_1 和 B_2C_2。

（2）连接 B_1B_2，C_1C_2 并分别作它们的垂直平分线 b_{12}，c_{12}。

（3）按 A，D 在同一水平线上，且 $l_{AD} = l_{BC}$ 条件，在 b_{12} 上得 A 点，在 c_{12} 上得 D 点。

（4）连杆 AB_1C_1D 即为所求的四杆机构。由图量得其各杆长度为

$$l_{AB} = \overline{AB_1}\mu_1 = 2.5 \text{ (m)}, \ l_{CD} = \overline{CD_1}\mu_1 = 2.86 \text{ (m)}$$

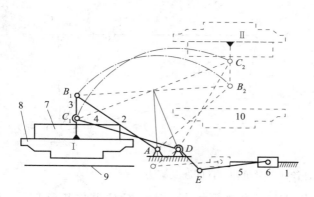
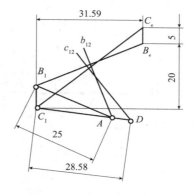

（a）翻台振实式造型机构的翻转机构示意图　　（b）翻转机构的作图求解过程

图 6-25

2. 连杆上转动副位置未知的情况

如图 6-26 所示，已知连杆平面上两点 M、N 三个预期位置序列为 M_i、N_i（$i = 1$，2，3），还已知机架上两转动副中心 A、D。求连杆上两个转动副的中心及各构件的长度。

此问题可采用转换机架的方法设计，即取连杆第一位置 M_1、N_1 为（也可以取第二、三位置）"机架"，找出 A、D 相对于 M_1、N_1 的位置序列，从而将问题转化为"连杆上转动副位置已知的情况"进行求解。求解步骤如下：

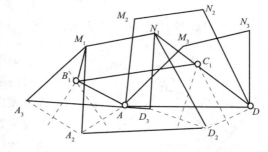

图 6-26　连杆上转动副位置未知的设计过程

（1）将四边形 AM_2N_2D 予以刚化，搬动该四边形 M_2N_2 与 M_1N_1 重合，得到 A_2、D_2。

（2）将四边形 AM_3N_3D 予以刚化，搬动该四边形 M_3N_3 与 M_1N_1 重合，得到 A_3、D_3。

（3）分别作 AA_2、A_2A_3 的中垂线，其交点即为转动副 B 在第一位置的中心 B_1。

（4）分别作 DD_2、D_2D_3 的中垂线，其交点即为转动副 C 在第一位置的中心 C_1。

例 6-4 试设计一个四杆铰链机构作为夹紧机构。已知连杆 BC 的长度 $l_{BC} = 40mm$，它的两个位置如图 6-27（a）所示。现要求连杆到达到紧位置 B_2C_2 时，机构处于死点位置，且摇杆 C_2D 位于 B_1C_1 的垂直方向上。求构件尺寸 l_{AB}、l_{CD} 和 l_{AD}。

解： 此题要求按连杆的两个给定位置来设计机构，在通常情况下有无穷多解。但此题给出了两个附加条件，则可获得唯一解。设计的关键是确定固定铰链 A 和 D 的位置。

铰链 A 应该在 $\overline{B_1B_2}$ 的中垂线上，又要求当连杆位于 B_2C_2 时，机构处于死点位置，从而可知铰链 A 又应在 B_2C_2（或其延长线）上。铰链 D 应该在 $\overline{C_1C_2}$ 的中垂线上，又要求 $C_2D \perp B_1C_1$。从而可知解题步骤如下：

在图 6-27（b）中，取长度比例尺 $\mu_1 = 1mm/mm$，按已知条件先画出 $\overline{B_1C_1}$ 和 $\overline{B_2C_2}$。

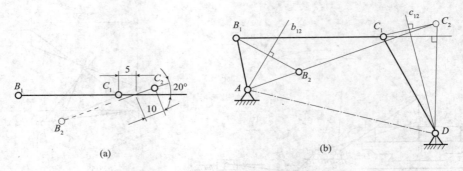

图 6-27 四杆铰链夹紧机构设计问题及解法

连接 B_1B_2 并作其垂直平分线 b_{12}，交 B_2C_2 的延长线于 A 点。连接 C_1C_2 并作其垂直平分线 c_{12}，过 C_2 点作 B_1C_1 的垂线，交 c_{12} 于 D 点。则 AB_1C_1D 即为所设计的机构。各构件的长度分别为

$$l_{AB} = \overline{AB_1} \cdot \mu_1 = 15.5 \times 1 = 15.5 \ (\text{mm})$$

$$l_{CD} = \overline{C_1D} \cdot \mu_1 = 32.2 \times 1 = 32.2 \ (\text{mm})$$

$$l_{AD} = \overline{AD} \cdot \mu_1 = 53.9 \times 1 = 53.9 \ (\text{mm})$$

三、按两连架杆预定的对应位置设计四杆机构

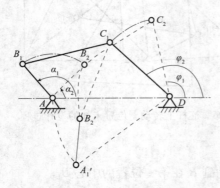

图 6-28 连杆上转动副位置
未知的设计过程

如图 6-28 所示，两连架杆的转角 α_i，φ_i 有着一一对应的关系，或一组对应位置 A_iB_i 与 D_iC_i。所以按连杆预定的位置设计四杆机构，和按两连架杆预定的对应位置设计四杆机构的方法，实质上可认为是一样的。我们给出了四杆机构的两个位置，其两连架杆的对应转角为 α_1，φ_1 和 α_2，φ_2。现在，如果设想将整个机构绕构件 CD 的轴心 D 按与构件 CD 的转向相反的方向转过 $\varphi_1 - \varphi_2$ 角度。显然这并不影响各构件间的相对运动。但此时构件 CD 已由 DC_2 位置转回到了 DC_1，而构件 AB 由 AB_2 运动到了 $A'B_2'$ 位置。经过这样的转化，可以认为此机构已成为以 CD 为机架、AB 为连杆的四杆机构，因而按两连架杆预定的对应位置设计四杆机构的问题，也就转化成了按连杆预定位置设计四杆机构的问题。下面举例说明。

如图 6-29（a）所示，设已知构件 AB 和机架 AD 的长度，要求在该四杆机构的传动过程中，构件 AB 和构件 CD 上某一标线 DE 能占据三组预定的对应位置 AB_1，AB_2，AB_3 及 DE_1，DE_2，DE_3（也即三组对应摆角 α_1，α_2，α_3 和 φ_1，φ_2，φ_3）。现需设计此四杆机构。

如上述所示，此设计问题可以转化为以构件 CD 为机架，以构件 AB 为连杆，按照构件 AB 相对于构件 CD 依次占据的三个位置进行设计的问题。而为了求出构件 AB 相对于构件 CD 所占据的三个位置，以 E_1D 为底边依次作四边形 $E_1B_2'A_2D \cong E_2B_2AD$，$E_1B_3'A_3D \cong E_3B_3AD$（相

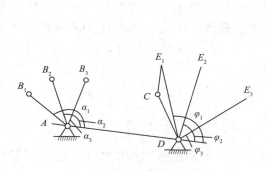
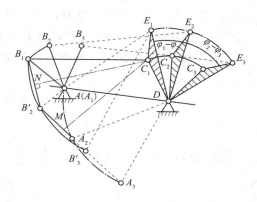

（a）已知连架杆三组对应位置　　　　　　（b）作图过程

图 6-29　满足连架杆对应位置的设计过程

当于将机构绕 D 点依次反转 $\varphi_1 - \varphi_2$，$\varphi_1 - \varphi_3$）从而求得构件 AB 相对于构件 CD 运动时所占据的三个位置 A_1B_1，A_2B_2 及 A_3B_3。然后分别作 $\overline{B_1 B'_2}$ 和 $\overline{B_2 B'_3}$ 的垂直平均分线，此两平分线的交点即为所求铰链 C 的位置。图示 AB_1C_1D 即为所求的四杆机构。

如果只要求两连架杆依次占据两组对应位置，则可以有无穷多解。

例 6-5　在图 6-30（a）中，以长度比例尺 μ_1 画出了一个四铰链机构的机架 AD 和连架杆 AB 的长度，要求当 AB 分别处于图示的三个位置时，另一连架杆 CD 应该分别到达图示三个相应位置。试用图解法设计此机构，求出连杆 BC 和连架杆 CD 的长度 l_{BC} 和 l_{CD}。

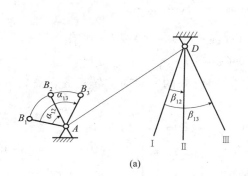
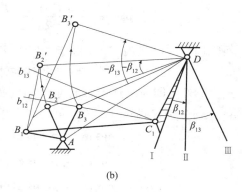

（a）　　　　　　　　　　　　　　　（b）

图 6-30　满足连架杆对应位置的设计举例

解：此题给定了两个连架杆的三组对应角位置，以及机架和一个连架杆的长度，其实质是要确定转动副 C 所在的位置。需要用"刚化—反转法"来设计。应特别注意在"刚化"以后的"反转"方向。设计步骤如下：

（1）按同样的长度比例尺在图 6-30（b）中画出铰链 A、D 和连架杆 AB 的三个位置 AB_1、AB_2、AB_3，以及另一连架杆的三个位置 Ⅰ、Ⅱ、Ⅲ。

（2）连接 DB_2，并将 DB_2 绕 D 点顺时针转过 β_{12} 角（因 β_{12} 为逆时针方向），得 B_2 的转位点 B'_2。

（3）连接 DB_3 ，并将 DB_3 绕 D 点顺时针转过 β_{13} 角，得 B_3 的转位点 B'_3 。

（4）连接 $B_1B'_2$ 和 $B_1B'_3$ ，分别作其垂直平分线 b_{12} 和 b_{13} ，二者相交于 C_1 点，C_1 就是在位置 I 时铰链 C 的位置。将射线 I 向 C_1 点扩大，并连接 B_1C_1 ，则 AB_1C_1D 即为所设计的机构，且

$$l_{BC} = \overline{B_1C_1} \cdot \mu_1$$
$$l_{CD} = \overline{C_1D} \cdot \mu_1$$

四、解析法设计四杆机构

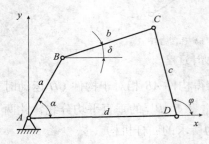

图 6-31　解析法设计四杆机构

在图 6-31 所示的铰链四杆机构中，已知连架杆 AB，CD 的三对对应位置 α_1，φ_1，α_2，φ_2，α_3，φ_3，要确定各杆的长度 a，b，c 和 d。现以解析法求解。机构各杆长度按同一比例增减时，各杆相对转动不变，故只需确定各杆的相对长度。取 $a=1$，则该机构的待求参数只有三个。

该机构的四个杆组成封闭多边形。取各杆在坐标轴 x 和 y 上的投影，可得以下关系式：

$$\left.\begin{array}{l}\cos\alpha + b\cos\delta = d + c\cos\varphi\\ \sin\alpha + b\sin\delta = c\sin\varphi\end{array}\right\} \tag{6-8}$$

将 $\cos\alpha$ 和 $\sin\alpha$ 移到等式右边，再把等式两边平方相加，即可消去 δ，整理后得

$$\cos\alpha = \frac{d^2 + c^2 + 1 - b^2}{2d} + c\cos\varphi - \frac{c}{d}\cos(\varphi - \alpha)$$

为简化上式，令 $p_0 = c$，$p_1 = -c/d$，$p_2 = (d^2 + c^2 + 1 - b^2)/2d$，则有

$$\cos\alpha = p_0\cos\varphi + p_1\cos(\varphi - \alpha) + p_2 \tag{6-9}$$

式（6-9）即为两连架杆转角之间的关系式。将已知的三对对应转角 α_1，φ_1，α_2，φ_2，α_3，φ_3 分别代式入（6-9）可得到方程组：

$$\left.\begin{array}{l}\cos\alpha_1 = p_0\cos\varphi_1 + p_1\cos(\varphi_1 - \alpha_1) + p_2\\ \cos\alpha_2 = p_0\cos\varphi_2 + p_1\cos(\varphi_2 - \alpha_2) + p_2\\ \cos\alpha_3 = p_0\cos\varphi_3 + p_1\cos(\varphi_3 - \alpha_3) + p_2\end{array}\right\} \tag{6-10}$$

由方程组可以解出三个未知数 p_0，p_1，p_2，即可求得 b，c，d。以上求出的杆长 a，b，c，d 可同时乘以任意比例常数，所得的机构都能实现对应的转角。

若仅给定连架杆两对位置，则方程组中只能得到两个方程，p_0，p_1，p_2 三个参数中的一个可以任意给定，所以有无穷多解。

例 6-6　如图 6-32（a）所示偏置曲柄滑块机构中，已知滑块的行程 $s=500\text{mm}$，行程速比系数 $K=1.4$，曲柄与连杆长度之比 $a:b=1:3$，导路在曲柄中心的下方。试以解析法求：（1）曲柄与连杆的长度 a、b；（2）偏距 e 与最大压力角 $\alpha_{\max}$。

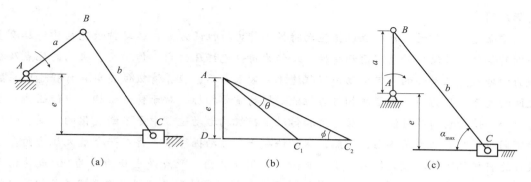

图6-32 偏置曲柄滑块机构设计问题及解法

解：（1）首先求出极位夹角 θ：

$$\theta = 180° \times \left(\frac{K-1}{K+1}\right) = 180° \times \left(\frac{1.4-1}{1.4+1}\right) = 30°$$

（2）利用极位夹角求曲柄与连杆的长度 a 和 b。

如图6-32（b），C_1、C_2 为滑块的两极限位置，因 $a:b=1:3$，则 $l_{AC_1} = b - a = 2a$，$l_{AC_2} = b + a = 4a$。在 $\triangle AC_1C_2$ 中有余弦定理：

$$l_{AC_1}^2 + l_{AC_2}^2 - 2\,l_{AC_1}\,l_{AC_2}\cos\theta = s^2$$

$$(2a)^2 + (4a)^2 - 2(2a)(4a)\cos30° = 500^2$$

解得：$a = 201.72\text{mm}$，$b = 605.17\text{mm}$。

（3）在 $\triangle AC_1C_2$ 和 $\triangle ADC_2$ 中，有如下关系：

$$l_{AC_1}\sin\theta = s\sin\varphi，\ e = l_{AC_2}\sin\varphi$$

解得：$e = \dfrac{l_{AC_1}\,l_{AC_2}\sin\theta}{s} = \dfrac{2 \times 201.72 \times 4 \times 201.72 \times \sin30°}{500} = 325.54(\text{mm})$

（4）求最大压力角。当 AB 为原动件时，$\alpha_{\max}$ 出现在图6-32（c）所示的位置。因为滑块始终沿水平方向移动，而只有当 BC 处于最倾斜时，才会出现最大压力角。

由图可知：

$$\sin\alpha_{\max} = \frac{a+e}{b} = \frac{201.72 + 325.54}{605.17} = 0.8713$$

解得：$\alpha_{\max} = 60.61°$。

小　　结

本章连杆机构中的平面四杆机构的基本形式为铰链四杆机构，在学习中应掌握以下基本概念：整转副、摆转副、连架杆、连杆、曲柄、摇杆以及低副的可逆性。铰链四杆机构可通过选取不同的构件为机架、改变构件的形状和相对长度、扩大运动副的尺寸等方式演化出其他形式的四杆机构。连杆机构在实际工程中应用十分广泛，应注意收集和了解它的实际应用。

　　平面连杆机构的工作特性包括运动特性和传力特性两方面。运动特性包括构件具有整转副的条件、从动件的急回运动特性等。传力特性包括压力角、传动角、机构的死点及机械力的增益。从动件的急回运动用行程速比系数来表示，应弄清极位夹角和行程速比系数之间的关系。压力角是衡量机构传力性能好坏的重要指标。对于传动机构，应使压力角尽可能小，使传动角尽可能大，压力角和传动角在机构运动过程中是不断变化的。从动件处于不同位置时其压力角不同，当然，从动件在一个运动循环中，存在一个最大压力角。在设计连杆机构时应使最大压力角小于或等于许用压力角。死点是当压力角为 90°或传动角为 0°时，机构所处的位置。为使机构运转正常，顺利通过死点可利用构件惯性或相同机构的错位排列等办法。

　　平面连杆机构运动设计的设计命题有：刚体导引机构的设计；函数生成机构的设计；轨迹产生机构的设计。由于平面四杆机构可以选择的机构参数是有限的，而实际设计问题中各种设计要求往往是多方面的，因此，一般设计只能是近似实现。其设计的基本过程为：明确设计任务，选择连杆机构的形式；选用合适的设计方法，确定机构参数；校验和评价。

思　考　题

6-1. 平面连杆机构有哪些特点？

6-2. 四杆机构有几种基本类型？其运动特点如何？

6-3. 何谓"曲柄"、"摇杆"、"连杆"、"导杆"、"滑块"、"定块"、"摇块"？

6-4. 铰链四杆机构整转副存在的条件是什么？整转副是哪个转动副？

6-5. 什么叫行程速比系数 K？$K > 1$、$K = 1$ 各表示什么意义？

6-6. 压力角和传动角是如何定义的？其物理意义如何？

6-7. 压力角、传动角的大小对连杆机构的工作有何影响？

6-8. 讨论机构的"死点位置"有何实际意义？

6-9. 如何实现连杆三个位置的设计？实现连架杆对应位置的设计方法如何？

6-10. 曲柄滑块机构是怎样由曲柄摇杆机构演化来的？

6-11. 曲柄滑块机构和导杆机构中存在具有整转副的几何条件分别是什么？

6-12. 摇杆或滑块为从动件时，如何求出曲柄摇杆机构或曲柄滑块机构的最大压力角或最小传动角？

6-13. 机构的死点位置与极限位置有什么联系？曲柄为主动件时，平面四杆机构有死点位置吗？

习　题

6-1. 试根据题图 6-1 中所注明的尺寸判别各铰链四杆机构的类型，请选择构件为机架。

6-2. 如题图 6-2 所示，已知 $l_{BC} = 120mm$，$l_{CD} = 90mm$，$l_{AD} = 70mm$，AD 为机架。（1）如果该机构能成为曲柄摇杆机构，且 AB 为曲柄，求 l_{AB} 的值的范围；（2）如果该机构能成为双曲柄机构，求 l_{AB} 的值的范围；（3）如果该机构能成为双摇杆机构，求 l_{AB} 的值的范围。

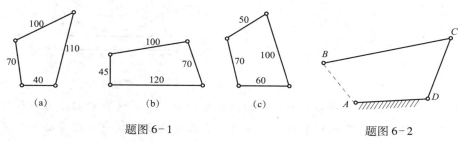

题图 6-1　　　　　　　　　　　　　　　　　题图 6-2

6-3. 设计如题图 6-3 所示的一脚踏轧棉机的曲柄摇杆机构。踏板为主动，要求踏板 CD 在水平位置上下各摆 $10°$，且 $l_{CD} = 500mm$，$l_{AD} = 1000mm$。试用图解法求曲柄 AB 和连杆 BC 的长度。

6-4. 设计一曲柄滑块机构，如题图 6-4 所示。已知滑块的行程 $S = 50mm$，偏距 $e = 10mm$，行程速比系数 $K = 1.2$，试用图解法求出曲柄和连杆的长度。

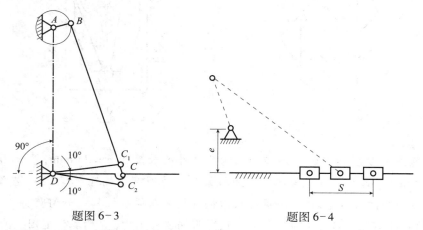

题图 6-3　　　　　　　　　　　　　　题图 6-4

6-5. 题图 6-5 所示为某加热炉炉门的两个位置，实线为关闭位置，虚线为开启位置，要求开启位置时炉门处于水平位置且当做小平台使用。试按图示尺寸设计一四杆机构并满足连杆（即炉门）的两个位置的要求。

6-6. 设计一摆动导杆机构。已知机架长 $l_4 = 100mm$，行程速比系数 $K = 1.4$，求曲柄长度。

6-7. 题图6-7为转动翼板式油泵，由四个四杆机构组成，主动圆盘绕固定轴A转动，而各翼板绕固定轴D转动，试绘出其中一个四杆机构的机构运动简图，并说明其为何种四杆机构，为什么？

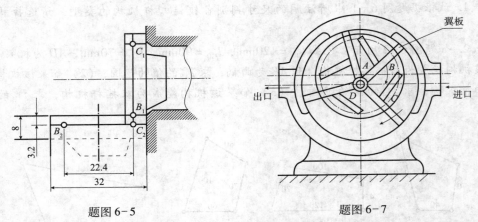

题图6-5　　　　　　　　　　　　　题图6-7

6-8. 试画出题图6-8所示两种机构的机构运动简图，并说明它们各为何种机构？在图（a）中偏心盘1绕固定轴O转动，迫使滑块2在圆盘3的柄中来回滑动，而圆盘3又相对于机架转动。在图（b）中偏心盘1绕固定轴O转动，通过构件2，使滑块3相对于机架往复移动。

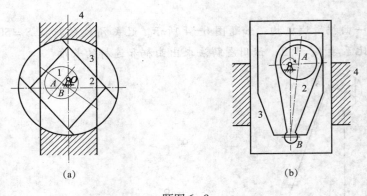

(a)　　　　　　　　　　　(b)

题图6-8

6-9. 题图6-9所示，设已知四杆机构各构件的长度为$a=240$mm，$b=600$mm，$c=400$，$d=500$mm。试问：（1）当取杆4为机架时，是否有曲柄存在？（2）若各杆长度不变，能否能选不同杆为机架的办法获得双曲柄机构和双摇杆机构？如何获得？（3）若a、b、c三杆的长度不变，取杆4为机架，要获得曲柄摇杆机构，d的取值范围应为何值？

6-10. 题图6-10所示为一偏置曲柄滑块机构，试求杆AB为曲柄的条件。若偏距$e=0$，则杆AB为曲柄的条件又如何？

6-11. 试说明对心曲柄滑块机构当以曲柄为主动件时，其传动角在何处最大？何处最小?

6-12. 题图 6-12 所示的铰链四杆机构中，各杆的长度 $l_1 = 28\text{mm}$，$l_2 = 52\text{mm}$，$l_3 = 50\text{mm}$，$l_4 = 72\text{mm}$，试求：（1）当取杆 4 为机架时，该机构的极位夹角 θ、杆 3 的最大摆角 φ、最小传动角 $\gamma_{\min}$ 和行程速比系数 K；（2）当取杆 1 为机架时，将演化成何种类型的机构？为什么？并说明这时 C、D 两个转动副是周转副还是摆转副；（3）当取杆 3 为机架时，又将演化成何种机构？这时 A、B 两个转动副是否仍为周转副？

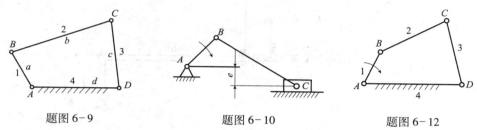

题图 6-9　　　　题图 6-10　　　　题图 6-12

6-13. 在题图 6-13 所示的连杆机构中，已知各构件的尺寸为：$l_{AB} = 160\text{mm}$，$l_{BC} = 260\text{mm}$，$l_{CD} = 200\text{mm}$，$l_{DE} = l_{AD} = 80\text{mm}$；构件 AB 为原动件，沿顺时针方向匀速回转，试确定：（1）四杆机构 $ABCD$ 的类型；（2）该四杆机构的最小传动角 $\gamma_{\min}$；（3）滑块 F 的行程速比系数 K。

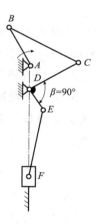

题图 6-13

6-14. 如题图 6-14 所示，设要求四杆机构两连架杆的三组对应位置分别为：$\alpha_1 = 35°$，$\varphi_1 = 50°$，$\alpha_2 = 80°$，$\varphi_2 = 75°$，$\alpha_3 = 125°$，$\varphi_3 = 105°$。试以解析法设计此四杆机构。

6-15. 试设计题图 6-15 所示的六杆机构。该机构当转杆 AB 自 y 轴顺时针转过 $\varphi_{12} = 60°$，转杆 DC 顺时针转过 $\psi_{12} = 45°$ 恰好与 x 轴重合。此时滑块 6 自 E_1 移动到 E_2，位移 $s_{12} = 20\text{mm}$。试确定铰链 B_1 及 C_1 的位置。

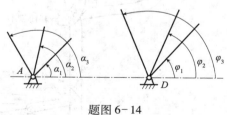

题图 6-14

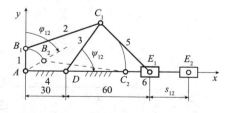

题图 6-15

6-16. 现欲设计一四杆机构翻书器如题图 6-16 所示，当踩动脚踏板时，连杆上的 M 点自 M_1 移至 M_2，就可翻过一页书。现已知固定铰链 A、D 的位置，连架杆 AB 的长度及三个位置，以及描点 M 的三个位置。试设计该四杆机构（压重用以保证每次翻书时只翻过一页）。

6-17. 题图 6-17 所示为公共汽车车门启闭机构。已知车门上铰链 C 沿水平直线移动，

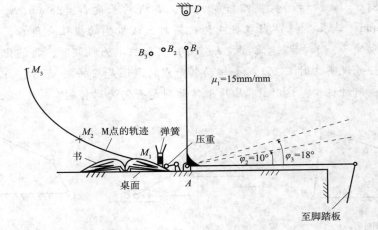

题图 6-16

铰链 B 绕固定铰链 A 转动，车门关闭位置与开启位置夹角为 $\alpha = 115°$，$AB_1 \parallel C_1 C_2$，$l_{BC} =$ 400mm，$l_{C_1 C_2} = 500$mm。试求构件 AB 长度，验算最小传动角，并绘出在运动中车门所占据的空间（作为公共汽车的车门，要求其在启闭中所占据的空间越小越好）。

6-18. 如题图 6-18 所示为一用推拉缆操作的长杆夹持器，并用一四杆机构 $ABCD$ 来实现夹持动作。设已知两连架杆上标线的对应角度如图中所示，试确定该四杆机构各杆的长度。

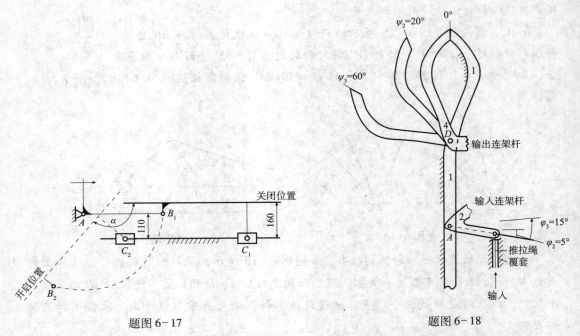

题图 6-17

题图 6-18

6-19. 如题图 6-19 所示，现欲设计一铰链四杆机构，设已知摇杆 CD 的长 $l_{CD} =$

75mm，行程速比系数 $K=1.5$，机架 AD 的长度为 $l_{AD}=100$mm，摇杆的一个极限位置与机架间的夹角为 $\varphi=45°$，试求曲柄的长度 l_{AB} 和连杆的长度 l_{BC}（有两组解）。

6-20. 如题图 6-20 所示，设已知破碎机的行程速比系数 $K=1.2$，颚板长度 $l_{CD}=300$mm，颚板摆角 φ 35°，曲柄长度 $l_{AB}=80$mm。求连杆的长度，并验算最小传动角 γ 是否在允许的范围内。

6-21. 题图 6-21 为一牛头刨床的主传动机构，已知 $l_{AB}=75$mm，$l_{DE}=100$mm，行程速比系数 $K=2$，刨头 5 的行程 $H=300$mm，要求在整个行程中，推动刨头 5 有较小的压力角，试设计此机构。

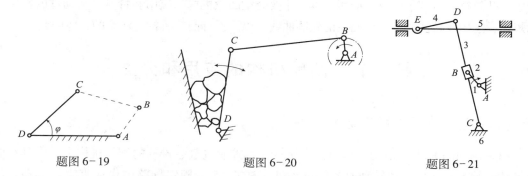

题图 6-19　　　　　　　　题图 6-20　　　　　　　　题图 6-21

6-22. 试设计一曲柄滑块机构，设已知滑块的行程速比系数 $K=1.5$，滑块的冲程 $H=50$mm，偏距 $e=20$mm。求其最大压力角 α_{max}。

第七章 凸轮机构及其设计

随着机械化和自动化程度日益提高，特别需要从动件的位移、速度、加速度必须严格地按预期的规律运动，采用凸轮机构是最为简便且适用。因此，在一些自动机械及自动控制装置中，凸轮机构得到了广泛的应用。本章主要介绍凸轮机构的应用和特点，从动件的常用运动规律，运用反转法原理设计凸轮的轮廓曲线，以及设计凸轮机构应注意的一些问题。

第一节 凸轮机构的应用和分类

一、凸轮机构的组成和应用

第一章中图1-1所示为一单缸内燃机。在其控制进气、排气的配气机构中，当具有曲线轮廓的轮8、12作等速转动时，便推动气阀杆7、5在固定导路中作往复直线移动，从而使气阀开启或关闭（关闭动作是靠弹簧的弹力来实现的）以完成预期的进气、排气工作。其中具有曲线外廓的轮8、12称为凸轮（cam），与凸轮保持高副接触的气阀杆7、5称为从动件（follower）或推杆（push rod）。由此可知凸轮机构（cam mechanism）是由凸轮、从动件和机架三构件组成。

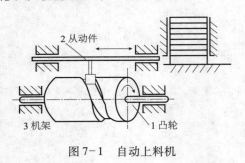

图7-1 自动上料机

图7-1所示为一自动上料机。当具有曲线凹槽的凸轮1转动时，通过凹槽中的滚子，使从动件2作水平往复直线移动。凸轮每转一周，从动件2即从储料器中推出一个工件，并将它送到下一个加工位置以便进行下一道工序。上述例子表明，凸轮机构可以将主动凸轮的等速连续转动变换为从动件的往复直线移动或绕某定点的摆动，并依靠凸轮轮廓曲线准确地实现所要求的运动规律。凸轮机构的主要优点是：只要正确地设计凸轮轮廓曲线，就可以使从动件实现任意给定的运动规律，且结构简单、紧凑、工作可靠。其缺点是：凸轮与从动件之间为点或线接触，易于磨损。故凸轮机构多用于传力不大的控制机构和调节机构。

二、凸轮机构的分类

凸轮机构类型很多，分类方法也不同。

1. 按凸轮形状分类

（1）盘形凸轮（disk cam）

这种凸轮是一个绕固定轴转动，且径向尺寸变化的盘形构件。盘形凸轮机构的结构比较简单，应用较多，是凸轮中的最基本类型。

（2）移动凸轮（translating cam）也叫楔形凸轮

当盘形凸轮的回转中心趋于无穷远时，凸轮相对机架作直线移动，这种凸轮称楔形凸轮或移动凸轮，如图7-2所示。它常用于机床上控制刀具的靠模装置、蒸汽机的气阀机构以及其他自动控制装置中。

（3）圆柱凸轮（cylindrical cam）

凸轮为一圆柱体，它可以看成是由移动凸轮卷曲而成。曲线轮廓可以开在圆柱体的端面，也可以在圆柱面上开出曲线凹槽，如图7-1所示。

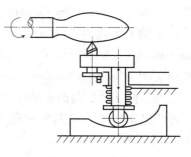

图7-2　楔形凸轮

2. 按从动件的形式分类

（1）尖顶从动件（knife - edge follower）

这种从动件结构最简单，且尖顶能与较复杂形状的凸轮轮廓保持接触，因而能实现任意预期的运动规律。但尖顶极易磨损，故只适用于轻载、低速的凸轮和仪表机构中，如图7-3（a）、（d）所示。

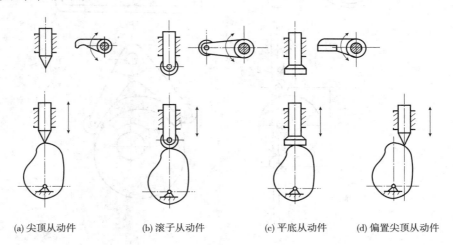

(a) 尖顶从动件　　(b) 滚子从动件　　(c) 平底从动件　　(d) 偏置尖顶从动件

图7-3　从动件类型

（2）滚子从动件（roller follower）

在从动件的尖端处装有可绕其轴芯转动的滚子，将尖顶接触时的滑动摩擦变为滚动摩擦，降低了磨损，改善了工作条件。因此，可以承受较大的载荷，应用也最为广泛，如图7-3（b）所示。

（3）平底从动件（flat faced follower）

从动件的一端做成平底（即平面）。在凸轮轮廓与从动件底面之间易于形成润滑油膜，故润滑条件较好，磨损小。当不计摩擦时，凸轮对从动件的作用力始终与平底垂直，传力性能较好，传动效率较高，所以常用于高速凸轮机构中。但由于从动件为一平底，故不能用于带有内凹轮廓的凸轮机构，如图7-3（c）所示。

根据从动件的运动方式不同，凸轮机构又有直线移动从动件（translating follower）和摆动从动件（oscillating follower）两种，如图7-3所示。如果直线移动从动件的中心线通过凸轮轴心，则称为对心直动从动件凸轮机构（radial rectiliner translating follower cam mechanism），如图7-3（a）、图7-3（b）、图7-3（c）所示，否则称为偏置从动件凸轮机构（offset follower cam mechanism），如图7-3（d）所示。

为了使从动件与凸轮始终保持接触，可以利用弹簧的弹力、从动件的重力或依靠凸轮上的凹槽来实现。前两者常称为力封闭（forced closure），而后者称几何封闭（geometric closure），如图7-4所示。

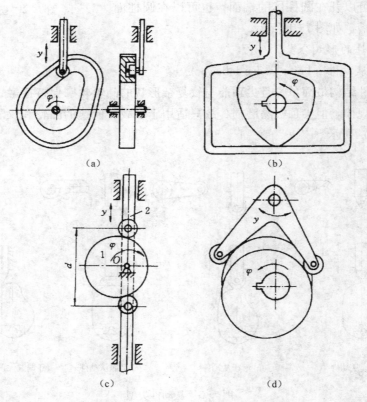

图7-4　几何封闭的凸轮机构

第二节　从动件的常用运动规律

从以上的介绍中不难理解，从动件的运动规律是靠凸轮的轮廓形状来实现的。因此，

从动件的位移 s、速度 v 和加速度 a 与凸轮的轮廓曲线有着直接的关系。欲实现从动件的不同运动规律就要求凸轮具有不同形状的轮廓曲线。所以，在设计凸轮机构时，要根据工作要求和条件选择合适的运动规律。为此，下面介绍几种从动件常用的运动规律。

一、从动件的常用运动规律

图 7-5（a）所示为一对心尖顶直动从动件凸轮机构。图中以最小向径 r_b 为半径所作的圆称为基圆（base circle），r_b 称为基圆半径（base radius）。当凸轮以等角速度 ω 顺时针方向转动时，从动件将从起始位置 A 按图 7-5（b）所示的位移曲线 $s-\varphi$ 规律运动，其中 s 为从动件的位移，φ 为凸轮转角。由图可见，当凸轮转过 150° 时，从动件从距凸轮中心最近位置 A 以一定的运动规律到达最远位置 B'，这个过程称为推程（actuating travel），所走过的最大距离 h 称为升程（advanced travel），而与之对应的凸轮转角称为推程运动角，用 φ_t 表示；凸轮再转过 30° 时，从动件处于最高位置不动（BC 是最大向径上的一段圆弧，向径未变），此时凸轮转过的角度称为远休止角（far angle of repose），用 φ'_s 表示；当凸轮再转过 120° 时，从动件从最远位置按一定的运动规律返回到起始位置，从动件的这一行程称为回程（return travel），与之对应的凸轮转角称为回程运动角，用 φ_h 表示；最后，当凸轮继续转过 60° 时，从动件停在最近位置不动（AD 是以最小向径 r_b 为半径的圆弧，向径未变），此时凸轮转过的角度称为近休止角（near angle of repose），用 φ_s 表示。当凸轮连续转动时，从动件按上述规律重复运动。

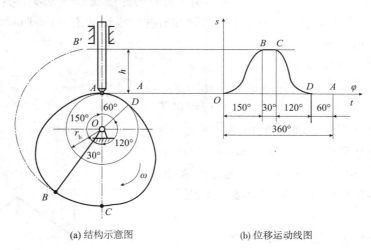

(a) 结构示意图　　　　　　　(b) 位移运动线图

图 7-5　凸轮机构的运动

1. 等速运动规律

当凸轮以等角速度 ω 回转，从动件在推程（上升）或回程（下降）的速度为常数时，这种运动规律称为等速运动规律（law of uniform motion）

推杆在推程的运动方程可推出为

$$S = \frac{h}{\varphi_t}\varphi$$
$$v = \frac{h\omega}{\varphi_t}$$
$$a = 0$$

$$(7-1a)$$

推杆在回程的运动方程为

$$S = h\left(1 - \frac{\varphi}{\varphi_t}\right)$$
$$v = -\frac{h\omega}{\varphi_t}$$
$$a = 0$$

$$(7-1b)$$

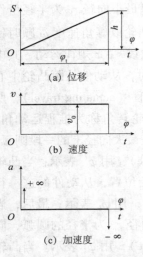

(a) 位移

(b) 速度

(c) 加速度

图 7-6 等速运动规律

图 7-6 所示为分别以从动件位移 S、速度 v 和加速度 a 为纵坐标，以凸轮转角 φ（或时间 t）为横坐标作出的 $S-\varphi$、$v-\varphi$、$a-\varphi$ 关系线图。这些线图通称为从动件的运动线图（diagram of motion）。由图 7-6（b）可知由于速度 v 为常数，所以速度曲线为平行于横轴的一条直线。因速度为常数，所以加速度为零，如图 7-6（c）所示。从上述各线图不难看出，从动件在运动开始和终止的瞬间，由于速度发生突变，加速度值在理论上达到无穷大（当然，由于材料的弹性变形，实际上不可能达到无穷大），因而其惯性力将引起强烈地冲击，这种冲击称为刚性冲击（rigid impulse）。这种运动规律只适用于低速轻载的场合。

2. 等加速等减速运动规律

在这种运动规律中，通常取从动件在一个行程 h 中的前半行程以等加速运动，后半行程以等减速运动，且两者绝对加速度值相等。因此，称为等加速等减速运动规律（law of constant acceleration and deceleration motion）。由于加速度是常数，故加速度曲线为两段平行于横轴的直线，如图 7-7（c）所示。

推杆在推程作等加速的运动方程为

$$S = \frac{2h}{\varphi_t^2}\varphi^2$$
$$v = \frac{4h\omega}{\varphi_t^2}\varphi$$
$$a = \frac{4h\omega^2}{\varphi_t^2}$$

$$(7-2a)$$

推杆在推程作等减速的运动方程为

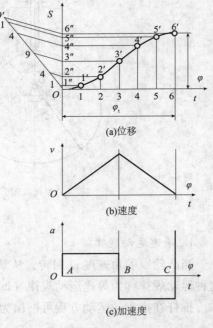

(a)位移

(b)速度

(c)加速度

图 7-7 等加速等减速运动规律

$$S = h - \frac{2h}{\varphi_t^2}(\varphi_t - \varphi)^2$$

$$v = \frac{4h\omega}{\varphi_t^2}(\varphi_t - \varphi)$$

$$a = -\frac{4h\,\omega^2}{\varphi_t^2}$$

(7-2b)

速度线图是由两条斜直线组成，如图7-7（b）所示。位移线图是由两段抛物线组成，因此这种运动规律又叫做抛物线运动规律（law of parabolic motion），如图7-7（a）所示。从图中看出，从动件在开始，中间和终止位置处加速度有突变，因而惯性力也将有突变，不过这种突变是有限的，由此而产生的冲击也是有限的。把这种有限值的冲击称为柔性冲击（soft impulse）。这种运动规律也只适用于中速轻载场合。

抛物线的画法：如图7-7（a）所示，因从动件在推程中位移曲线是由两段相反的抛物线组成，该两段抛物线的连接点应在横轴的 $\varphi_t/2$ 和纵轴为 $h/2$ 的位置。当 $\varphi = 1,2,3\cdots$ 时，其对应的位移之比为 $1:4:9$ $\cdots$因此，作图时可将横轴代表 $\varphi_t/2$ 的线段分成若干等份（图中为3等份），得1、2、3各等分点。过这些点作横轴的垂线，并取 $(1-1') = \frac{1}{9}\left(\frac{h}{2}\right)$ ， $(2-2') = \frac{4}{9}\left(\frac{h}{2}\right)$ ， $(3-3') = \frac{9}{9}\left(\frac{h}{2}\right)$ 。得到1'、2'、3'点。将这些点连成光滑曲线，便得到前半个行程的等加速运动的位移曲线。为作图方便，作图时可在过原点 O 的任一斜线 OO' 上，以任意间距截取9个等分点，连接直线 $9-3''$（ $h_{3''} - h_{o''} = \frac{h}{2}$ ），然后过分点4，1 作直线 $9-3''$的平行线，分别与纵轴交于 $2''$和 $1''$点。再自这些点作横轴的平行线，则与横轴各分点的垂线相交于1'，2'，3'点，将这些点连成光滑曲线即得等加速运动段的位移曲线（抛物线），如图7-7（a）所示。用同样的方法，按相反的次序如图7-7（a）中的9，4，1，O'点所示，便可作出后半行程的位移曲线，即等减速运动曲线。

3. 简谐运动规律

当质点在圆周上作匀速运动时，质点在该圆直径上的投影点所构成的运动称为简谐运动规律（law of simple harmonic motion）。由图7-8（a）可知，简谐运动的数学表达式为

$$S = R - R\cos\theta$$

当凸轮机构的从动件作简谐运动时，其相应参数应取 $R = h/2$ ，$\theta/\pi = \varphi/\varphi_t$ ，代入上式后得从动件的运动方程为：

$$S = \frac{h}{2}\left[1 - \cos\left(\frac{\pi}{\varphi_t}\varphi\right)\right]$$

$$v = \frac{h\pi\omega}{2\varphi_t}\sin\left(\frac{\pi}{\varphi_t}\varphi\right)$$

$$a = \frac{h\pi^2\omega^2}{2\varphi_t^2}\cos\left(\frac{\pi}{\varphi_t}\varphi\right)$$

(7-3)

这种运动规律的位移曲线的画法如图 7-8（a）所示。以升程 h 为直径画半圆，将此半圆分成若干等分（图中分为 6 等分），得 1″、2″、3″⋯点。再把凸轮的推程运动角 φ_t 也分成相应的等分将半圆周上的各等分点投影到相应的垂线上得交点 1′、2′、3′⋯点。用光滑曲线连接这些点，便得到从动件的位移线图。

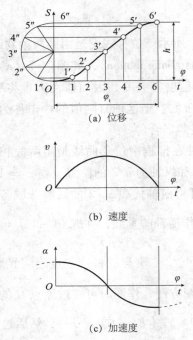

(a) 位移

(b) 速度

(c) 加速度

图 7-8　简谐运动规律的运动特性

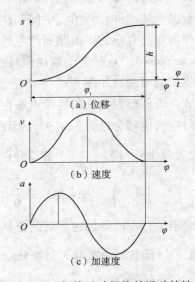

(a) 位移

(b) 速度

(c) 加速度

图 7-9　摆线运动规律的运动特性

这种运动规律的速度和加速度线图，如图 7-8（b）、（c）所示。由于加速度线图是一条余弦曲线，所以该运动规律也称余弦加速度运动规律（law of cosine acceleration motion）。从动件在行程开始、终止或停歇时仍产生柔性冲击，因此，这种运动规律也只适用于中速中载场合。但当连续运转时，则可消除柔性冲击，如图虚线所示，其运动性能得到进一步改善。

4. 正弦加速度运动规律

正弦加速度运动规律（Sine acceleration motion）又称为摆线运动规律，可推出其推程时的运动方程为

$$
\left.
\begin{aligned}
S &= h\left[\frac{\varphi}{\varphi_t} - \frac{1}{2\pi}\sin\left(\frac{2\pi}{\varphi_t}\varphi\right)\right] \\
v &= \frac{h\omega}{\varphi_t}\left[1 - \cos\left(\frac{2\pi}{\varphi_t}\varphi\right)\right] \\
a &= \frac{2\pi h\omega^2}{\varphi_t^2}\sin\left(\frac{2\pi}{\varphi_t}\varphi\right)
\end{aligned}
\right\}
\tag{7-4}
$$

也可推出其回程时的运动方程。由运动曲线可以看出，这种运动规律的加速度没有突

变，可以避免刚性和柔性冲击，适用于高速轻载场合。

上述几种运动规律是最基本、最常用的运动规律。此外，还有多项式（polynomial motion）等运动规律，如 3-4-5 次多项式运动规律，其速度曲线加速度曲线均连续而无突变，故既无刚性冲击又无柔性冲击，图 1-1 内燃机中的凸轮机构就是用的 3-4-5 次多项式运动规律。故 3-4-5 次多项式运动规律适用用于高速中载的凸轮机构中。

二、运动规律的组合

在工程实际中，经常会遇到机械对从动件的运动和动力特性有多种要求，而只用一种运动规律又难于完全满足这些要求。为此可把几种常用运动规律组合起来加以使用，这就是运动曲线的拼接。

组合后的从动件运动规律应满足下列条件：

（1）满足工作对从动件特殊的运动要求。

（2）为避免刚性冲击，位移曲线、速度曲线必须是连续的；为避免柔性冲击，加速度曲线也必须是连续的。当用不同运动规律组合起来形成从动件完整的运动规律时，各段运动规律的位移、速度、加速度曲线在连接点处其值应分别相等。这就是运动规律组合时应满足的边界条件。

（3）还应使最大速度和最大加速度的值尽可能小。因为速度愈大，动量 mv 愈大；加速度愈大，惯性力 ma 愈大。而过大的动量和惯性力对机械运转都是不利的。

三、从动件运动规律的选择

从动件运动规律的选择，需满足机器的工作要求；使凸轮机构具有良好的动力特性；使所设计的凸轮机构便于加工。因此，在选择或设计从动件运动规律时，必须根据使用场合、工作条件等分清主次综合考虑，确定选择或设计运动规律的主要根据。

下面仅就凸轮机构的工作条件区别几种情况作一简要的说明。

（1）机器的工作过程只要求凸轮转过某一角度 φ 时，推杆完成一行程 h，对推杆的运动规律无严格要求。如图 7-10 所示的电话开关即为一例。当通话完毕，将电话听筒挂在钩子上时，杠杆 1 作逆时针旋转，其上的凸轮 a 将通话触点 3 断开，将振铃触点 4 闭合，做好接收新来电话的准备。在此情况下，可考虑采用圆弧、直线等简单的曲线作为凸轮的轮廓曲线。

（2）机器的工作过程对推杆的运动规律有完全确定的要求。如某些模拟计算机中用以实现一些特定函数关系的凸轮机构就是如此，此时推杆的运动规律已无选择余地。

（3）对于速度较高的凸轮机构，即使机器工作过程对推杆的运动规律并无具体要求，但应考虑到机构的运动速度较高，如推杆的运动规律选择不当，则会产生很大的惯性力、冲击和振动，从而影响到机器的强度、寿命和正常工作。所以，为了改善其动力性能，

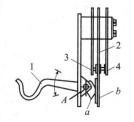

图 7-10 电话开关机构

在选择推杆的运动规律时，应考虑该种运动规律的一些特性值，如速度最大值 v_{max}、加速度最大值 α_{max} 和跃度 j 等。如用于高速分度的凸轮机构，若分度工作台的惯量较大，就不宜选用 v_{max} 较大的运动规律，因工作台的最大动能与 v_{max}^2 成正比，要其迅速停止和起动都较困难。

第三节　凸轮轮廓曲线的图解法设计

在凸轮机构设计中，不但要使从动件准确地实现给定的运动规律，而且还要具有良好的传力特性和紧凑的结构尺寸。为此，设计时要考虑滚子半径、压力角、基圆半径等相关参数的选择。当设计出凸轮机构的结构类型、从动件的运动规律及凸轮机构的一些基本参数（如基圆半径、滚子半径等），就应该进行凸轮轮廓曲线设计。

当从动件运动规律和基圆半径已知后，即可用作图法和解析法求解凸轮的轮廓曲线。无论哪种方法，我们都采用的是"反转法"（inversion of motion）。"反转法"所依据的是相对运动原理，即：如果对整个机构加上一个公共角速度，各构件间的相对运动不变。根据这一原理，设想对整个凸轮机构加一个与凸轮角速度大小相等、方向相反的角速度 $-\omega_1$，则凸轮处于相对静止状态，而从动件则一方面随导路以角速度 $-\omega_1$ 绕 O 点转动，另一方面又按给定的运动规律在导路中作往复移动。由于尖顶始终与凸轮轮廓相接触，所以，反转过程中从动件尖顶的运动轨迹就是凸轮轮廓。根据"反转法"原理，现举例如下：

1. 盘形凸轮轮廓曲线的设计

已知条件：从动件位移线如图所示，凸轮顺时针旋转，基圆半径为 r_b，从动件与中心偏距为 e。

设计目标：要求绘出此凸轮的轮廓曲线。

设计步骤（见图7-11）：

（1）以 r_b 为半径作基圆，以 e 为半径作偏距圆。点 K 为从动件中心线与偏距圆的切点，尖底与基圆的交点 B_0（C_0）便是从动件尖底的初始位置。

（2）将位移线图的推程运动角和回程运动角分别作若干等分（本例中作四等分）。

（3）自 OC_0 开始，沿逆时针（与凸轮转向相反）方向量取推程运动角（180°）、远休止角（30°）、回程运动角（90°）、近休止角（60°），在基圆上得 C_4、C_5、C_9 三点。将推程运动角和回程运动角分成与从动件位移线图对应的等分，得 C_1、C_2、C_3 和 C_6、C_7 和 C_8 六点。

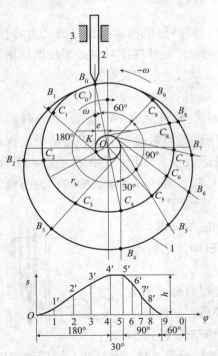

图7-11　尖底盘形凸轮的图解法设计

（4）过 C_1、C_2、C_3 和 C_6、C_7、C_8 六点作偏距圆的一系列切线，它们便是反转后从动件中心线的一系列位置。

（5）沿以上各切线自基圆开始量取从动件相应的位移量，即取线段：$C_1B_1 = 11'$，$C_2B_2 = 22'$，…得反转后尖底的一系列位置 B_1、B_2、…

（6）将 B_0、B_1、B_2、…连成光滑曲线（B_4 和 B_5 之间以及 B_9 和 B_0 之间均为以 O 为圆心的圆弧），便得到所求的凸轮轮廓曲线。

当偏心距为零时就是对心尖底凸轮机构，作图方法一样。需要说明的是，这里对推程运动角和回程运动角进行划分的份数需要根据实际情况即精度要求来划分。

2. 滚子从动件盘形凸轮的廓线设计

与尖底从动件相比，滚子从动件是在从动件端部加了一个半径为 r_T 的滚子。由于滚子的中心是从动件上的一个固定点，它的运动就是从动件的运动，将滚子的中心看做是尖底从动件的尖底，设计中把滚子的中心看做尖底凸轮的接触点，则作图步骤如下：

（1）按照尖底从动件的方法画出一条轮廓线 η，称为凸轮的理论轮廓线，如图 7-12 所示。

（2）以滚子的半径为 r_T，以曲线 η 上各点为圆心画一系列的圆。

（3）绘制这些圆的内包络线 η'，那么 η' 就是滚子从动件凸轮所需的实际轮廓。显然实际轮廓和理论轮廓是两条法向等距曲线。

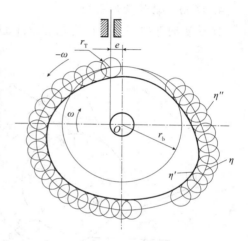

图 7-12 滚子凸轮实际廓线的包络设计

另外，也可以绘制这些圆的外包络线 η''。当以此为凸轮轮廓线时，称为内轮廓凸轮。需要强调的是：当从动件是滚子接触时，凸轮的基圆仍然指的是其理论轮廓的基圆。

3. 平底接触凸轮的廓线设计

平底凸轮实际轮廓曲线的求法与上述方法相仿。将接触平底与导路的交点 B_0 为参考点，将它看做尖底凸轮的接触点，故 B_0 相对于凸轮的运动轨迹也就是尖底凸轮的实际工作廓线，B_0 也要依次经过 B_1、B_2、B_3、…位置，这里也称之为平底凸轮的理论廓线；其次，过这些点画出相应的一系列平底垂直于角度射线，得一直线族；最后作此直线族的包络线，便可得到凸轮实际轮廓曲线，如图

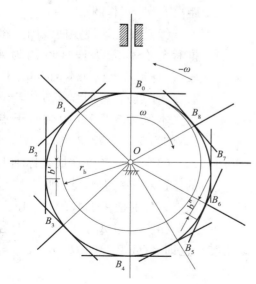

图 7-13 平底凸轮实际廓线的包络设计

7-13所示。故设计步骤为:

(1) 按照尖底从动件的设计方法画出一条平底凸轮理论轮廓线。

(2) 过理论廓线上各点依据平底所转过的角度画出不同时刻的平底所在位置的直线。

(3) 绘制这些直线的包络线,包络线与每一条直线相切。

由于平底上与实际轮廓曲线相切的点是随机构位置变化的,为了保证在所有位置平底都能与轮廓曲线相切,平底左右两侧的宽度必须分别大于导路至左右最远切点的距离 b' 和 b''。从作图过程不难看出,对于平底直动从动件,只要不改变导路的方向,无论导路对心或偏置,无论取哪一点为参考点,所得出的直线族和凸轮实际轮廓曲线都是一样的。

4. 摆动从动件盘形凸轮机构

摆动从动件尖底凸轮机构轮廓设计也用反转法来实现。

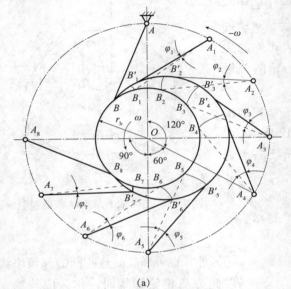

(a)

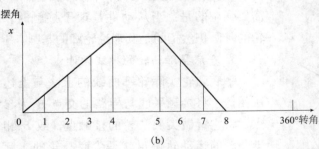

(b)

图 7-14 摆动从动件凸轮轮廓线的设计

已知条件:从动件的摆动运动规律如图 7-14 (b) 所示,凸轮的基圆半径为 r_b,摆杆 AB 长度为 l_{AB},凸轮轴心和摆杆中心的距离为 l,凸轮逆时针旋转。

设计目标:绘制满足图 7-14 (b) 所示运动规律的凸轮廓线。

设计步骤 [见图 7-14 (a)]:

(1) 以凸轮轴心为圆心、基圆半径 r_b 为半径作基圆,以凸轮转动副中心到摆杆转动副中心的距离 l 为半径作圆。

(2) 在运动规律曲线图上将推程等分作若干段(本例为 4 段),得到若干点(本例为 0,1,2,3,4 点);将回程等分作若干段(本例为 3 段),得到若干点(本例为 5,6,7,8 点)。

(3) 根据各点在横坐标轴上的位置对应在 l 半径的圆上取这些点,分别是 A_1、A_2、…、A_8。

(4) 经过 A_1、A_2、…、A_8 各点,量取角度 $\angle OAB$ 等于从动件对应的初始摆动角度,也即 $\angle OA_1B_1 = \angle OA_2B_2 = \cdots = \angle OA_8B_8 = \angle OAB$。

(5) 以 A_1、A_2、…、A_8 为圆心,以 l_{AB} 为半径,分别以 B_1、B_2、…、B_8 为起点顺时针

方向作圆弧，圆弧的圆心角分别是 φ_1、φ_2、$\cdots$、φ_8，也即是 1、2、$\cdots$、8 点对应的摆动件的摆角。圆弧的终点是 B'_1、B'_2、$\cdots$、B'_8。

（6）将 B'_1、B'_2、$\cdots$、B'_8 用光滑的曲线连接起来便是凸轮的理论轮廓线。

若是滚子或者平底摆动从动件，只要按与直动从动件相同的方法，先做出理论轮廓线之后，再做包络线即可。

第四节　凸轮轮廓曲线的解析法设计

一般工作问题，采用图解法设计凸轮轮廓能满足使用要求，而且比较简单，故上述方法用得较多，但是随着科学技术的发展，尤其是光电技术、数控技术等在凸轮加工中的应用，为加工精密凸轮提供了优越的条件，因此，解析法设计凸轮轮廓的运用越来越受到人们的重视。下面介绍解析法设计凸轮轮廓。

解析法设计凸轮轮廓的基本原理还是运用"反转法"，将凸轮机构反转到任意位置，列出凸轮轮廓线上点的坐标方程式，应用计算机计算出轮廓曲线上各点的坐标，作为加工和检验的依据，可得到非常精密的凸轮轮廓尺寸。

一、盘形滚子移动凸轮轮廓曲线的设计

图 7-15 所示为设计偏置直动滚子从动件盘形凸轮轮廓的示意图。设已知偏距 e，基圆半径 r_b，滚子半径 r_T，从动件运动规律 $s_2 = s_2(\varphi)$ 以及凸轮以等角速度 ω 顺时针方向回转。根据反转法原理，可画出相对初始位置反转 φ 角的机构位置。从动件 B 点所在位置即为凸轮理论轮廓线上的一点，其极坐标为：

$$\begin{cases} \rho = \sqrt{(s_2 + s_0)^2 + e^2} & (7-5) \\ \theta = \varphi + \beta - \beta_0 & (7-6) \end{cases}$$

其中

$$s_0 = \sqrt{r_b{}^2 - e^2} \qquad (7-7)$$

$$\tan\beta_0 = \frac{e}{s_0} \qquad (7-8)$$

$$\tan\beta = \frac{e}{s_0 + s_2} \qquad (7-9)$$

由于凸轮实际轮廓曲线是理论轮廓曲线的等距曲线，所以两轮廓曲线对应点具有公共的曲率中心和法线，过 B 点作理论轮廓曲线交滚子于 T 点，T 点就是实际轮廓上的对应点。同时，法线 nn 与过凸轮轴心 O 且垂直于从动件导路的直线交于 P 点，根据瞬心及三心定理可知，P 点即为凸轮与从动件的相对瞬心，所以 $l_{OP} = v_2/\omega_1$，于是：

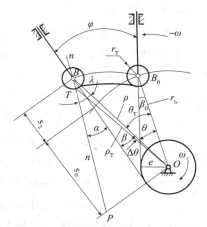

图 7-15　解析法设计偏置直动滚子从动件盘形凸轮轮廓

$$\lambda = \alpha + \beta \tag{7-10}$$

$$\tan\alpha = \frac{\dfrac{v_2}{\omega_1} - e}{s_2 + s_0} = \frac{\dfrac{\mathrm{d}s_2}{\mathrm{d}\varphi_1} - e}{s_2 + s_0} \tag{7-11}$$

实际轮廓上对应点 T 的极坐标为：

$$\begin{cases} \rho_T = \sqrt{\rho^2 + r_T^2 - 2\rho r_T \cos\lambda} & (7-12) \\ \theta_T = \theta + \Delta\theta & (7-13) \end{cases}$$

式中

$$\Delta\theta = \arctan\frac{r_T \sin\lambda}{\rho - r_T \cos\lambda} \tag{7-14}$$

二、盘形滚子摆动凸轮轮廓曲线的设计

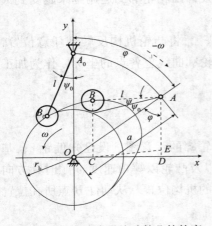

图 7-16 所示为一摆动滚子从动件盘形凸轮机构。已知凸轮转动轴心 O 与摆杆摆动轴心 A_0 之间的中心距为 a，摆杆长度为 l，选取直角坐标系 xOy 如图所示。当从动件处于起始位置时，滚子中心处于 B_0 点，摆杆与连心线 OA_0 之间的夹角为 ψ_0；当凸轮转过 φ 角后，从动件摆动 ψ 角。由反转法原理作图可以看出，此时滚子中心将处于 B 点。由图可知，B 点的坐标 x，y 分别为

$$\left.\begin{array}{l} x = OD - CD = a\sin\varphi - l\sin(\varphi + \psi_0 + \psi) \\ y = AD - ED = a\cos\varphi - l\cos(\varphi + \psi_0 + \psi) \end{array}\right\}$$

图 7-16 摆动滚子从动件凸轮轮廓

$$\tag{7-15}$$

此即凸轮理论廓线方程。

例 7-1 如图 7-17（a）所示的对心直动滚子从动件盘形凸轮机构中，凸轮的实际廓线为一圆，其圆心在 A 点，半径 $R = 30\text{mm}$，凸轮沿逆时针转动，$l_{AO} = 15\text{mm}$，滚子半径 $r_T = 6\text{mm}$。试求：

（1）凸轮的理论廓线为何种曲线？（2）凸轮的基圆半径 r_b。（3）从动件的升距 h。

解：（1）对于滚子从动件凸轮机构，凸轮的理论廓线与实际廓线是两条法向等距曲线，该法向距离等于滚子半径 r_T，现已知实际廓线为 $R = 30\text{mm}$ 的圆，故其理论廓线 β_0 为半径 $R + r_T = 30 + 6 = 36\text{mm}$ 的圆。

（2）凸轮理论廓线的最小向径为凸轮的基圆半径 r_b。因此连接偏心圆 A 到凸轮转动中心 O，并延长使其与偏心圆相交于 C 点，$\overline{OC}$ 为理论廓线 β_0 的最小向径，即为凸轮的基圆半径 r_b，如图 7-17（b）所示可得：

$$r_b = l_{AC} - l_{AO} = (R + r_T) - l_{AO} = (30 + 6) - 15 = 21\text{mm}$$

（3）从动件的升距 h 等于理论廓线 β 的最大与最小向径之差。因此

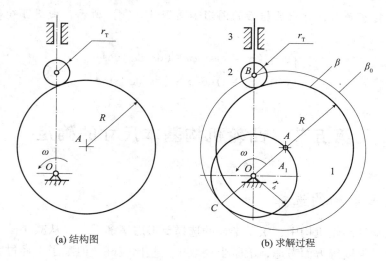

(a) 结构图   (b) 求解过程

图 7-17 对心直动滚子从动件盘形凸轮机构

$$h = (l_{AO} + R + r_T) - r_b = (15 + 30 + 6) - 21 = 30\text{mm}$$

例7-2 图 7-18（a）为一平底直动从动件盘形凸轮机构，已知基圆半径 r_b，从动件运动规律 $s = s(\varphi)$。凸轮等角速度 ω 递时针方向转动，试求凸轮轮廓曲线的极坐标方程和直角坐标方程。

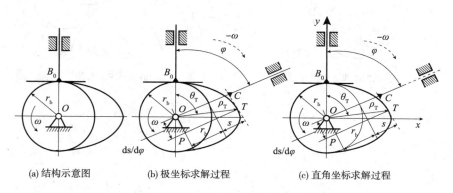

(a) 结构示意图   (b) 极坐标求解过程   (c) 直角坐标求解过程

图 7-18 平底直动从动件盘形凸轮机构

解： 当机构反转 φ 角时，从动件上升 s，凸轮与平底将在 T 点接触。现过 T 点作公法线 TP，与过 O 点且平行于平底的直线相交于 P，如图 7-18（b）所示。P 为凸轮与从动件的相对速度瞬心，且：

$$l_{OP} = \frac{v_B}{\omega} = \frac{\mathrm{d}s/\mathrm{d}t}{\mathrm{d}\varphi/\mathrm{d}t} = \frac{\mathrm{d}s}{\mathrm{d}\varphi}$$

由图可知，凸轮实际轮廓上 T 点的极坐标的方程为：

$$\begin{cases} \rho_T = \sqrt{\left(\dfrac{\mathrm{d}s}{\mathrm{d}\varphi}\right)^2 + (r_b + s)^2} \\ \theta_T = \varphi + \arctan \dfrac{\mathrm{d}s/\mathrm{d}\varphi}{r_b + s} \end{cases}$$

当机构反转 φ 角时，作出反转后的图形如图 7-18（c）所示，由图可知 T 点的直角坐标方程为：

$$\begin{cases} x = (r_b + s)\sin\varphi + (ds/d\varphi)\cos\varphi \\ y = (r_b + s)\cos\varphi - (ds/d\varphi)\sin\varphi \end{cases}$$

第五节 凸轮机构基本尺寸的确定

一、滚子半径的选择

在滚子从动件凸轮机构中，滚子半径的选择要考虑诸多因素。从减小凸轮与滚子间的接触应力及滚子强度等方面考虑，滚子半径取得大些比较好。但滚子半径过大会造成从动件运动规律的失真。因此，滚子半径的选择要受到一些限制。

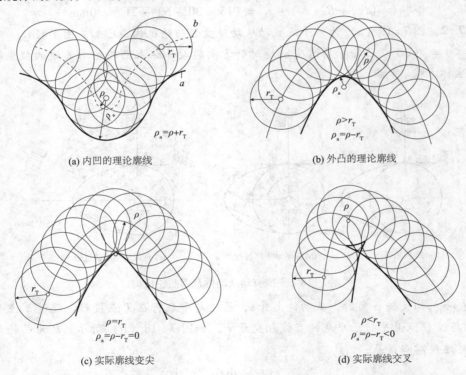

(a) 内凹的理论廓线

(b) 外凸的理论廓线

(c) 实际廓线变尖

(d) 实际廓线交叉

图 7-19 滚子半径的选择

如图 7-19 所示。设凸轮实际廓线上某点的曲率半径为 ρ_a ，理论廓线的曲率半径为 ρ ，滚子半径为 r_T 。对于内凹的理论廓线，如图 7-19（a）所示，当 $\rho_a = \rho + r_T$ 时，不论滚子半径大小如何，实际廓线均可作出。对于外凸的理论廓线，如图 7-19（b）所示，由于 $\rho_a = \rho - r_T$ ，故当 $\rho > r_T$ 时， $\rho_a > 0$ ，实际廓线可以作出；若 $\rho = r_T$ ，如图 7-19（c）

时，则 $\rho_a = 0$ ，即实际廓线将出现尖点，凸轮轮廓在尖点处极易磨损，并影响从动件的运动精度；若 $\rho < r_T$ ，如图7-19（d）时，则 $\rho_a < 0$ ，这时，实际廓线出现交叉，图中交叉部分实际上已在加工中被切去，因而得不到完整的凸轮廓线，也就不能实现从动件预定的运动规律，这种现象称为运动失真（distortion of motion）。

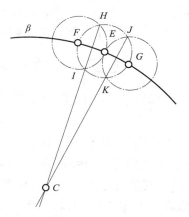

由此可见，滚子半径必须小于理论廓线外凸部分的最小曲率半径 ρ_{min} ，为了避免上述缺陷，减小载荷集中和磨损，设计时应保证实际廓线的最小曲率半径 ρ_{amin} 满足：

$$\rho_{amin} = (\rho_{min} - r_T) > 3mm$$

实际廓线上任意一点（如 E 点）的曲率半径近似求法，如图7-20所示，选取合适的半径，若半径选取太大，误差较大；半径选取太小，作图不方便，以 E 点为圆心，选取的半径为半径作一圆，该圆与实际廓线交于 F 、 G 两点，再以 F 、 G 点分别为圆心，同样大小的半径作另两圆，得到三个圆的交点 H 、 I 、 J 、 K ，连接 H 、 I 和 J 、 K 并延长，延长线交于 C 点，则 C 点为 E 点的曲率中心，CE 为 E 点的曲率半径。

图7-20　E 点曲率半径的近似求法

二、压力角的选择

在凸轮机构设计中，一方面要根据工作条件和工作性质选择适当的凸轮机构的形式和从动件的运动规律，另一方面还要考虑凸轮机构有较好的受力条件和较紧凑的结构尺寸。只有这样才能设计出质量较高、较理想的凸轮机构。

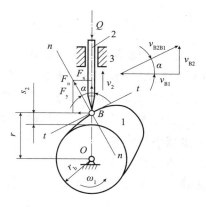

图7-21　凸轮机构受力分析

图7-21所示为一对心尖顶直动从动件盘形凸轮机构在推程中的一个位置。凸轮以等角速度 ω_1 逆时针方向转动，与从动件在 B 点接触，若不考虑摩擦，则从动件受力（ F_n ）方向与其运动（ v_2 ）方向之间所夹的锐角 α 称为压力角。力 F_n 可以分解为水平分力 $F_x = F_n\sin\alpha$ 和垂直分力 $F_y = F_n\cos\alpha$ 。F_y 是推动从动件运动的有效分力，而 F_x 则使从动件在导路中产生摩擦阻力，是有害分力。从上述可知，在 F_n 一定的情况下，压力角 α 越大，F_x 越大，F_y 越小。这说明机构的传力性能越差、效率越低。当压力角 α 增大到某一数值时，将会出现有效分力 F_y 等于或小于由 F_x 所产生的摩擦阻力的情况。这时，不论施加多大的 F_n 力都不能使从动件产生运动，这种现象称为自锁（self locking）。可见，压力角 α 的大小实际上反映了机构传力性能的好坏。因此，通常把它作为判别机构传力性能的一个重要参数。由前述可知，由于凸轮廓线上各点向径是变化的，所以曲线上各点的压力角也是变化的。为了保证凸轮机构能正常工作并保持一定的传力性

能，必须对凸轮机构的压力角加以限制，使其在工作过程中的最大压力角不超过许用值。根据实践经验，推程时移动从动件凸轮机构的许用压力角取 $[\alpha] \leqslant 30°$；摆动从动件凸轮机构的许用压力角取 $[\alpha] \leqslant 45°$；而两者回程时，由于从动件是在弹簧力、重力作用下返回的，且多为空回行程，所以回程的许用压力角可以取大些，通常 $[\alpha] \leqslant 75° \sim 80°$。

一般情况下，在凸轮轮廓曲线设计出来后，还需要进行压力角的校核。

三、基圆半径的选择

在图 7-21 所示的位置时，凸轮的基圆半径 r_b、向径 r 和从动件的位移 s_2 有如下关系：

$$s_2 = r - r_b$$

从图 7-21 还可以看出，凸轮轮廓上 B 点（与从动件的接触点）的绝对速度 $v_{B1} = \omega_1 \cdot r$，其指向与 ω_1 转向相同且与 r 垂直；从动件 B 点的绝对速度为 v_{B2}（即从动件的移动速度 v_2），其指向与从动件的运动方向一致，而两者间的相对速度 v 则为沿接触点的切线 $t-t$ 方向。上述三个速度间应保持如下关系：

$$\overrightarrow{v_{B2}} = \overrightarrow{v_2} = \overrightarrow{v_{B1}} + \overrightarrow{v_{B2B1}}$$

根据此向量方程，可作出速度向量封闭三角形，如图 7-21 所示。由图中向量三角形可得：

$$v_2 = v_{B1} \cdot \tan\alpha = \omega_1 r \tan\alpha \quad \text{或} \quad r = \frac{v_2}{\omega_1 \tan\alpha}$$

$$\text{代入前式} \quad r_b = r - s_2 = \frac{v_2}{\omega_1 \tan\alpha} - s_2 \tag{7-16}$$

当运动规律给定以后，式中 ω_1、v_2、s_2 均为已知。不难看出，压力角 α 越大，基圆半径 r_b 越小，凸轮机构的尺寸也随之减小。因此，增大压力角，可以获得紧凑的机构。然而，正如前面分析的那样，压力角过大会使受力情况恶化，效率降低，当超过某一值时还会发生自锁。因此，在实际设计中应在保证凸轮轮廓的最大压力角不超过许用值的前提下尽量减小凸轮的尺寸。

凸轮的基圆半径可用图解法或解析法求出。一般可根据结构限制，由经验公式或类比法确定。通常采用的经验公式是：

$$r_b = (0.8 \sim 1.0) \, d_s \tag{7-17}$$

式中　　r_b——凸轮实际轮廓线的基圆半径，mm；

　　　　d_s——安装凸轮处轴的直径，mm。

小　结

本章主要介绍了凸轮机构的组成、特点、应用以及分类，从动件的常用运动规律及其特点，凸轮机构的设计原理和设计方法。从设计原理上讲都是采用"反转法原理"，即对整个凸轮机构加上一个负的角速度，这时凸轮固定不动，而推杆一边沿负的角速度方向转动，一边按原有运动规律运动，产生位移或者角位移。设计方法主要有图解法和解析法，图解法是学习的重点，但随着机械制造的进步和高精度的要求，解析法设计凸轮机构也必须掌握。还介绍了凸轮机构的基本尺寸的确定等问题。

思　考　题

7-1. 凸轮有哪几种形式？为什么说盘形凸轮是凸轮的最基本形式？它如何演变成移动凸轮和圆柱凸轮？

7-2. 试比较尖顶、滚子和平底从动件的优缺点，并说明它们应用的场合。

7-3. 凸轮机构几乎可以实现任何连续有界的运动规律，但在实际应用中运动规律会受到哪些因素的制约？

7-4. 请对书中所介绍的四种常用运动规律的运动性能优劣进行排序。

7-5. 请简述滚子凸轮的理论廓线和实际廓线之间的关系，并说明滚子半径对凸轮机构的受力、运动及过度切削的影响。

7-6. 何谓凸轮机构的压力角？压力角的大小与凸轮的尺寸有何关系？压力角的大小对凸轮机构作用力和传动有何影响？

7-7. 为什么要规定许用压力角？为什么回程时许用压力角可取得大些？

7-8. 如何用作图法来绘制凸轮的轮廓曲线？怎样根据理论廓线求实际廓线？怎样检验压力角的大小？

7-9. 简述用凸轮机构的图解法和解析法求解廓线的一般步骤。

习　　题

7-1. 试在题图7-1所示的各图中标出压力角。

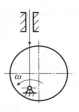
(a) 对心直动尖顶从动件凸轮机构

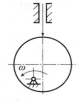
(b) 偏置直动从动件凸轮机构

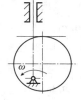
(c) 对心平底从动件凸轮机构

题图7-1　三种形式的凸轮机构

7-2. 题图7-2中两图均为工作廓线为圆的偏置凸轮机构，试分别指出它们的理论廓线是圆还是非圆，运动规律是否相同。

7-3. 某直动从动件盘形凸轮机构，从动件运动规律如题图 7-3 所示，已知：行程 $h = 40$mm，其中 AB 段和 CD 段均为正弦加速度运动规律。试写出从坐标原点量起的 AB 和 CD 段的位移方程。

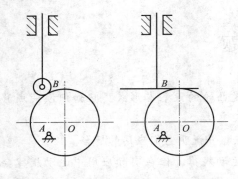

题图 7-2　工作廓线为圆的偏置凸轮机构　　　　　　　题图 7-3

7-4. 有一偏置直动尖底从动件盘形凸轮机构，凸轮等速沿顺时针方向转动。当凸轮转过 180° 时，从动件从最低位上升 16mm，再转过 180° 时，从动件下降到原位置。从动件的加速度线图如题图 7-4 所示。若凸轮角速度 $\omega_1 = 10$rad/s，试求：

（1）画出从动件在推程阶段的 $v - \varphi$ 线图；

（2）画了从动件在推程阶段的 $s - \varphi$ 线图；

（3）求出从动件在推程阶段的加速度 a 和 v_{max}；

（4）该凸轮机构是否存在冲击？若存在冲击，属何种性质的冲击。

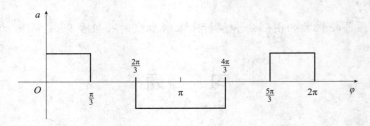

题图 7-4

7-5. 题图 7-5 所示的直动平底推杆盘形凸轮机构，凸轮为 $R = 30$mm 的偏心圆盘，$\overline{AO} = 20$mm，试求：

（1）基圆半径和升程；

（2）推程运动角、回程运动角、远休止角和近休止角；

（3）凸轮机构的压力角；

（4）推杆的位移 s、速度 v 和加速度 a 方程；

（5）若凸轮以 $\omega = 10$rad/s 回转，当 AO 成水平位置时推杆的速度。

7-6. 题图 7-6 所示为一偏置直动滚子从动件盘形凸轮机构，凸轮为偏心圆盘。其直

径 $D=42\text{mm}$，滚子半径 $r_\text{T}=5\text{mm}$，偏距 $e=6\text{mm}$，试求：

（1）基圆半径，并画出基圆；

（2）画出凸轮的理论轮廓曲线；

（3）从动件的行程 h；

（4）确定从动件的推程运动角 φ_t 及回程运动角 φ_h。

7-7. 如题图 7-7 所示的两种凸轮机构均为偏心圆盘。圆心为 O，半径为 $R=30\text{mm}$，偏心距 $l_\text{OA}=10\text{mm}$，偏距 $e=10\text{mm}$。试求：

①这两种凸轮机构推杆的升程 h 和凸轮的基圆半径 r_b；

②这两种凸轮机构的最大压力角 α_max 的数值及发生的位置（均在图上标出）。

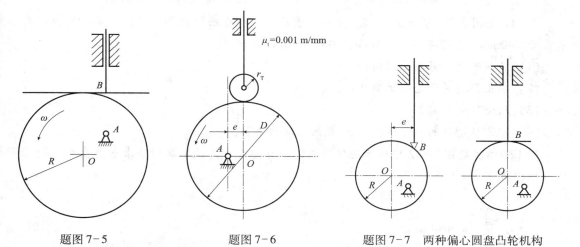

题图 7-5　　　　　　　题图 7-6　　　　　　题图 7-7　两种偏心圆盘凸轮机构

7-8. 已知从动件升程 $h=30\text{mm}$。凸轮转角 φ 从 $0°\sim150°$ 时从动件等速运动上升到最高位置；从 $150°\sim180°$ 时从动件在最高位置不动；从 $180°\sim300°$ 时从动件以等加速等减速运动返回；而从 $300°\sim360°$ 时，从动件在最低位置不动。试在题图 7-8 中绘出从动件的位移曲线。

7-9. 已知一对心尖顶直动从动件盘形凸轮，基圆半径 $r_\text{b}=40\text{mm}$，凸轮逆时针方向转动。按题 7-8 的运动规律运行，试设计：

①从动件为尖顶时的凸轮轮廓；

②若改为滚子从动件，且已知滚子半径 $r_\text{T}=10\text{mm}$，凸轮的轮廓曲线又该如何设计；

③用解析法通过计算机辅助设计求出凸轮理论轮廓和实际轮廓上各点的坐标值（每隔 $2°$ 计算一点），推程 α_max 的数值，并打印凸轮轮廓。

7-10. 摆动从动件盘形凸轮机构如题图 7-10 所示。已知凸轮基圆半径 $r_\text{b}=30\text{mm}$，凸轮回转中心 O 与摆杆的摆动中心 A 的距离 $l_\text{OA}=75\text{mm}$，摆杆长 $l_\text{AB}=58\text{mm}$，最大摆角 $\delta_\text{max}=30°$，凸轮以等角速度 ω 逆时针方向回转。摆杆与凸轮的初始位置如图所示。从动件的运动规律给定为：当凸轮转过 $0°\sim180°$ 时，从动摆杆以简谐运动上摆30°达最远位置；当凸轮再转过 $180°\sim300°$ 时，摆杆以等加速等减速运动返回始点位置；凸轮继续转过

300°～360°时，摆杆停止不动。试绘出凸轮的轮廓线。

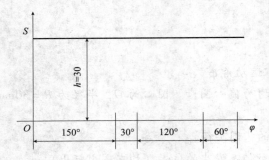

题图 7-8　从动件的位移曲线　　　　　　题图 7-10　摆动从动件盘形凸轮机构

7-11. 题图 7-11 所示为一偏置直动滚子从动件盘形凸轮机构，凸轮为偏心圆盘。其直径 $D=42\text{mm}$，滚子半径 $r_T=5\text{mm}$，偏距 $e=6\text{mm}$，试求：

（1）基圆半径，并画出基圆；

（2）画出凸轮的理论轮廓曲线；

（3）从动件的升程 h；

（4）确定从动件的推程运动角 φ_t 及回程运动角 φ_h。

7-12. 根据题图 7-12 中所示的位移曲线和有关尺寸，试用解析法求解该盘形凸轮廓线的坐标值。

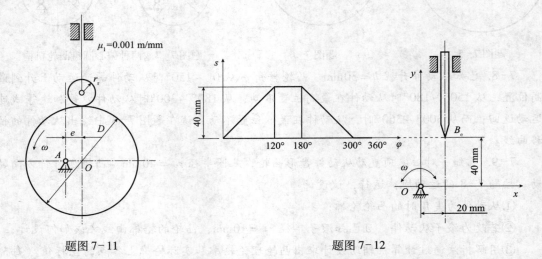

题图 7-11　　　　　　　　　　　　　　　题图 7-12

7-13. 如题图 7-13 所示凸轮机构，凸轮以 ω_1 等速转动，接触点由 A 点转至 B 点时，试在图上标出：

（1）凸轮转过的角度 φ_{AB}；

（2）凸轮 B 点处与从动件接触的压力角 α，并推导出计算该点压力角的表达式。

7-14. 设计一偏置直动尖顶从动件盘形凸轮机构，如题图 7-14 所示，设凸轮的基圆半径为 r_b，且以等角速度 ω 逆时针方向转动。从动件偏距为 e，且在推程中作等速运动。

推程运动角为 φ_t，升程为 h。

（1）写出推程段的凸轮廓线的直角坐标方程，并在图上画出坐标系；

（2）分析推程中最小传动角的位置；

（3）如果最小传动角小于许用值，说明可采取的改进措施。

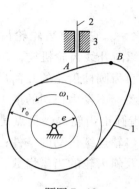

题图 7－13

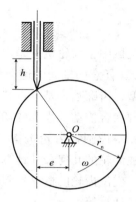

题图 7－14

第八章　齿轮机构及其设计

在各种机械中，齿轮机构是应用最为广泛的机构之一。它是靠齿轮轮齿的相互啮合（mesh）来传递任意两轴间的运动和动力。本章主要介绍渐开线齿轮机构，包括齿轮机构的特点和类型，齿廓啮合基本定律，渐开线齿廓，标准直齿圆柱齿轮的几何尺寸计算，直齿圆柱齿轮的啮合传动，齿廓的切削加工原理，根切现象，不发生根切的最少齿数及变位齿轮的概念，斜齿圆柱齿轮机构，蜗杆蜗轮机构，直齿圆锥齿轮等。重点是：渐开线性质；直齿圆柱齿轮的几何尺寸计算及其正确啮合条件；齿轮连续传动的条件；齿廓的加工及根切现象；变位齿轮的概念；斜齿轮的几何尺寸计算及斜齿轮的当量齿数；蜗杆蜗轮机构的几何尺寸计算等。

第一节　齿轮机构的特点和类型

一、齿轮机构的特点

齿轮机构是最常见的机构，它在各种机械中得到了广泛的应用。例如，在一般钻机中的齿轮传动箱、变速箱，钻井泵和转盘的主传动，游梁式抽油机的减速箱，修井机和压裂车的变速箱、传动箱均采用了不同类型的齿轮机构。

它的主要优点是：①适用的范围大，传递的功率最小可小于 1W，最大可达几万千瓦，圆周速度最小可小于 1m/s 和最大可达到 300m/s；②传动效率（efficiency）高，一般精度的齿轮传动效率可达 97%~98%，对于润滑良好，高精度的圆柱齿轮传动（cylindrical gear drives），效率可达 99% 以上；③使用寿命长；④工作可靠度（reliability）高；⑤结构紧凑（compact structure）；⑥瞬时传动比（instantaneous transmission ratio）恒定，工作平稳。

它的主要缺点有：①不适于远距离两轴之间的传动；②要用专门的机床或刀具加工，要求较高的制造和安装精度，因而成本较高。

二、齿轮机构的类型

齿轮机构应用广、类型多，按照齿轮传动轴线相对位置和轮齿方向，齿轮机构类型划分如图 8-1 所示。外啮合齿轮传动，如图 8-1（a）、图 8-1（d）、图 8-1（e）所示的两齿轮转向相反，即一齿轮为顺时针转动，另一齿轮为逆时针转动；内啮合齿轮传动，如图 8-1（b）所示的两齿轮转向相同，即两齿轮同为顺时针或同为逆时针转动。

（a）外啮合直齿圆柱齿轮传动

（b）内啮合直齿圆柱轮传动

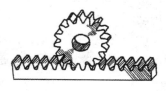
（c）齿轮—齿条传动

（d）外啮合斜齿圆柱齿轮传动

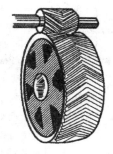
（e）外啮合人字圆柱齿轮传动

（f）直齿圆锥齿轮传动

（g）曲齿圆锥齿轮传动

（h）交错轴斜齿圆柱齿轮传动

（i）蜗杆传动

图 8-1　齿轮机构的主要类型

根据齿轮圆周速度，可分为：

（1）极低速齿轮传动，$v < 0.5\text{m/s}$。

（2）低速齿轮传动，$v < 3\text{m/s}$。

（3）中速齿轮传动，$v = 3 \sim 15\text{m/s}$。

（4）高速齿轮传动，$v > 15\text{m/s}$。

根据齿轮的齿廓形状，可分为：

（1）渐开线齿轮（involute gear）机构。

（2）摆线齿轮（cycloid gear）机构。

（3）圆弧齿轮（circular - arc gear）机构等。其中渐开线齿轮机构应用最广，本章主要介绍渐开线齿轮机构。

根据齿轮传动的工作状况，可分为：

（1）开式齿轮传动，即齿轮没有防护箱体，暴露在外面，外界杂质容易进入轮齿啮合处，不能保证良好的润滑，易引起齿面磨损，因此，只有低速和不重要场合才采用开式齿轮传动。

（2）闭式齿轮传动，即将齿轮封闭在有足够刚度的箱体内，具有良好的润滑条件和防护条件。速度较高或比较重要的齿轮传动，一般都采用闭式齿轮传动。

根据齿轮传动的传动比，可分为：

（1）变比齿轮传动，即两齿轮传动的角速度大小之比为变量，$i_{12} = \omega_1/\omega_2$，如椭圆齿轮传动等，一般用于测量和计量机构传动中；

（2）定比齿轮传动，即两齿轮传动的角速度大小之比为恒定的值，$i_{12} = \omega_1/\omega_2 = c$，$c$为常数。如圆柱齿轮传动、圆锥齿轮传动等，一般的齿轮传动均要求传动平稳，故通常选用定比齿轮传动。

根据两齿轮啮合时传动轴的相互位置，可分为：

（1）平行轴齿轮传动；

（2）不平行轴齿轮传动。

齿轮机构的类型虽然很多，但直齿圆柱齿轮机构是最简单，最基本也是应用最广泛的一种类型。所以本章以直齿圆柱齿轮为重点，掌握其基本规律，并以此为基础去研究其他类型的齿轮机构。

第二节　齿廓啮合基本定律

在机械工程中，为了更好地满足传动的需要，齿轮传动必须满足两项基本要求：（1）传动平稳，能够保证瞬时传动比恒定，以免冲击、振动和噪声；（2）承载能力，即具有足够的强度，齿轮在预定的使用期限内不发生任何形式的失效。那么，怎样才能满足瞬时传动比恒定，即实现定比传动呢？只有符合齿廓啮合基本定律要求的齿廓才能满足瞬时传动比恒定不变的要求。

图 8-2 所示为一对相啮合齿轮的齿廓在 K 点接触的情况。O_1、O_2 分别为两齿轮的回转中心，齿廓在 K 点的速度分别为 v_{K1}、v_{K2}。而 $v_{K1} = \omega_1 \cdot \overline{O_1K}$，$v_{K2} = \omega_2 \cdot \overline{O_2K}$，$v_{K1} \perp \overline{O_1K}$，$v_{K2} \perp \overline{O_2K}$；通过 K 点作两齿廓的公法线 nn，与两齿轮连心线交点为 P。v_{K1}、v_{K2} 在公法线 nn 上的分量必须相等，否则，两齿廓在 K 点不是互相嵌入就是互相分离，所以 $\overline{ab} \perp \overline{nn}$。再通过点 O_2 作 $\overline{O_2Z} /\!/ \overline{nn}$，与 $\overline{O_1K}$ 的延长线交于点 Z。由于 $\triangle Kab$ 与 $\triangle KO_2Z$ 的对应边相互垂直，故 $\triangle Kab \backsim \triangle KO_2Z$，于是：

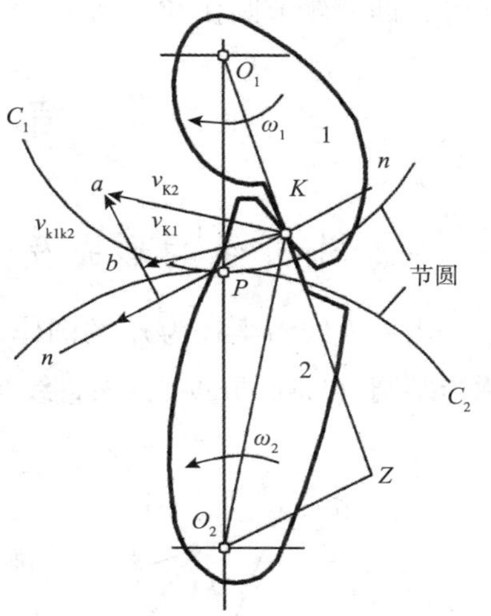

$$\frac{\overline{KZ}}{\overline{O_2K}} = \frac{\overline{Kb}}{\overline{Ka}} = \frac{v_{K1}}{v_{K2}} = \frac{\omega_1 \cdot \overline{O_1K}}{\omega_2 \cdot \overline{O_2K}}$$

即

$$\frac{\overline{KZ}}{\overline{O_1K}} = \frac{\omega_1}{\omega_2}$$

又因 $\triangle O_1O_2Z \backsim \triangle O_1PK$，故：

$$\frac{\overline{KZ}}{\overline{O_1K}} = \frac{\overline{O_2P}}{\overline{O_1P}}$$

因而得

$$i_{12} = \frac{\omega_1}{\omega_2} = \frac{\overline{O_2P}}{\overline{O_1P}} \tag{8-1}$$

图 8-2 齿廓的啮合

式（8-1）表明，两齿轮的角速度与被两齿廓接触点公法线所分得的两段连心线长度成反比。式（8-1）也可利用齿轮瞬心求出。

要使传动比 $i = \omega_1/\omega_2$ 为恒定，则必须使 $\overline{O_2P}/\overline{O_1P}$ 为常数。由于两轮的中心 O_1、O_2 为定点，$\overline{O_1O_2}$ 为定长，欲满足上述要求，必须使齿廓 C_1 与 C_2 在任何位置接触时，其接触点的公法线均通过 P 点，即 P 点必须是连心线上的一个固定点。

两轮齿廓不论在任何位置接触，通过接触点的齿廓公法线都通过两轮连心线上的一个固定点，这样的齿廓就可以保证齿轮传动的传动比恒定不变。这就是齿廓啮合（tooth profile meshing）基本定律。

凡能满足齿廓啮合基本定律的齿廓，称为共轭齿廓（conjugate profile）。理论上的共轭齿廓很多，但齿廓曲线的选择除了要符合齿廓啮合基本定律外，还要考虑齿轮制造、安装方便和强度足够等要求。目前，在机械中采用的齿廓曲线主要是渐开线、摆线和圆弧线，其中渐开线应用最广泛。

连心线上固定点 P，称为节点（pitch point）；以 O_1、O_2 为圆心，通过 P 点所作的两个相切的圆，称为节圆（pitch circle）。一对外啮合的齿轮传动，其中心距（centre distance）恒等于两轮节圆半径之和。

由式（8-1）可得 $\omega_1 \cdot \overline{O_1P} = \omega_2 \cdot \overline{O_2P}$，这表明在齿轮传动过程中，两轮节圆线速度

相等，即两轮节圆作纯滚动。

第三节　渐开线齿廓

一、渐开线的形成及其特性

当一直线沿半径为r_b的圆作纯滚动时，直线上任一点的轨迹称为该圆的渐开线，该圆称为基圆（base circle），该直线又称为发生线（occuring line），如图8-3所示。

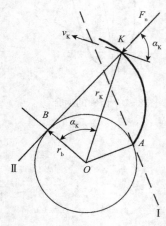

图8-3　渐开线的形成

由渐开线的形成过程可知，它具有如下特性：

（1）因发生线与基圆之间为纯滚动，基圆被发生线滚过的弧长等于发生线在基圆上滚过的长度，即$\overset{\frown}{AB}=BK$。

（2）渐开线上任意点K的法线$\overline{BK}$必切于基圆，且$\overline{BK}$为渐开线上K点处的曲率半径，B点为渐开线K点处的曲率中心。反之，基圆上的切线必为渐开线上某点的法线。由此可见，渐开线上各点处的曲率半径不同，越接近基圆，曲率半径越小，在基圆上的渐开线该点曲率半径为零。

（3）渐开线上的法线（即工作时的压力方向线）与该点的速度方向线所夹的锐角α_K，称为渐开线在该点的压力角（pressure angle）。由图8-3可知：

$$\cos\alpha_K = \frac{\overline{OB}}{\overline{OK}} = \frac{r_b}{r_K} \qquad (8-2)$$

式中　r_K——向径；

　　　r_b——基圆半径。

式（8-2）表明，渐开线上各点的压力角不等，向径越小（即K点距圆心越近），其压力角越小，且基圆上的压力角恒为零，即$\alpha_b = 0$。

（4）渐开线的形状取决于基圆的大小。如图8-4所示，基圆半径越大，渐开线越平直；当基圆半径趋于无限大时，渐开线就变成直线。齿条（rack）就是基圆半径为无限大的渐开线齿轮，其渐开线齿廓变成直线齿廓。

（5）基圆以内无渐开线。

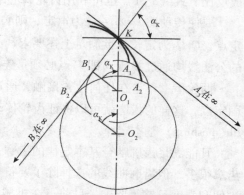

图8-4　基圆大小与渐开线形状

二、渐开线齿廓满足齿廓啮合基本定律

以渐开线为齿廓的齿轮能满足齿廓啮合基本定律，即能保证传动比恒定。证明如下：

如图8-5所示，两渐开线齿廓C_1、C_2在任意点K接触，通过K点作齿廓C_1、C_2的

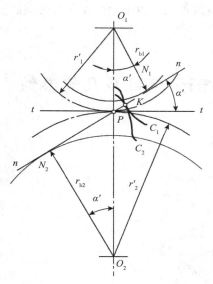

图 8-5 渐开线齿轮的啮合

公法线 nn，根据渐开线的特性可知，公法线 nn 必定与两基圆相切，即两齿廓接触点的公法线就是两基圆的内公切线，两切点分别为 N_1、N_2。由于齿轮在传动时，两基圆相对位置不变，故同一方向的内公切线只有一条，它与两轮连心线交点的位置是不变的，交点 P 是连心线上的一个固定点。也就是说，两齿廓无论在何处接触，过接触点的两齿廓公法线都通过连心线上的固定点 P，所以渐开线齿廓满足了齿廓啮合基本定律。

由于 $\triangle O_1N_1P \backsim \triangle O_2N_2P$，故传动比为：

$$i_{12}=\frac{\omega_1}{\omega_2}=\frac{\overline{O_2P}}{\overline{O_1P}}=\frac{r'_2}{r'_1}=\frac{r_{b2}}{r_{b1}} \qquad (8-3)$$

式中 r'_1、r'_2——两齿轮的节圆半径；

r_{b1}、r_{b2}——两齿轮的基圆半径。

式（8-3）表明，渐开线齿轮传动的传动比等于两轮基圆半径的反比。由于两轮基圆半径是固定值，故式（8-3）表明渐开线齿轮传动比是常数。

三、渐开线齿轮传动的啮合线、啮合角

由于渐开线齿廓不论在何位置接触，其接触点都在两基圆的公切线上，故两齿廓接触点的轨迹为一直线。所以，两基圆的内公切线 N_1N_2 又称为啮合线（path of contact）。过节点 P 作两节圆的公切线 tt，tt 与 N_1N_2 所夹锐角 α'，称为啮合角（working pressure angle）。

又由图 8-5 中的几何关系可知，渐开线齿廓在节圆上的压力角恒等于啮合角 α'。

四、渐开线齿廓的优越性

（1）当两渐开线齿轮分别绕自己固定的中心回转时，两轮的齿廓沿啮合线接触，啮合角恒定不变，它表示齿廓间的压力方向不变。如果齿轮传递的扭矩恒定，则齿廓之间压力的大小和方向都不变，这是渐开线齿轮传动的一大优点。

（2）由于制造、安装误差或轴承磨损，常常导致中心距改变。但一对渐开线齿轮制成之后，其基圆半径是不变的，由式（8-3）可知，即使齿轮中心距有改变，其瞬时传动比仍然恒定不变。由于这个特性，一般可以允许一对渐开线齿轮传动的实际中心距比理论中心距稍微大些，但不允许实际中心距比理论中心距小，否则会因齿间卡得过紧而无法运转。渐开线齿轮这种特性，称为中心距可分性。齿轮传动具有可分性，就可以降低对中心距精度的要求，给制造、安装和维修带来方便。

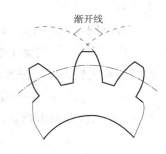

图 8-6 渐开线齿廓的形状

（3）渐开线齿轮的轮齿是两条对称的渐开线作齿廓的，如图 8-6 所示。齿厚（tooth

thickness）从齿顶（tip of tooth）到齿根（root of tooth）逐渐加大。由于轮齿在受力时类似悬臂梁，渐开线轮齿的构形具有较好的强度。

第四节 渐开线标准直齿圆柱齿轮各部分名称及几何参数

一、直齿圆柱齿轮各部分名称

图8-7 所示为标准直齿圆柱齿轮，各部分名称如下：

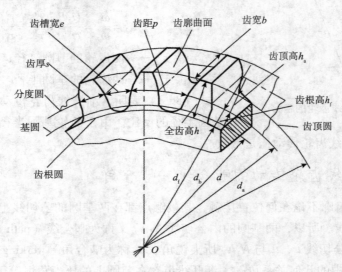

图8-7 渐开线齿廓的形状

齿顶圆（tip circle）——轮齿顶端所确定的圆，其直径代号为 d_a；

齿根圆（root circle）——轮齿根部所确定的圆，其直径代号为 d_f；

齿厚（tooth thickness）——在任意直径的圆周上，轮齿两侧间的弧长，齿厚代号为 s_k；

齿槽宽（tooth space）——在任意直径的圆周上，相邻两齿间的弧长，齿槽宽代号为 e_k；

分度圆（reference circle）——对于标准齿轮而言，齿厚与齿槽宽相等的那个圆，其直径代号为 d。分度圆上的齿厚和齿槽宽的代号分别为 s 和 e。在设计和制造齿轮时，分度圆是度量齿轮尺寸和分齿的基准圆；

齿距（pitch）——相邻两齿同侧齿廓在分度圆上对应点之间的弧长，又称周节，代号为 p。它与齿厚和齿槽宽的关系如下：

$$p = s + e \quad 且 \quad s = e = p/2 \tag{8-4}$$

基圆齿距（pitch of base circle）——相邻两齿同侧齿廓在基圆上对应点之间的弧长，又称基圆周节，简称基节，代号为 p_b；

齿顶高（addendum）——介于分度圆与齿顶圆之间的部分，称为齿顶，其径向高度称为齿顶高，代号为 h_a；

齿根高（dedendum）——介于分度圆与齿根圆之间的部分，称为齿根，其径向高度称为齿根高，代号为 h_f；

全齿高（tooth depth）——从齿根到齿顶的径向距离，代号为 h，$h = h_a + h_f$；

齿宽（face width）——轮齿的轴向宽度，代号为 b。

二、标准直齿圆柱齿轮的基本参数

（1）齿数（number of teeth），以 z 表示。

（2）模数（module），以 m 表示。

齿轮的分度圆直径（reference diameter）d、齿距 p 与齿数 z 的关系为

$$\pi d = pz$$

或

$$d = \frac{p}{\pi}z$$

令 $m = p/\pi$，将 m 值（单位：mm）取为有理数。m 称为齿轮的模数。

$$m = \frac{p}{\pi} \tag{8-5}$$

因而

$$d = mz \tag{8-6}$$

由式（8-5）可以看出，模数 m 反映齿轮齿距 p 的大小，齿距 p 的大小又反映齿厚 s 的大小。因此，模数越大，轮齿尺寸越大，反之亦然。由式（8-6）可看出，当齿数 z 一定时，模数 m 越大，齿轮分度圆直径越大，轮齿抗弯曲能力提高。

当齿数相同而模数不同时，齿轮整体尺寸均不同，如图8-8所示。所以，模数是计算和度量齿轮尺寸的一个基本参数。

另外，当模数相同而齿数不同时，齿廓渐开线的形状也不同，如图8-9所示。齿数越多，齿轮基圆直径越大，渐开线越平直。总之，模数决定轮齿的大小，齿数影响轮齿的形状。

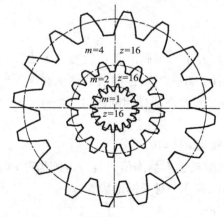

图8-8 齿数相同而模数不同时，
齿轮尺寸的对比

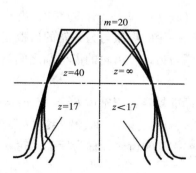

图8-9 模数相同而齿数不同时，
轮齿形状的对比

由于加工齿轮的刀具的模数必须与被加工齿轮的模数相同，为了限制刀具的数目，以利实现加工齿轮刀具的标准化，我国规定了齿轮模数标准系列，见表8-1。在设计齿轮时，模数必须取标准值，否则无法加工。

表8-1 模数标准系列（GB/T 1357—2008）

第Ⅰ系列	1	1.25	1.5	2	2.5	3	4	5	6	8	10
	12	16	20	25	32	40	50	—	—	—	—
第Ⅱ系列	1.125	1.375	1.75	2.25	2.75	3.5	4.5	5.5	(6.5)	7	9
	11	14	18	22	28	36	45	—	—	—	—

注：选用模数时，应优先采用第Ⅰ系列法向模数，应避免采用第Ⅱ系列中的法向模数6.5。

前已提及，同一渐开线齿廓上各点的压力角不同；距基圆越近，压力角越小。压力角越大，对传力越不利。为了限制压力角过大，同时也为了设计、制造和维修方便，我国已规定分度圆上的压力角 $\alpha = 20°$，有些国家规定压力角的标准值为14.5°、15°或25°。一般不加指明的压力角均系分度圆上的压力角。

随着我国对石油机械研制的深入发展，在渐开线齿轮参数方面也进行了一些新的探索。例如，在游梁式抽油机减速箱齿轮副的设计中，如果分度圆上的压力角 α 选大于20°，则基圆离分度圆就远了，齿根也变厚，轮齿厚实牢固。虽然齿顶变尖，但点蚀（齿轮传动的一种失效形式）几乎全在接近节圆的齿根面上，因此认为在齿轮副的许用载荷受大齿轮齿根强度限制时，采用大压力角的齿轮是合适的。实验表明，压力角 α 为28°的齿轮齿面许用载荷为20°齿轮的两倍。

（3）齿顶高系数 h_a^* 和径向间隙系数 c^*。

轮齿的高度取模数的倍数。对于标准齿轮，取：

$$h_a = h_a^* m \tag{8-7}$$

$$h_f = (h_a^* + c^*) m \tag{8-8}$$

式中 h_a——齿顶高，mm；

h_f——齿根高，mm。

从式（8-7）和式（8-8）知：齿轮的齿根高大于齿顶高。其目的是为了避免一对齿轮啮合时，一轮的齿顶与另一轮的齿根底部相干涉，并为了贮存润滑油，从而保证一个齿轮的齿顶圆与另一个齿轮的齿根圆之间具有一定的间隙，即径向间隙（bottom clearance），其代号为 c，$c = c^* m$。

我国标准规定：正常齿 $h_a^* = 1$，$c^* = 0.25$；短齿 $h_a^* = 0.8$，$c^* = 0.3$。

模数 m、压力角 α、齿顶高系数 h_a^* 及径向间隙系数取标准值，且分度圆齿厚 s 与分度圆齿槽宽 e 相等的齿轮，称为标准齿轮（standard gear）。对于标准齿轮：

$$s = e = \frac{p}{2} = \frac{\pi m}{2} \tag{8-9}$$

又根据式（8-2）可知：

$$\cos\alpha = \frac{r_{\mathrm{b}}}{r} \tag{8-10}$$

式中　r_{b}——基圆半径，mm；

　　　r——分度圆半径，mm。

至此，可以给分度圆完整的定义：分度圆是齿轮上具有标准模数和标准压力角的圆。当上述的五个基本参数已知时，标准直齿圆柱齿轮的各部分尺寸就可以进行计算了。

三、标准直齿圆柱齿轮几何尺寸计算式

标准直齿圆柱齿轮的几何尺寸计算式列于表8-2（见图8-10）。

表8-2　渐开线标准直齿圆柱齿轮主要参数和几何尺寸计算式

名　称	代　号	计　算　式
模　数	m	根据齿轮承载能力计算或结构需要确定，必须取标准值（见表8-1）
齿　数	z	根据传动比和其他限制条件确定
压力角	α	$\alpha = 20°$
齿顶高	h_{a}	$h_{\mathrm{a}} = h_{\mathrm{a}}^{*} m$
齿根高	h_{f}	$h_{\mathrm{f}} = (h_{\mathrm{a}}^{*} + c^{*}) m$
全齿高	h	$h = h_{\mathrm{a}} + h_{\mathrm{f}} = (2h_{\mathrm{a}}^{*} + c^{*}) m$
分度圆直径	d	$d = mz$
齿顶圆直径	d_{a}	$d_{\mathrm{a}} = (z + 2h_{\mathrm{a}}^{*}) m$
齿根圆直径	d_{f}	$d_{\mathrm{f}} = (z - 2h_{\mathrm{a}}^{*} - 2c^{*}) m$
基圆直径	d_{b}	$d_{\mathrm{b}} = d\cos\alpha$
标准中心距	a	$a = (d_1 + d_2) / 2 = (z_1 + z_2) m/2$

一般机械传动用齿轮均采用正常齿；对于一些需要轮齿抗弯强度高的齿轮，如拖拉机、坦克用齿轮，才采用短齿。通常不加说明的齿轮，均为正常齿。

一对标准齿轮按理论中心安装时，两轮的分度圆是相切的，此时分度圆与节圆重合，即 $d = d'$。由于节圆是啮合节点所确定的圆，只有一对齿轮相啮合时才出现节圆，对于单个齿轮来说是不存在节圆的。

将安装成节圆与分度圆相重合的一标准齿轮的中心距，称为正确安装的中心距或标准中心距，用 a 表示。

有些国家（如英、美）的齿轮的基本参数不是模数，而是"径节（diametral pitch）"，即采用径节制齿轮。径节（DP）是齿数与分

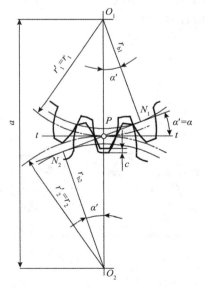

图8-10　渐开线标准直齿圆柱齿轮
的几何尺寸

度圆直径之比，即：

$$DP = \frac{z}{d}$$

径节 DP（in^{-1}）为模数的倒数。由于 $1\text{in} = 25.4\text{mm}$，故：

$$m = \frac{25.4}{DP} \tag{8-11}$$

在我国，进口设备和某些旧设备中，可能遇到径节制齿轮，在修配时应事先了解清楚，以免发生差错。

四、齿条和内齿轮的尺寸

1. 齿条

如图 8-11 所示，齿条与齿轮相比有以下三个主要特点：

（1）齿条相当于齿数无穷多的齿轮，故齿轮中的圆在齿条中都变成了直线，即齿顶线、分度线、齿根线等。

（2）齿条的齿廓是直线，所以齿廓上各点的法线是平行的，又由于齿条作直线移动，故其齿廓上各点的压力角相同，并等于齿廓直线的齿形角 α。

（3）齿条上各同侧齿廓是平行的，所以在与分度线平行的各直线上其齿距相等（即 $p_i = p = \pi m$）。

齿条的基本尺寸可参照外齿轮的计算公式进行计算。

2. 内齿轮

图 8-12 所示为一内齿圆柱齿轮。它的轮齿分布在空心圆柱体的内表面上，与外齿轮相比较有下列不同点：

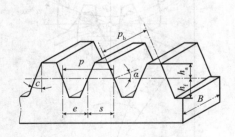

图 8-11　齿条

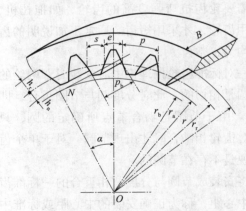

图 8-12　内齿轮

（1）内齿轮的轮齿相当于外齿轮的齿槽，内齿轮的齿槽相当于外齿轮的轮齿。

（2）内齿轮的齿根圆大于齿顶圆。

（3）为了使内齿轮齿顶的齿廓全部为渐开线，其齿顶圆必须大于基圆。

例 8-1　已知渐开线标准直齿圆柱轮的参数 $z_1 = 22$，$m = 5\text{mm}$，齿顶高系数 $h_a^* = 1$，

标准压力角 $\alpha = 20°$，求其齿廓在分度圆和齿顶圆上的曲率半径及齿顶圆上的压力角。

解： 分度圆直径　$d = mz_1 = 5 \times 22 = 110\text{mm}$

齿廓在分度圆上的曲率半径为

$$\rho = r\sin\alpha = \frac{d}{2}\sin\alpha = \frac{110}{2}\sin20° = 18.18\text{mm}$$

齿顶圆半径 $r_a = \frac{1}{2}m(z_1 + 2h_a^*) = \frac{1}{2} \times 5 \times (22 + 2 \times 1) = 60\text{mm}$

齿顶圆上的压力角 α_a 为：

$$\alpha_a = \text{arccos}^{-1}r_b/r_a = \text{arccos}^{-1}(r\cos\alpha/r_a) = \text{arccos}^{-1}\left(\frac{110}{2} \times \cos20° \div 60\right) = 30.53°$$

因为齿廓在齿顶圆上的曲率半径为 $\rho_a = r_a\sin\alpha_a$

所以 $\rho_a = 60 \times \sin30.53° = 30.48\text{mm}$

第五节　渐开线直齿圆柱齿轮的啮合传动

一、渐开线直齿圆柱齿轮正确啮合的条件

齿轮总是成对使用的，因此必须进一步了解一对渐开线齿轮啮合传动的情况。第八章第三节已经证明，一对渐开线齿廓的齿轮可以保证传动比恒定，但这并不表明任意两个渐开线齿轮都能互相搭配并正确啮合传动。一对渐开线直齿圆柱齿轮正确啮合的条件是：①两齿轮的模数必须相等；②两齿轮分度圆上的压力角必须相等。现证明如下：

齿轮传动时，一对齿啮合完了分离之前，必须由后一对齿接替啮合，如图 8–13、图 8–14 所示。当前一对齿在 K 点接触时，马上要分离，后一对齿应在啮合线上另一点 K' 接触，这样才能保证齿轮不中断地传动。为了前后两对齿能同时在啮合线上接触，轮 1 相邻两齿同侧齿廓沿法线（也即沿啮合线）的距离 $K_1K'_1$ 应等于轮 2 相邻两齿同侧齿廓沿法线的距离 $K_2K'_2$，即两齿轮的法节相等，即：

$$\overline{K_1K'_1} = \overline{K_2K'_2} \qquad (8-12)$$

设：m_1、m_2——轮 1、轮 2 的模数；

α_2、α_2——轮 1、轮 2 的压力角；

p_{b1}、p_{b2}——轮 1、轮 2 的基节。

根据渐开线性质，由轮 2 可得

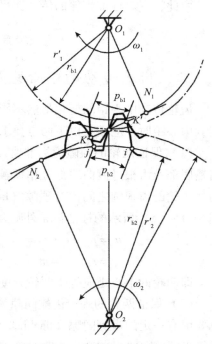

图 8–13　渐开线直齿圆柱齿轮
正确啮合的条件

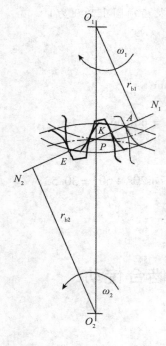

图 8-14 轮齿啮合过程

$$\overline{K_2K'_2} = \overline{N_2K'_2} - \overline{N_2K} = \widehat{N_2i} - \widehat{N_2j} = \widehat{ji} = p_{b2}$$

$$= \frac{\pi d_{b2}}{z_2} = \frac{\pi d_2}{z_2} \cdot \frac{d_{b2}}{d_2} = p_2\cos\alpha_2 \qquad (8-13)$$

式中 d_{b2}——轮 2 的基圆直径，mm；

N_2——齿轮 2 的极限啮合点；

i，j——相邻两齿同侧齿廓渐开线的起点。

同理，由轮 1 可得：

$$\overline{K_1K'_1} = p_1\cos\alpha_1 \qquad (8-14)$$

将式（8-13）、式（8-14）代入式（8-12），得：

$$p_1\cos\alpha_1 = p_2\cos\alpha_2$$

即

$$\pi m_1\cos\alpha_1 = \pi m_2\cos\alpha_2$$

$$m_1\cos\alpha_1 = m_2\cos\alpha_2 \qquad (8-15)$$

由于模数和压力角均已标准化，很难满足式（8-15）的关系，只有使

$$m_1 = m_2 = m \qquad (8-16)$$

$$\alpha_1 = \alpha_2 = \alpha \qquad (8-17)$$

才能满足式（8-15）的条件。式（8-16）、式（8-17）表明，渐开线齿轮正确啮合的条件是两轮的模数和压力角必须相等。

由此，一对标准齿轮的传动比可以表达如下：

$$i_{12} = \frac{\omega_1}{\omega_2} = \frac{d'_2}{d'_1} = \frac{d_{b2}}{d_{b1}} = \frac{d_2}{d_1} = \frac{z_2}{z_1} \qquad (8-18)$$

二、齿轮传动的中心距及啮合角

齿轮传动中心距的变化虽然不影响传动比，但会改变顶隙和齿侧间隙等的大小。在确定其中心距时，应满足以下两点要求：

（1）保证两轮的顶隙为标准值 在一对齿轮传动时，为了避免一轮的齿顶与另一轮的齿槽底部及齿根过渡曲线部分相抵触，并有一定空隙以便储存润滑油，故在一轮的齿顶圆与另一轮的齿根圆之间留有顶隙（bottom clearance）。为使顶隙为标准值：$c = c^* m$，对于图 8-15（a）所示的标准齿轮外啮合传动，两轮的中心距应为

$$a = r_{a1} + c + r_{f2} = (r_1 + h_a^* m) + c^* m + (r_2 - h_a^* m - c^* m)$$

$$= r_1 + r_2 = m (z_1 + z_2) /2 \qquad (8-19)$$

即两轮的中心距应等于两轮分度圆半径之和，此中心距称为标准中心距。

（2）保证两轮的理论齿侧间隙为零 虽然在实际齿轮传动中，在两轮的非工作齿侧间总要留有一定的齿侧间隙（backlash）。但齿侧间隙一般都很小，由制造公差来保证。故在计算齿轮的名义尺寸和中心距时，都是按齿侧间隙为零来考虑的。欲使一对齿轮在传动时其齿侧间隙为零，需使一个齿轮在节圆上的齿厚等于另一个齿轮在节圆上的齿槽宽。

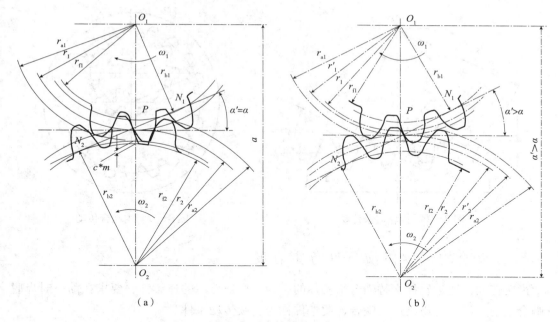

图 8-15 齿轮传动的中心距

由于一对齿轮啮合时两轮的节圆总是相切的，而当两轮按标准中心距安装时，两轮的分度圆也是相切的，即 $r'_1 + r'_2 = r_1 + r_2$。又 $i_{12} = r'_2/r'_1 = r_2/r_1$，故此时两轮的节圆分别与其分度圆相重合。由于分度圆上的齿厚与齿槽宽相等，因此有 $s'_1 = e'_1 = s'_2 = e'_2 = \pi m/2$，故标准齿轮在按标准中心距安装时无齿侧间隙。

两齿轮在啮合传动时，其节点 P 的圆周速度方向与啮合线 $N_1 N_2$ 之间所夹的锐角，称为啮合角（working pressure angle），通常用 α' 表示。由此定义可知，啮合角等于节圆压力角。当两轮按标准中心距安装时，啮合角也等于分度圆压力角 [图 8-15（a）]。

当两轮的实际中心距 a 与标准中心距 a 不相同时，如将中心距增大 [图 8-15（b）]，这时两轮的分度圆不再相切，而是相互分离。两轮的节圆半径将大于各自的分度圆半径，其啮合角 α' 也将大于分度圆的压力角 α。图 $r_b = r\cos\alpha = r'\cos\alpha'$，故有 $r_{b1} + r_{b2} = (r_1 + r_2)\cos\alpha = (r'_1 + r'_2)\cos\alpha'$，可得齿轮的中心距与啮合角的关系式为

$$a'\cos\alpha' = a\cos\alpha \qquad (8-20)$$

对图 8-16 所示的齿轮与齿条啮合传动，不论是否为标准安装，齿条的直线齿廓总是保持原来的方向不变，因此啮合线 $N_1 N_2$ 及节点 P 的位置始终保持不变。故齿轮的节圆恒与其分度圆重合，其啮合角 α' 恒等于分度圆压力角 α。只是在非标准安装时，齿条的节线与其分度线将不再重合。

图 8-17 所示为齿轮内啮合传动，其标准中心距为

$$a = r_2 - r_1 = m(z_2 - z_1)/2 \qquad (8-21)$$

当两轮分度圆分离时，即实际中心距小于标准中心距时，啮合角将小于分度圆压力角。

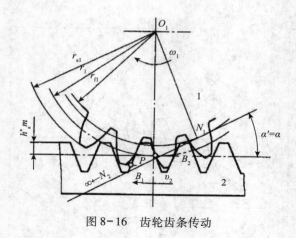

图 8-16　齿轮齿条传动

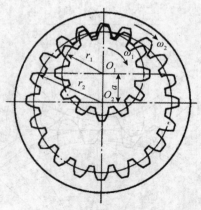

图 8-17　内啮合传动

三、齿轮的连续传动条件与重合度

齿轮传动是通过轮齿交替啮合来实际的，为了保证传动的连续性，要求在前一对齿脱开啮合之前，后一对齿已进入啮合，此条件称为连续传动条件。

在图 8-18 中，设轮 1 为主动，沿顺时针方向回转；轮 2 为从动轮。直线 N_1N_2 为啮合线。一对轮齿在 B_2 点（从动轮 2 的齿顶圆与啮合线 N_1N_2 的交点）开始进入啮合。在 B_1 点（主动轮 1 的齿顶圆与啮合线 N_1N_2 的交点）脱开啮合。故一对轮齿的啮合点实际所走过的轨迹只是啮合线 N_1N_2 上的 B_1B_2 一段，称其为实际啮合线段。因基圆以内没有渐开线，故啮合线 N_1N_2 是理论上可能达到的最长啮合线段，称其为理论啮合线段，而 N_1、N_2 点称为啮合极限点。

为满足齿轮连续传动的要求，实际啮合线段 $\overline{B_1B_2}$ 应大于齿轮的法向齿距 p_b（图 8-19）。$\overline{B_1B_2}$ 与 p_b 的比值 ε_α 称为齿轮传动重合度（contact ratio），为了确保齿轮传动的连续，应使 ε_α 值大于或等于许用值 $[\varepsilon_\alpha]$，即

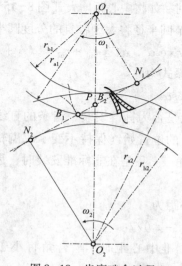

图 8-18　齿廓啮合过程

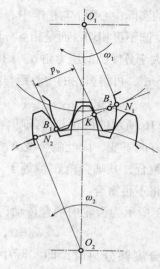

图 8-19　重合度

$$\varepsilon_\alpha = \overline{B_1B_2}/p_b \geqslant [\varepsilon_\alpha] \tag{8-22}$$

许用 $[\varepsilon_\alpha]$ 的推荐值见表 8-3。

表 8-3　$[\varepsilon_\alpha]$ 的推荐值

使用场合	一般机械制造业	汽车拖拉机	金属切削机床
$[\varepsilon_\alpha]$	1.4	1.1~1.2	1.3

重合度的计算，由图 8-20 不难推得

$$\varepsilon_\alpha = [z_1(\tan\alpha_{a1} - \tan\alpha') + z_2(\tan\alpha_{a2} - \tan\alpha')]/(2\pi) \tag{8-23}$$

式中，α' 为啮合角；z_1、z_2 及 α_{a1}、α_{a2} 分别为齿轮 1、2 的齿数及齿顶圆压力角。

重合度的大小表示同时参与啮合的轮齿对数的平均值。重合度大，意味着同时参与啮合的轮齿对数多，对提高齿轮传动的平稳性和承载能力都有重要意义。

由式（8-23）可见，重合度 ε_α 与模数 m 无关，而随齿数 z 的增多而加大，对于按标准中心距安装的标准齿轮传动，当两轮的齿数趋于无穷大时的极限重合度 $\varepsilon_{\alpha max} = 1.981$。重合度 ε_α 还随啮合角 α' 的减小和齿顶高系数 h_a^* 的增大而增大。

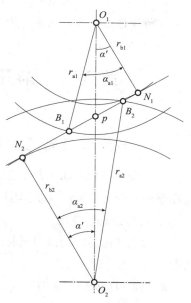

图 8-20　齿轮传动的重合度计算

例 8-2　有一对外啮合渐开线标准直齿圆柱齿轮，已知 $z_1 = 19$、$z_2 = 52$、$\alpha = 20°$、$m = 5\text{mm}$、$h_a^* = 1$，试求：

（1）按标准中心距安装时，这对齿轮传动的重合度 ε_α。

（2）保证这对齿轮能连续传动，其容许的最大中心距 a'。

解：（1）两轮的分度圆半径、齿顶圆半径、齿顶圆压力角分别为

$$r_1 = mz_1/2 = 5\text{mm} \times 19/2 = 47.5\text{mm}$$

$$r_2 = mz_2/2 = 5\text{mm} \times 52/2 = 130\text{mm}$$

$$r_{a1} = r_1 + h_a^* m = (47.5 + 1 \times 5)\ \text{mm} = 52.5\text{mm}$$

$$r_{a2} = r_2 + h_a^* m = (130 + 1 \times 5)\ \text{mm} = 135\text{mm}$$

$$\alpha_{a1} = \arccos\ (r_1\cos\alpha/r_{a1})\ = \arccos\ (47.5 \times \cos20°/52.5)\ = 31.77°$$

$$\alpha_{a2} = \arccos\ (r_2\cos\alpha/r_{a2})\ = \arccos\ (130 \times \cos20°/135)\ = 21.19°$$

又因为两齿轮按标准中心距安装，故 $\alpha' = \alpha$。于是，由式（8-23）可得

$$\varepsilon_\alpha = [z_1\ (\tan\alpha_{a1} - \tan\alpha)\ + z_2\ (\tan\alpha_{a2} - \tan\alpha)]\ /\ (2\pi)$$

$$= [19 \times\ (\tan31.77° - \tan20°)\ + 52 \times\ (\tan21.19° - \tan20°)]\ /\ (2\pi)\ = 1.65$$

（2）保证这对齿轮能连续传动，必须要求其重合度 $\varepsilon_\alpha \geqslant 1$，即

$$\varepsilon_\alpha = [z_1\ (\tan\alpha_{a1} - \tan\alpha')\ + z_2\ (\tan\alpha_{a2} - \tan\alpha')]\ /\ (2\pi) \geqslant 1$$

故得啮合角为

$$\alpha' \leqslant \arctan \left[\left(z_1 \tan\alpha_{a1} + z_2 \tan\alpha_{a2} - 2\pi \right) / \left(z_1 + z_2 \right) \right]$$
$$= \arctan \left[\left(19 \times \tan31.77° + 52 \times \tan25.19° - 2\pi \right) / \left(19 + 52 \right) \right]$$
$$= 22.8659°$$

于是，由式（8-20）可得这对齿轮传动的中心距为

$$a' = a\cos\alpha / \cos\alpha' = \left(r_1 + r_2 \right) \cos\alpha / \cos\alpha'$$
$$\leqslant \left(47.5 + 130 \right) \times \cos20° / \cos22.8659° = 181.02\text{mm}$$

即为保证这对齿轮能连续传动，其最大中心距为181.02mm。

第六节　渐开线齿廓的切制原理与根切现象

一、渐开线齿轮轮齿切削原理

渐开线齿轮轮齿加工方法有铸造、冲压、轧制和切削等方法，最常用的是切削法。切削法在原理上分为成形法（仿形法）和展成法（范成法）两种。

1. 成形法切齿原理

成形法切齿是将切齿刀具制成具有渐开线齿轮的齿槽形状，用它切出相邻两齿的相邻侧齿廓。

如图8-21所示，用刀刃（cutter edge）外廓形状与齿轮齿槽相同的圆盘形铣刀在万能铣床上切削齿轮轮齿。切齿时，圆盘铣刀转动，同时轮坯（gear blank）沿轴线方向移动。铣切完一个齿槽后，轮坯退回原处，并转过360°/z的角度，再铣切下一个齿槽，依次进行，直到铣切出全部齿槽。

用成形法铣切大模数（$m \geqslant 20\text{mm}$）齿轮时，需用指状铣刀，如图8-22所示。指状铣刀刀刃外廓形状与被加工的齿轮齿槽相同；加工时，刀具与轮坯的运动与圆盘铣刀切削齿轮相似。

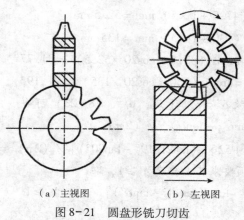

（a）主视图　　　（b）左视图

图8-21　圆盘形铣刀切齿

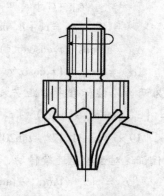

图8-22　指状铣刀切齿

成形法切齿方法简单，不需专用机床；但生产率及齿轮精度均低，只适用于精度要求不高的单件或小批量的齿轮加工。

2. 展成法切齿原理

展成法是利用齿轮啮合原理来切削齿轮的。这种方法是使切齿刀具和被加工轮坯模拟一对齿轮的啮合传动，并附加切齿动作在轮坯上切出渐开线齿廓的。它可以保证齿形的正确和分齿的均匀；而且对于同一模数 m 和压力角 α 而齿数 z 不同的齿轮，可以用同一把刀具进行切齿。

展成法切齿最常用的是插齿和滚齿。

（1）插齿　如图 8-23（a）所示，插齿刀具是一个具有渐开线齿形、模数和压力角与被加工齿轮相同的刀具。在切齿过程中，插齿刀具在专用机床强制性的驱动下，与轮坯之间按一对齿轮啮合传动关系相对转动，同时插齿刀具做上下往复运动，在运转过程中将轮齿逐渐切削出来。切齿过程如图 8-23（b）所示。不仅外齿轮，而且内齿轮及双联齿轮都可用插齿刀具切齿。

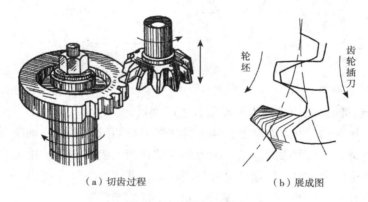

（a）切齿过程　　　　　　　　　（b）展成图

图 8-23　齿轮插刀插齿

图 8-24（a）所示为利用齿条插刀切齿的过程。齿条插刀就是一个齿数为无限多、基圆为无限大、渐开线齿廓变为直线齿廓的齿轮插刀。因此，用齿条插刀切齿也完全符合渐开线齿轮的啮合原理，能够切出渐开线齿廓。在切齿过程中，专用机床强制齿条插刀与轮坯按齿条与齿轮啮合传动关系相对运动，即齿条刀具水平移动，轮坯回转，齿条插刀移动速度与轮坯分度圆线速度相等。展成过程如图 8-24（b）所示，此图称为范成图（genarating diagram）。

为了切出齿轮的径向间隙部分，齿轮插刀和齿条插刀的齿顶部分都比正常齿顶高出 $c^{*}m$。

除了切齿刀具必须与被切齿轮有相同的模数外，还须有相同的压力角。对于齿条插刀，由于齿廓为直线，压力角处处相等，它的压力角也称齿形角或刀具角，用 α 表示，如图 8-25 所示。

无论是齿轮插刀还是齿条插刀切齿，刀具和轮坯之间存在着四种相对运动，即齿轮范成运动、切削运动、进刀运动和让刀运动。

由于齿轮插刀和齿条插刀切制轮齿都是基于齿轮啮合原理，因而切齿精度较高，可达

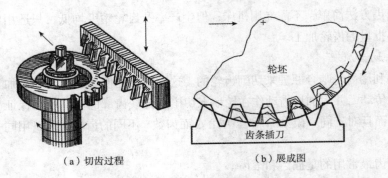

（a）切齿过程　　　　　　　（b）展成图

图 8-24　齿轮插刀切制齿轮

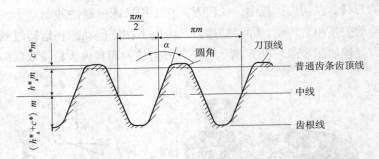

图 8-25　齿条插刀

6~7 级精度；但其缺点是切齿过程不连续，生产率较低。

（2）滚齿　图 8-26 为切齿滚刀及其滚齿的情况。切齿滚刀是一轴向开槽的螺旋，切齿滚刀的轴向剖面为直线齿廓的齿条。滚刀转动就相当于齿条移动。用滚刀切齿时，滚齿机床强制滚刀和轮坯按一定的转速绕自身轴线转动，其运动关系尤如齿条和齿轮啮合传动关系；同时滚刀沿轮坯的轴向进刀，逐渐将轮齿全部切削出来。

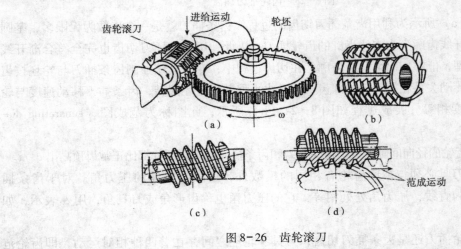

图 8-26　齿轮滚刀

由于滚刀刀齿螺旋线导程角（helix lead angle）为 λ，在用滚刀切削直齿圆柱齿轮时，为了使刀齿螺旋线（helix）方向与轮齿方向一致，在安装滚刀时，应使其轴线与轮坯端面夹角等于滚刀螺旋线导程角 λ。因 λ 较小，故可近似地视为齿条与齿轮啮合，精度比插齿略低。

滚齿接近于连续切削，生产率高，因而应用最为广泛，切齿精度可达 7 级。

二、用范成法加工标准齿轮时齿条刀具的位置

用范成法加工标准齿轮时，所用标准齿条刀具的分度线必须与被切齿轮的分度圆相切并作纯滚动（图 8-27）。由于标准齿条刀具分度线上的齿厚与齿槽宽相等，故被加工齿轮的分度圆齿槽宽与齿厚也相等。

三、渐开线齿廓的根切现象和标准齿轮不发生根切的最少齿数

1. 根切现象及其原因

用范成法切制齿轮时，有时刀具的顶部会过多地切入轮齿根部，因而将齿根的渐开线齿廓切去一部分，这种现象称为轮齿的根切（图 8-28）。产生严重根切的齿轮，轮齿的抗弯强度降低，对传动不利，因此应避免严重根切的发生。

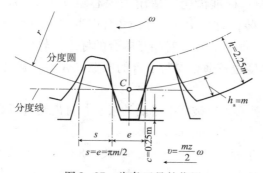

图 8-27　齿条刀具的位置

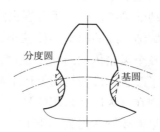

图 8-28　根切现象

要避免根切，首先必须了解产生根切的原因。图 8-29 所示为用标准齿条刀具切制标准齿轮的情况，图中刀具的分度线与被切齿轮的分度圆相切，B_1B_2 为啮合线。刀具的刀刃将从啮合线上 B_1 点（位置 Ⅰ）处开始形成被切齿轮的渐开线齿廓，切至啮合线与刀具齿顶线的交点 B_2 处，被切齿轮齿廓的渐开线部分已全部形成。若 B_2 点位于啮合极限点 N_1 之下，则被切齿轮的齿廓从 B_2 点开始至齿顶为渐开线，而在 B_2 点到齿根圆之间为一段由刀具齿顶圆角部分所开成的非渐开线过渡曲线（fillet）。若被切齿轮的齿数较少，使其啮合极限点 N_1 落在刀具齿顶线之下时，如图 8-29 所示，刀具从位置 Ⅱ 继续切削到位置 Ⅲ 时，由于距离 $\overline{N_1K}$ 等于弧

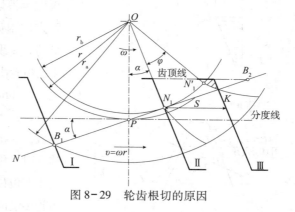

图 8-29　轮齿根切的原因

线距离$\overset{\frown}{N_1 N'_1}$，因而使$N'_1$点附近的一部分齿根渐开线齿廓被切去，造成轮齿的根切现象。

2. 标准齿轮不发生根切的最少齿数

为了避免产生根切现象，则啮合极限点N_1必须位于刀具齿顶线之上，即应使$\overline{PN_1}\sin\alpha$ $\geqslant h_a^* m$，由此可求得被切齿轮不产生根切的最少齿数为

$$z_{\min} = 2h_a^* / \sin^2\alpha \qquad (8-24)$$

当$h_a^* = 1$，$\alpha = 20°$时，$z_{\min} = 17$

第七节　渐开线变位齿轮简介

一、变位齿轮的概念

标准齿轮传动虽具有设计简单、互换性好等一系列优点。但其也有一些不足之处。例如，当齿轮齿数$z < z_{\min}$，将产生根切现象；标准齿轮不适用于中心距$a' \neq a = m$（$z_1 + z_2$）/2的场合。因为当$a' < a$时，无法安装；而当$a' > a$时，又会产生过大的齿侧间隙，影响传动的平稳性，且重合度也随之降低；另外，在一对相互啮合的标准齿轮中，由于小齿轮齿廓渐开线的曲率半径较小，齿根厚度也较薄，参与啮合的次数又较多，强度较低，影响到整个齿轮传动的承载能力。

为了改善标准齿轮的上述不足之处，就必须突破标准齿轮的限制，对齿轮进行必要的修正。现在最为广泛采用的是变位修正法（modifying method）。

如果需要制造齿数少于17，而又不产生根切现象的齿轮，由式（8-24）可见，可采用减小齿顶高系数h_a^*及加大压力角α的方法。但减小h_a^*将使重合度减小，而增大α要采用非标准刀具。除这两种方法外，解决上述问题的最好方法是在加工齿轮时，将齿条刀具由标准位置相对于轮坯中心向外移出一段距离xm（由图8-30中的虚线位置移至实线位置），从而使刀具的齿顶线不超过N_1点，这样就不会再发生根切现象了。这种用改变刀具与轮坯的相对位置来切制齿轮的方法，即所谓变位修正法。这时，刀具的分度线与齿轮轮坯的分度圆不再相切，这样加工出来的齿轮由于$s \neq e$已不再是标准齿轮，故称其为变位齿轮（modified gear）。齿条刀具移动的距离xm称为径向变位量，其中m为模数，x称为径向变位系数（简称变位系数，modifieation coefficient）。当把刀具由齿轮轮坯中心移远时，称为正变位，x为正值，这样加工出来的齿轮称为正变位齿轮；如果被切齿轮的齿数比较多，为了满足齿轮传动的某些要求，有时刀具也可以由标准位置移近

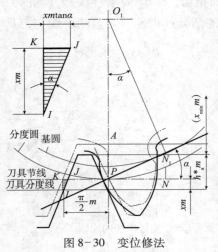

图8-30　变位修法

被切齿轮的中心，此时称为负变位，x 为负值，这样加工出来的齿轮称为负变位齿轮。

二、避免发生根切的最小变位系数

用标准齿条形刀具加工齿轮时，为了避免被加工齿轮发生根切现象，应保证齿条刀具的齿顶线不超过极限啮合点 N_1。由图 8-30 可得

$$xm \geqslant h_a^* m - r\sin^2\alpha = \left(h_a^* - \frac{z}{2}\sin^2\alpha\right)m$$

结合式（8-24）可得避免被加工齿轮发生根切现象的最小变位系数为

$$x_{\min} = h_a^* (z_{\min} - z)/z_{\min} \tag{8-25}$$

三、变位齿轮的几何尺寸

如图 8-30 所示，对于正变位齿轮，由于与被切齿轮分度圆相切的已不再是刀具的中线，而是刀具节线。刀具节线上的齿槽宽较分度线上的齿槽宽增大了 $2\overline{KJ}$，由于轮坯分度圆与刀具节线作滚动，故知其齿厚也增大了 $2\overline{KJ}$。而由 $\triangle IJK$ 可知，$\overline{KJ} = xm\tan\alpha$。因此，正变位齿轮的齿厚为

$$s = \pi m/2 + 2\overline{KJ} = (\pi/2 + 2x\tan\alpha)\, m \tag{8-26}$$

又由于齿条型刀具的齿距恒等于 πm，故知正变位齿轮的齿槽宽为

$$e = (\pi/2 - 2x\tan\alpha)\, m \tag{8-27}$$

又由图可见，当刀具采取正变位 xm 后，这样切出的正变位齿轮，其齿根高较标准齿轮减小了 xm，即

$$h_f = h_a^* m + c^* m - xm = (h_a^* + c^* - x)m \tag{8-28}$$

而其齿顶高，若暂不计它对顶隙的影响，为了保持齿全高不变，应较标准齿轮增大 xm，这时其齿顶高为

$$h_a = h_a^* m + xm = (h_a^* + x)\, m \tag{8-29}$$

其齿顶圆半径为

$$r_a = rf\,(h_a^* + x)\, m \tag{8-30}$$

对于负变位齿轮，上述公式同样适用，只需注意到其变位系数 x 为负即可。

将相同模数、压力角及齿数的变位齿轮与标准齿轮的尺寸相比较，由图 8-31 不难看出它们之间的明显差别来。

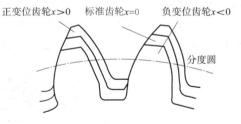

图 8-31　变位齿轮与标准齿轮的比较

第八节　斜齿圆柱齿轮机构

一、斜齿圆柱齿轮的齿面形成原理及啮合特点

在讨论直齿圆柱齿轮时，是仅就垂直于轴线的一个截面来研究齿廓的，也就是说渐开

线齿廓是由在基圆上作纯滚动的发生线上一点的轨迹形成的。但实际的齿轮是有宽度的，应该说直齿圆柱齿轮的工作齿面是由在基圆柱上作纯滚动的平面（称发生面）S 上的一条与基圆柱母线平行的直线 KK 的轨迹形成的。确切地说，直齿圆柱齿轮的齿面是个渐开面，如图 8-32（a）所示。一对直齿圆柱齿轮啮合时，两轮渐开面齿面将沿着与轴线平行的直线顺序地接触。齿面上这些平行线称为接触线（line of contact），如图 8-32（b）所示。两轮轮齿在进入啮合时，是沿着全齿宽同时接触的；在退出啮合时，也是沿着全齿宽同时脱离的。轮齿上的载荷是突然施加和突然消失的。轮齿的这种接触方式，使得直齿圆柱齿轮在传动时容易产生冲击、振动和噪声。在高速时，这种情况尤为严重，而斜齿圆柱齿轮传动却能大大改善这种情况。

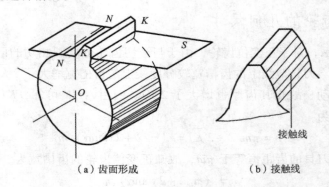

（a）齿面形成 　　　　　（b）接触线

图 8-32　直齿圆柱齿轮齿面的形成与特点

斜齿圆柱齿轮齿面的形成与直齿圆柱齿轮不同的是，发生面 S 上的直线 KK 与基圆柱母线不平行，在发生面内的夹角为 β_b，称基圆螺旋角（base helix angle），如图 8-33（a）所示。当发生面 S 在基圆柱上作纯滚动时，KK 线的轨迹就构成斜齿圆柱齿轮的齿面。这个齿面是个渐开螺旋（involute helicoid）面。显然，在不同的圆上，由于螺旋线的导程相同而直径不同，故分度圆螺旋角（reference helix angle）β 与基圆螺旋角 β_b 不等，分度圆螺旋角 β 被称为斜齿轮的螺旋角（helix angle）。螺旋角 β 与导程角（lead angle）λ 互为余角。

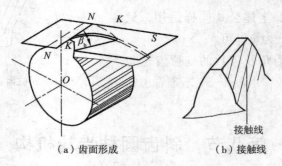

（a）齿面形成 　　　　　（b）接触线

图 8-33　斜齿圆柱齿轮齿面的形成与特点

由图 8-34 可看出，互相啮合的一对斜齿圆柱齿轮的渐开螺旋面的接触线就是倾斜的直线 KK。在其他位置接触时，其接触线也是与斜直线 KK 相平行的斜直线，如图 8-33（b）所示。

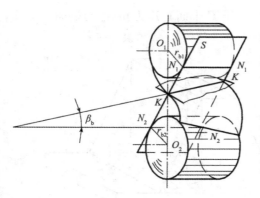

图 8-34 互相啮合的一对斜齿圆柱齿轮
的渐开螺旋面

斜齿圆柱齿轮传动在两齿啮合过程中，接触线的长度从零逐渐增长，至某一位置后又逐渐缩短，直到两齿脱离接触。因此，斜齿轮传动是两齿逐渐进入啮合，又逐渐退出啮合的过程。另外，由于轮齿是倾斜的，同时啮合的齿的对数多，故重合度比直齿圆柱齿轮传动大。由于上述特点，斜齿圆柱齿轮传动平稳，承载能力高，适于高速、重载等重要的场合。

在斜齿圆柱齿轮传动的端面和垂直于轴线的任一截面内，齿廓曲线均为渐开线。从端面或任一垂直于轴线的截面看就相当于一对渐开线直齿圆柱齿轮传动。换言之，一对无限薄的斜齿圆柱齿轮传动与一对直齿圆柱齿轮传动一样。一对有宽度的斜齿圆柱齿轮啮合，相当于无限多对无限薄的直齿圆柱齿轮、在相邻齿轮对之间错开角度 β_b 的情况下啮合。因此，斜齿圆柱齿轮传动也能完全满足齿廓啮合基本定律。

一对斜齿圆柱齿轮正确啮合的条件，除了模数和压力角必须相等外，两轮轮齿的螺旋角必须大小相等，啮合处的齿向相同。外啮合时，螺旋线方向相反，即一为左旋，另一为右旋；内啮合时，螺旋线方向相同。

判别斜齿圆柱齿轮轮齿螺旋线方向的方法是：将齿轮轴线放置成与人体平行，观看可见侧齿向，左手边高的，为左旋齿（left - hand teeth）；右手边高的，为右旋齿（right - hand teeth），如图 8-35 所示。

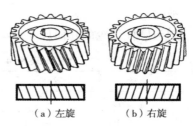

（a）左旋　　　　（b）右旋

图 8-35 轮齿螺旋线方向的判定

二、斜齿圆柱齿轮的几何参数及几何尺寸计算

由于斜齿圆柱齿轮的轮齿是倾斜（实际是螺旋形）的，它的几何参数可以从端面（垂直于齿轮轴线的平面）和法面（垂直于某个齿面的平面）来度量。从端面看，斜齿圆柱齿轮传动相当于直齿圆柱齿轮传动，因而斜齿圆柱齿轮的端面几何尺寸计算与直齿圆柱齿轮大体一样。但切制斜齿圆柱齿轮轮齿时，用的仍然是切削直齿圆柱齿轮轮齿的刀具，只是使刀具沿轮齿螺旋线方向（也即垂直于法面的方向）进刀。因此，轮齿的法面尺寸与标准刀具的尺寸一致，也即斜齿圆柱齿轮轮齿的法面几何参数为标准值。

现讨论斜齿圆柱齿轮轮齿的法面几何参数（加脚标 n）与端面几何参数（加脚标 t）的关系。图 8-36 所示为斜齿圆柱齿轮分度圆柱的展开图。由图可见，法面齿距 p_n 和端面齿距 p_t 的关系为：

$$p_n = p_t \cos\beta \tag{8-31}$$

因 $p = \pi m$，故法面模数（normal module）与端面模数（transverse module）的关系为：

$$m_n = m_t \cos\beta \tag{8-32}$$

图 8-37 所示为斜齿条（helical rack）的法面（$A'B'C$ 平面）压力角 α_n 与端面（ABC 平面）压力角 α_t，由图可知：

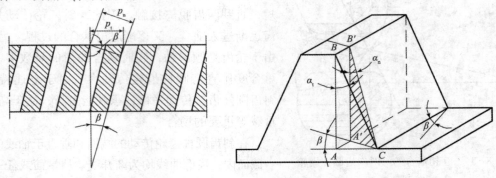

图 8-36　斜齿圆柱齿轮沿分度圆柱展开　　　　图 8-37　斜齿条的端面与法面

$$\tan\alpha_n = \frac{\overline{A'C}}{\overline{A'B'}}, \tan\alpha_t = \frac{\overline{AC}}{\overline{AB}}$$

而　　　　　　　　　　　　$\overline{A'C} = \overline{AC}\cos\beta, \quad \overline{A'B'} = \overline{AB}$

故　　　　　　　　　　　　$\tan\alpha_n = \tan\alpha_t\cos\beta$ 　　　　　　　　　　　（8-33）

斜齿圆柱齿轮的几何尺寸计算式，如表 8-4 所列。

表 8-4　标准斜齿圆柱齿轮几何参数计算

	名称	符号	计算公式
基本参数	齿数	z	机器设计时给定
	法向模数	m_n	按国家标准模数系列取值
	法向压力角	α_n	按国家标准一般取 20°
	齿顶高系数	h_a^*	按国家标准一般取 1
	齿顶隙系数	c^*	按国家标准一般取 0.25
	螺旋角	β	一般取值 8°~20°，按中心距确定其精确值
	端面模数	m_t	$m_n/\cos\beta$
	端面压力角	α_t	$\tan\alpha_t = \tan\alpha_n/\cos\beta$ $\tan\alpha_n = \tan\alpha_t\cos\beta$
主要齿轮尺寸	分度圆直径	d	$m_n z/\cos\beta$
	齿顶圆直径	d_a	$d + 2h_a^* m_n$
	齿根圆直径	d_f	$d - 2(h_a^* + c^*) m_n$
	基圆直径	d_b	$d\cos\alpha_t$
	中心距	a	$(d_1 + d_2)/2 = (z_1 + z_2) m_n/(2\cos\beta)$，一般取圆整值
	端面重合度	ε_t	$\dfrac{z_1(\tan\alpha_{ta1} - \tan\alpha'_{t1}) + z_2(\tan\alpha_{ta2} - \tan\alpha'_{t2})}{2\pi}$
	齿宽重合度	ε_b	$B\sin\beta/(\pi m_n)$
	重合度	ε	$\varepsilon_t + \varepsilon_b$
其他	当量齿数	z_v	$z/\cos^3\beta$

三、斜齿圆柱齿轮的当量直齿圆柱齿轮

在用成形法切制斜齿圆柱齿轮轮齿时，需按斜齿轮的法面齿形选择刀具，因而必须知道法面齿形；又由于斜齿圆柱齿轮工作时，力是作用在轮齿的法面内的，为了进行轮齿承载能力计算，也必须知道法面齿形。因此，有必要对斜齿圆柱齿轮的法面齿形进行研究。

如图 8-38 所示，过斜齿圆柱齿轮分度圆柱面与齿面的交线上的任一点 P，作齿面的法面 nn，法面 nn 与分度圆柱面的交线为一椭圆。该椭圆 P 点的曲率半径 ρ $=d/2\cos^2\beta$。以 ρ 为半径，以斜齿轮的法面模数为模数，以法面压力角为压力角的直齿圆柱齿轮，其齿形就近似于斜齿轮的法面齿形。这个虚拟的直齿圆柱齿轮称为该斜齿圆柱齿轮的当量直齿圆柱齿轮（virtual spur gear），其齿数称为当量齿数（virtual number of teeth），用 z_{v} 表示。当量齿数为：

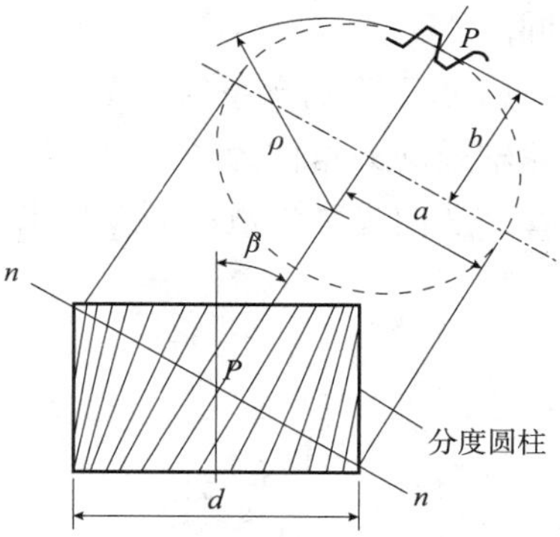

图 8-38　斜齿圆柱齿轮的当量直齿圆柱齿轮

$$z_{\mathrm{v}} = \frac{2\rho}{m_{\mathrm{n}}} = \frac{d}{m_{\mathrm{n}} \cdot \cos^2\beta} = \frac{z}{\cos^3\beta} \qquad (8-34)$$

式中　z——斜齿圆柱齿轮的实际齿数。

正常齿制的标准斜齿圆柱齿轮不发生切齿干涉的最少齿数 z_{min}，可通过它与其当量直齿圆柱齿轮的最少齿数 $z_{\mathrm{v\,min}}$（$=17$）的关系计算出来：

$$z_{\mathrm{min}} = z_{\mathrm{v\,min}}\cos^3\beta = 17\cos^3\beta \qquad (8-35)$$

斜齿轮的当量直齿轮的意义在于：①由于当量直齿圆柱齿轮的齿形与斜齿圆柱齿轮的法面齿形近似，而齿形与齿数有关，因此，在为加工斜齿圆柱齿轮选择刀具时，就可按当量直齿圆柱齿轮的齿数 z_{v} 来选择刀具。②一对斜齿圆柱齿轮啮合传动，在法面内相当于一对当量直齿圆柱齿轮啮合传动。因此，斜齿圆柱齿轮承载能力的计算，就可利用直齿圆柱齿轮的有关公式。

四、斜齿圆柱齿轮的啮合特点

与直齿轮传动比较，斜齿轮传动的主要优点如下：

（1）传动平稳。在斜齿轮传动中，其轮齿的接触线为与齿轮轴线倾斜的直线，轮齿开始啮合和脱离啮合都是逐渐的，因而传动平稳、噪声小，也减小了制造误差对传动的影响。故高速齿轮传动多采用斜齿圆柱齿轮。

（2）承载能力较大。由于重合度较大，接触线也较长，降低了每对轮齿的载荷，从而相对地提高了齿轮的承载能力，延长了使用寿命。故一般动力传动中多采用斜齿圆柱齿轮。

（3）不根切的最少齿数少，可采用更小的主动齿轮，从而得到更为紧凑的机器结构。

与直齿轮传动比较,斜齿轮传动的主要缺点是传动时会产生轴向推力,对轴承的工作不利。采用人字齿轮,虽然可以使轴向力互相抵消,但制造较困难,随着轴承性能的提高,现在应用已减少了。

五、交错轴斜齿轮机构

交错轴斜齿轮机构用来传递交错轴之间的转动,就单个齿轮来说,与斜齿圆柱齿轮相同。

(1)正确啮合条件。图8-39所示为一对交错轴斜齿轮传动,两轮的分度圆相切,两齿轮轴线的夹角称为轴交角 Σ。啮合传动时要求满足:①分度圆上两齿轮在齿廓方向上一致;②法向齿廓参数相同。如果约定螺旋角右旋为正、左旋为负,两条件可以表示为

$$\left.\begin{array}{l} \Sigma = \beta_1 + \beta_2 \\ m_{n1} = m_{n2} \\ \alpha_{n1} = \alpha_{n2} \end{array}\right\} \qquad (8-36)$$

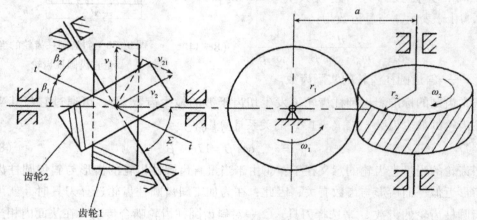

图8-39 交错轴斜齿圆柱齿轮传动

(2)中心距。由于两齿轮在分度圆上相切,故中心距为两齿轮分度圆半径之和:

$$a = r_1 + r_2 = \frac{m_n}{2}\left(\frac{z_1}{\cos\beta_1} + \frac{z_2}{\cos\beta_2}\right) \qquad (8-37)$$

(3)传动比与相对滑动速度。啮合时在分度圆接触点 P,两齿轮在齿廓的法向运动速度必须相等,据此可以导出传动比,传动比当然还是与齿数成反比例;在节点切向运动速度则不同,存在相对滑动速度 v_{12}:

$$\left.\begin{array}{l} i_{12} = \dfrac{\omega_1}{\omega_2} = \dfrac{z_2}{z_1} \\ v_{12} = \omega_1 r_1 \sin\beta_1 - \omega_2 r_2 \sin\beta_2 \end{array}\right\} \qquad (8-38)$$

交错轴齿轮传动时,两齿廓为点接触,同时接触点存在较大滑动速度,接触应力大,齿轮磨损较快。所以只能用在低速轻载场合。

第九节　直齿圆锥齿轮机构

一、圆锥齿轮机构的特点

圆锥齿轮（bevel gear）用于相交两轴之间的传动。圆锥齿轮是在截圆锥体上制出轮齿而形成的，齿体自截圆锥的大端到小端逐渐收缩。圆锥齿轮按齿的走向分直齿（straight bevel gear）、斜齿（helical bevel gear）和曲齿（spiral bevel gear）圆锥齿轮（见图8-40）。本节只介绍两轴垂直相交的直齿圆锥齿轮传动。

如图8-40所示，圆锥齿轮传动相当于锥顶（apex）重合的一对圆锥作纯滚动。作纯滚动的圆锥称为节圆锥（pitch cone），齿顶所在的圆锥称为顶锥（tip cone），齿根所在的圆锥称为根锥（root cone）。对于标准直齿圆锥齿轮，分度圆锥（reference cone）与节圆锥重合。节圆锥母线与轴心线的夹角 δ 称为节锥角（pitch angle），顶锥母线、根锥母线与轴心线的夹角 δ_a、δ_f 分别称为顶锥角（tip angle）和根锥角（root angle），如图8-43所示。

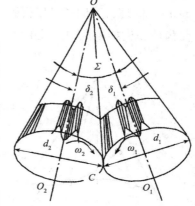

图8-40　圆锥齿轮传动

由于两节圆锥作纯滚动，在接触点 C 的线速度相等，即：

$$\omega_1 \frac{d_1}{2} = \omega_2 \frac{d_2}{2}$$

传动比

$$i_{12} = \frac{\omega_1}{\omega_2} = \frac{d_2}{d_1} = \frac{z_2}{z_1} = \frac{\sin\delta_2}{\sin\delta_1} \tag{8-39}$$

当两轴垂直相交，即 $\Sigma = \delta_1 + \delta_2 = 90°$ 时：

$$i_{12} = \tan\delta_2 = \cot\delta_1 \tag{8-40}$$

二、直齿圆锥齿轮齿廓形成原理和当量齿轮

一扇形平面 S 与基圆锥相切并且顶点重合于 O 点，当扇形平面 S 沿基圆锥作纯滚动时，扇形平面 S 上一条通过顶点 O 的直线 OK 在空间的轨迹就是一个渐开面，如图8-41所示。这个渐开面是从大端到锥顶逐渐收缩的直齿圆锥齿轮的齿廓。

在扇形平面 S 沿基圆锥作纯滚动的过程中，$\overline{OK}$ 的长度始终不变，即 K 点轨迹上任一点与 O 点的距离不变，因此 K 点轨迹所构成的渐开线各点均在以 $\overline{OK}$ 为半径的球面上，也就是说大端齿廓曲线 AK 是球面渐开线（spherical involute）。同理，OK 线上任一点的轨迹所构成的渐开线也必然在以该点到顶点 O 的距离为半径的球面上。

由于球面不能展开，球面渐开线的设计计算复杂、制造困难，通常用一种与它很接近

的平面渐开线来替代，如图 8-42 所示。图的上部为一对相啮合的直齿圆锥齿轮，$\triangle AOC$ 及 $\triangle BOC$ 分别为两轮的节圆锥（分度圆锥）。过点 A、B、C 作与球面相切的圆锥 AO_1C 和 BO_2C，这两个圆锥称为背锥（back cone）。若将两轮的大端齿形（球面齿形）投影到背锥上，因为背锥与球面接近贴合，所以大端的球面齿形与背锥上的齿形极为相近。我们就用投影到背锥上的齿形代替球面齿形，再将背锥展成扇形平面，如图下部所示。两扇形齿轮的节圆（或分度圆）半径就是背锥距（back cone distance）O_1C 和 O_2C。于是，圆锥齿轮的齿形就可以近似地认为是以背锥距为节圆（或分度圆）半径、以大端模数为模数、压力角为标准压力角的直齿圆柱齿轮的齿形。将扇形齿轮缺少的部分补足成一个完整的齿轮，这个直齿圆柱齿轮就称为圆锥齿轮的大端当量齿轮（virtual cylindrical spur gear of bevel gear）。同理，我们还可以得到圆锥齿轮小端以及从大端到小端任意一个截面的背锥和当量齿轮，例如齿宽中点处的背锥和当量齿轮。显然，当量齿轮的齿数为：

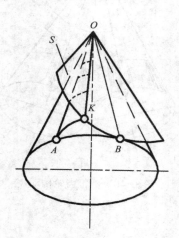

图8-41　直齿圆锥齿轮的齿廓形成

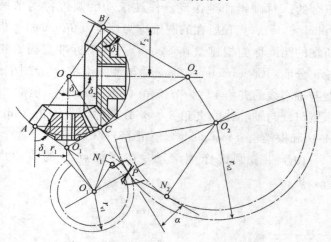

图 8-42　圆锥齿轮的背锥和当量齿轮

$$z_\mathrm{v} = \frac{2r_\mathrm{v}}{m} = \frac{2r}{m\cos\delta} = \frac{z}{\cos\delta} \tag{8-41}$$

式中　z——圆锥齿轮的齿数；

　　　r_v——当量齿轮的分度圆半径，mm；

　　　r——圆锥齿轮大端分度圆半径，mm；

　　　δ——圆锥齿轮的分度圆锥角（reference cone angle）。

　　当量齿轮是个虚拟的直齿圆柱齿轮，其齿数不一定是整数。由式（8-41）可推知圆锥齿轮不发生切齿干涉的最少齿数为：

$$z_\mathrm{min} = z_\mathrm{vmin}\cos\delta \tag{8-42}$$

式中　z_vmin——直齿轮最少齿数。

　　当用成形法切制圆锥齿轮轮齿时选择成形铣刀以及圆锥齿轮轮齿承载能力计算中查取齿形系数等，均需依据当量齿数。

三、直齿圆锥齿轮机构的几何关系和尺寸计算

一对直齿圆锥齿轮正确啮合的条件是两轮齿大端面上的模数必须相等，压力角相同，外锥距相等。直齿圆锥齿轮的几何尺寸以大端为基准，这是因为大端尺寸较大，计算和测量时的相对误差相对较小，同时也便于估算圆锥齿轮传动的外廓尺寸，所以将圆锥齿轮的大端参数取标准值；并且，以大端的分度圆直径（reference diameter）、顶圆直径（tip diameter）和根圆直径（root diameter）等来表征圆锥齿轮。

一对标准的直齿圆锥齿轮啮合时，其节圆锥与分度圆锥重合。图 8-43 所示为两轴交角为 $\Sigma = 90°$ 的标准直齿圆锥齿轮传动。它的各部名称及几何尺寸计算如表 8-5 所列。

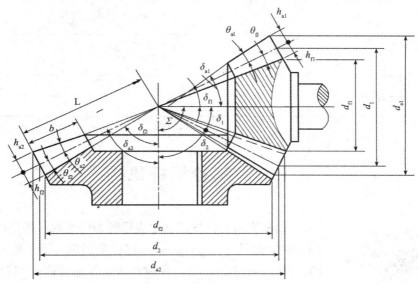

图 8-43 圆锥齿轮传动的几何尺寸

表 8-5 标准直齿圆锥齿轮传动的几何尺寸计算（$\Sigma = 90°$）

名　称	符号	计　算　式
大端模数	m	根据承载能力或结构要求确定，取标准值
压力角	α	$\alpha = 20°$
齿数比	u	z_2/z_1，z_1——小齿轮齿数；z_2——大齿轮齿数
传动比	i_{12}	减速传动：$i_{12} = u = \tan\delta_2 = \cot\delta_1$
分度圆锥角	δ	$\delta_1 = \arctan\dfrac{z_1}{z_2} = \arctan\dfrac{1}{u}$
（节圆锥角）		$\delta_2 = \arctan u$ 或 $\delta_2 = 90° - \delta_1$
大端分度圆直径	d	$d = mz$
齿顶高系数	h_a^*	$h_a^* = 1$
齿顶间隙系数	c^*	$c^* = 0.2$
齿顶高	h_a	$h_a = h_a^* m = m$

名　称	符号	计 算 式
齿根高	h_f	$h_f = (h_a^* + c^*)m = 1.2m$
全齿高	h	$h = h_a + h_f = 2.2m$
大端齿顶圆直径	d_a	$d_a = d + 2m\cos\delta$
大端齿根圆直径	d_f	$d_f = d - 2.4m\cos\delta$
外锥距	L	$L = \sqrt{\left(\dfrac{d_1}{2}\right)^2 + \left(\dfrac{d_2}{2}\right)^2} = \dfrac{m}{2}\sqrt{z_1^2 + z_2^2}$
齿　宽	b	$b = \psi_L L$，一般取 $\psi_L = 0.2 \sim 0.33$，常用 $\psi_L = 0.33$
齿顶角	θ_a	$\theta_a = \arctan\dfrac{h_a}{L}$
齿根角	θ_f	$\theta_f = \arctan\dfrac{h_f}{L}$
顶锥角	δ_a	$\delta_a = \delta + \theta_a$
根锥角	δ_f	$\delta_f = \delta - \theta_f$

第十节　蜗轮蜗杆机构

蜗杆

蜗轮

图 8-44　蜗杆传动

蜗轮蜗杆机构是机械传动中应用较为广泛的一种机构。它由蜗杆（worm）、蜗轮（worm wheel）和机架组成，用来传递空间两交错轴间的运动和动力，如图 8-44 所示。通常两轴交错角为 90°，蜗杆为主动件，蜗轮为从动件，减速运动。当卷扬机、带式运输机等起重类机械，要求用低速大扭矩、中小功率大传动比、防止负载反转等传动装置时，这是齿轮传动难以胜任的。而蜗杆传动因具有传动比大、结构紧凑、在一定条件下，传动不可逆转等优点，在机床、冶金、矿山、起重运输机械中得到了广泛的应用。

一、蜗杆机构的类型

按蜗杆母体形状的不同，蜗杆传动可分为：圆柱蜗杆传动如图 8-45（a）所示；环面蜗杆传动如图 8-45（b）所示；锥面蜗杆传动如图 8-45（c）所示。目前最为常用的是圆柱蜗杆传动。圆柱蜗杆传动，按蜗杆轴面齿型又可分为普通圆柱蜗杆传动和圆弧齿圆柱蜗杆传动。

根据蜗杆螺旋面的形状不同（或者说切制方法的不同），圆柱蜗杆可分为阿基米德蜗杆（ZA 蜗杆）、渐开线蜗杆（ZI 蜗杆）等。

图 8-46 所示为阿基米德蜗杆。车制阿基米德蜗杆时，刀刃顶平面通过蜗杆轴线，该

蜗杆轴面向齿廓为直线，端面齿廓为阿基米德螺旋线。阿基米德蜗杆易车削、难磨削，通常在无需磨削加工情况下被采用，广泛用于转速较低的场合。

　　图8-47所示为渐开线蜗杆。渐开线蜗杆的齿形，在垂直于蜗杆轴线的截面内为渐开线，在包含蜗杆轴线的截面内为凸廓曲线。这种蜗杆可以用加工圆柱齿轮的专用设备来切制和磨削，适合于精度要求较高和生产批量较大的场合。

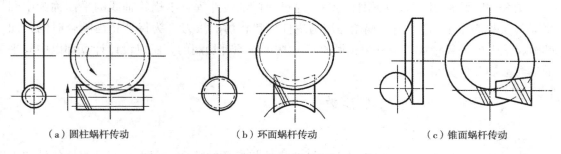

　　（a）圆柱蜗杆传动　　　　　　　（b）环面蜗杆传动　　　　　　　（c）锥面蜗杆传动

图8-45　蜗杆传动的类型

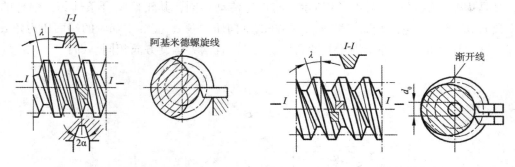

图8-46　阿基米德螺杆　　　　　　　图8-47　渐开线蜗杆

　　和螺纹一样，蜗杆有左旋、右旋、单线和多线之分，其中右旋蜗杆使用较多。蜗杆传动类型很多，本节仅讨论目前应用最为广泛的阿基米德蜗杆传动。

二、蜗杆机构的特点

　　由于蜗杆的齿数很少并且蜗杆的轮齿是连续的，因此蜗杆机构具有如下的主要优点：

　　（1）传动比大，结构紧凑。在分度机构中，蜗杆传动的传动比可以大到1000；在动力传动中，蜗杆传动的传动比通常为8～80。

　　（2）传动平稳，噪声小。由于蜗杆上的齿是连续的螺旋齿，蜗轮轮齿和蜗杆齿是逐渐进入啮合又逐渐退出啮合的，故传动平稳，噪声小。

　　（3）有自锁性。当蜗杆导程角小于当量摩擦角时，蜗轮不能带动蜗杆转动，呈自锁状态。手动葫芦和浇铸机械常采用蜗杆传动具有自锁的性能以满足工作要求。

　　蜗杆机构的主要缺点：

　　（1）传动效率低。蜗杆蜗轮啮合处有较大的相对滑动，摩擦剧烈、发热量大，故效率低。一般 $\eta = 0.7 \sim 0.9$，具有自锁性能的蜗杆效率低于0.5。

（2）蜗轮造价较高。为了减小摩擦，提高耐磨性，蜗轮齿圈常需用价格较贵的青铜制造。

由上述特点可知：蜗杆传动适用于传动比大，传递功率不大，两轴空间交错的场合。对于一般动力传动，蜗杆传动常用的精度等级是 7 级（适用于蜗杆圆周速度 $v_1 < 7.5\text{m/s}$）、8 级（$v_1 < 3\text{m/s}$）和 9 级（$v_1 < 1.5\text{m/s}$）。

图 8-48 所示为阿基米德蜗杆传动，通过蜗杆轴线并垂直于蜗轮轴线的平面称为中间平面（又称为主平面）。由于蜗轮是用与蜗杆形状相仿的滚刀（为保证轮齿啮合时的径向间隙，滚刀的外径稍大于蜗杆齿顶圆直径）按范成原理切制的，所以设计计算都以中间平面的参数和几何关系为准。

三、蜗杆机构的基本参数

1. 模数 m 和压力角 α

由于蜗杆传动在主平面内相当于渐开线齿轮与齿条的啮合，而主平面是蜗杆的轴向平面，又是蜗轮的端面，如图 8-48 所示，与齿轮传动相同，其正确啮合条件是：蜗杆的轴向模数 m_{a1} 应等于蜗轮的端面模数 m_{t2}；蜗杆的轴向压力角 α_{a1} 应等于蜗轮的端面压力角 α_{t2}；蜗杆分度圆导程角 λ 应等于蜗轮分度圆螺旋角 β，且两者螺旋方向相同。即：

$$m_{a1} = m_{t2} = m$$
$$\alpha_{a1} = \alpha_{t2} = \alpha$$
$$\lambda = \beta$$

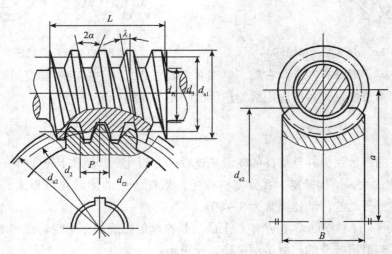

图 8-48　阿基米德蜗杆传动的主要参数和几何尺寸

模数 m 的标准值见表 8-6，压力角 α 的标准值为 20°。

2. 蜗杆传动比 i

蜗杆传动的传动比 i 等于蜗杆与蜗轮角速度大小之比，传动比为：

$$i = \frac{n_1}{n_2} = \frac{z_2}{z_1}$$

(8-43)

式中 n_1、n_2——蜗杆和蜗轮的转速，r/min。

表 8-6 蜗杆基本参数（$\Sigma = 90°$）

模数 m /mm	分度圆直径 d_1/mm	蜗杆头数 z_1	直径系数 q	$m^2 d_1$/ (mm)^3	模数 m /mm	分度圆直径 d_1/mm	蜗杆头数 z_1	直径系数 q	$m^2 d_1$ / (mm)^3
1	18	1	18.000	18	6.3	(80)	1, 2, 4	12.698	3175
1.25	20	1	16.000	31.25		112	1	17.778	4445
	22.4	1	17.920	35	8	(63)	1, 2, 4	7.875	4032
1.6	20	1, 2, 4	12.500	51.2		80	1, 2, 4, 6	10.000	5120
	28	1	17.500	71.68		(100)	1, 2, 4	12.500	6400
2	18	1, 2, 4	9.000	72		140	1	17.500	8960
	22.4	1, 2, 4, 6	11.200	89.6	10	(71)	1, 2, 4	7.100	7100
	(28)	1, 2, 4	14.000	112		90	1, 2, 4, 6	9.000	9000
	35.5	1	17.750	142		(112)	1, 2, 4	11.200	11200
2.5	(22.4)	1, 2, 4	8.960	140		160	1	16.000	16000
	28	1, 2, 4, 6	11.200	175	12.5	(90)	1, 2, 4	7.200	14062
	(35.5)	1, 2, 4	14.200	221.9		112	1, 2, 4	8.960	17500
	45	1	18.000	281		(140)	1, 2, 4	11.200	21875
3.15	(28)	1, 2, 4	8.889	278		200	1	16.000	31250
	35.5	1, 2, 4, 6	11.270	352	16	(112)	1, 2, 4	7.000	28672
	(45)	1, 2, 4	14.286	447.5		140	1, 2, 4	8.750	35840
	56	1	17.778	556		(180)	1, 2, 4	11.250	46080
4	(31.5)	1, 2, 4	7.875	504		250	1	15.625	64000
	40	1, 2, 4, 6	10.000	640	20	(140)	1, 2, 4	7.000	56000
	(59)	1, 2, 4	12.500	800		160	1, 2, 4	8.000	64000
	71	1	17.750	1136		(224)	1, 2, 4	11.200	89600
5	(40)	1, 2, 4	8.000	1000		315	1	15.750	126000
	50	1, 2, 4, 6	10.000	1250	25	(180)	1, 2, 4	7.200	112500
	(63)	1, 2, 4	12.600	1575		200	1, 2, 4	8.000	125000
	90	1	18.000	2250		(280)	1, 2, 4	11.200	175000
6.3	(50)	1, 2, 4	7.936	1985		400	1	16.000	250000
	63	1, 2, 4, 6	10.000	2500					

注：1. 表中模数和分度圆直径仅列出了第一系列的较常用数据。
   2. 括号内的数字尽可能不用。

必须强调指出的是蜗杆传动的传动比 i 仅与 z_1，z_2 有关，而不等于蜗轮和蜗杆分度圆的直径之比，即：

$$i = \frac{n_1}{n_2} = \frac{z_2}{z_1} \neq \frac{d_2}{d_1}$$

在蜗杆传动设计中，传动比的公称值按下列数值选取：5、7.5、10、12.5、15、20、25、30、40、50、60、70、80。其中 10、20、40、80 为基本传动比，应优先选用。

3. 蜗杆直径系数 q 和导程角 λ

如图 8-49 所示，将蜗杆分度圆柱展开，其螺旋线与端平面的夹角称为蜗杆的导程角，可得：

$$\tan\lambda = \frac{z_1 p_{a1}}{\pi d_1} = \frac{z_1 m}{d_1} \tag{8-44}$$

式中　p_{a1}——蜗杆轴向齿距，mm；

　　　d_1——蜗杆分度圆直径，mm。

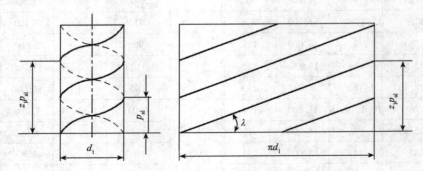

图 8-49　分度圆展开图及蜗杆的导程角

令

$$q = \frac{d_1}{m} \tag{8-45}$$

得

$$d_1 = mq$$

式中 q 称为蜗杆的直径系数。

4. 中心距 a

蜗杆传动中，当蜗杆、蜗轮的节圆与分度圆重合时称为标准传动，其中心距为：

$$a = \frac{1}{2}(d_1 + d_2) = \frac{1}{2}m(q + z_2) \tag{8-46}$$

规定标准中心距为 40、50、63、80、100、125、160、（180）、200、（225）、250、（280）、315、（355）、400、（450）、500。在蜗杆传动设计时中心距应按上述标准圆整。

四、圆柱蜗杆机构的几何尺寸计算

设计蜗杆传动时，一般是先根据传动的功用和传动比的要求，选择蜗杆头数 z_1 并计算出蜗轮齿数，然后再按强度计算确定模数 m 和蜗杆分度圆直径 d_1（或 q），上述参数确定后，即可根据表 8-7 计算出蜗杆、蜗轮的几何尺寸（两轴交错角为 90°、标准传动）。标准阿基米德蜗杆传动主要几何尺寸计算公式见表 8－7。

表 8－7　阿基米德蜗杆传动的几何尺寸计算

名　称	计　算　公　式	
	蜗杆	蜗轮
齿顶高和齿根高	$h_{a1} = h_{a2} = m$, $h_{f1} = h_{f2} = 1.2m$	
分度圆直径	$d_1 = mq$	$d_2 = mz_2$
齿顶圆直径	$d_{a1} = m(q+2)$	$d_{a2} = m(z_2+2)$
齿根圆直径	$d_{f1} = m(q-2.4)$	$d_{f2} = m(z_2-2.4)$
顶　隙	$c = 0.2m$	
蜗杆轴向齿距蜗轮端面齿距	$p_{a1} = p_{f2} = \pi m$	
蜗杆分度圆导程角 蜗轮分度圆螺旋角	$\lambda = \arctan(z_1/q)$	$\beta = \lambda$
中心距	$a = \dfrac{m}{2}(q+z_2)$	
蜗杆螺纹部分长度 蜗轮齿顶圆弧半径	$z_1 = 1$、2，$L \geqslant (11+0.06z_2)m$ $z_1 = 3$、4，$L \geqslant (12.5+0.09z_2)m$	$r_{a2} = a - \dfrac{1}{2}d_{a2}$
蜗轮外圆直径		$z_1 = 1$，$\qquad d_{e2} \leqslant d_{a2} + 2m$ $z_1 = 2$、3，$\quad d_{e2} \leqslant d_{a2} + 1.5m$ $z_1 = 4 \sim 6$，$\quad d_{e2} \leqslant d_{a2} + m$
蜗轮轮缘宽度		$z_1 = 1$、2，$\quad B \leqslant 0.75d_{a1}$ $z_1 = 4 \sim 6$，$\quad B \leqslant 0.67d_{a1}$

除了以上介绍的齿轮机构以外，在工程中还应用有：摆线齿轮机构、摆线针轮机构、圆弧齿轮机构等，有关这些齿轮机构，请参考查阅相关资料。

小　　结

齿轮机构具有传动比恒定、结构紧凑、传动效率高及使用寿命长，因而被广泛使用。在现代工程中广泛使用的齿轮基本都是渐开线作为齿廓曲线的。渐开线固有的性质，为人们检测齿轮的几何尺寸精度提供了理论依据，渐开线齿轮不但自动满足齿廓啮合基本定律，而且当中心距变动情况下的传动比始终稳定提供了保证，即渐开线齿轮具有中心距可分性。

齿轮大多是通过范成法加工出来的。被加工齿轮分度圆与刀具分度圆或分度线之间的相对位置，决定了被加工齿轮是标准齿轮还是变位齿轮。无论哪种齿轮，其分度圆上的模数和压力角都是标准值。

一对齿轮啮合传动必须满足正确啮合条件，为保证齿轮连续传动，必须满足实际的重合度大于或等于许用重合度。齿轮副的实际中心距与齿轮模数、齿数、啮合角及变位系数等因数有关。

本章重点介绍了直齿圆柱齿轮，随后介绍了斜齿圆柱齿轮、圆锥齿轮、蜗轮蜗杆。这些齿轮关键在于几何尺寸、啮合过程与特点、标准参数的相关规定，以及当量齿轮和当量齿数的概念等都应该在学习中加以重视。

思 考 题

8-1. 变位圆柱直齿轮与渐开线标准圆柱直齿轮相比，哪些参数不变？哪些参数发生变化？

8-2. 对齿轮传动的基本要求有哪些？

8-3. 渐开线斜齿圆柱齿轮的齿面是如何形成的？平行轴斜齿轮传动有哪些特点？

8-4. 平行轴斜齿圆柱齿轮传动的正确啮合条件是什么？

8-5. 直齿圆锥齿轮的齿面是如何形成的？

8-6. 什么是齿廓啮合基本定律？

8-7. 渐开线有哪些特性？为什么渐开线齿廓符合齿廓啮合基本定律？

8-8. 渐开线齿廓具有哪些优点？

8-9. 蜗杆传动是如何分类的？有哪些特点？

8-10. 学过的各种齿轮中，分度圆计算公式不是 $d = mz$ 的有哪些？齿顶圆计算公式不是 $d_a = d + 2mh_a^*$ 的有哪些？

8-11. 各种齿轮传动中，中心距不等于分度圆半径之和的是什么传动？

8-12. 渐开线齿轮正确啮合与连续传动的条件是什么？

8-13. 同一斜齿圆柱齿轮的端面参数和法面参数有何关系？哪一组参数应取标准值？

8-14. 何谓斜齿轮的当量齿数？有何用处？

8-15. 渐开线齿轮为什么有最少齿数的限制？压力角为 20° 的标准直齿圆柱齿轮的最少齿数是多少？

习 题

8-1. 一渐开线基圆半径 $r_b = 50mm$，试求渐开线上向径为：50mm、60mm、70mm 处的压力角 α_k、曲率半径 ρ_k、滚动角 φ_k、展角 θ_k。

8-2. 一渐开线标准直齿圆柱齿轮传动，其齿数 $z_1 = 30$，$z_2 = 93$。测得顶圆直径分别为 $d_{a1} = 160mm$，$d_{a2} = 475mm$。求此齿轮传动的模数，并计算其中心距 a、齿数比 u、两轮的分度圆直径 d_1 和 d_2、节圆直径 d_1' 和 d_2' 及齿根圆直径 d_{f1} 和 d_{f2}。

8-3. 同一基圆的两条渐开线，在向径 $r_k = 100mm$ 的圆上弧长为 $s_k = 50mm$，压力角 $\alpha_k = 30°$。试求：(1) 基圆半径 r_b；(2) 向径分别为 100mm、120mm 圆上的弧长 s_k、圆心

角 ψ_k、弦长；（3）指出公法线的长度。（渐开线的方向任意选取）

8-4. 对标准正常齿高渐开线直齿圆柱齿轮，请推导基圆小于齿根圆时齿数应满足的条件。

8-5. 一标准正常齿高的直齿圆柱齿轮，齿数模数 $m = 4\text{mm}$、压力角为 $\alpha = 20°$、齿数 $z = 32$。试求：（1）计算分度圆直径 d、齿顶圆直径 d_a 和齿根圆直径 d_f；（2）计算基圆、分度圆、齿顶圆三个圆上的齿厚圆心角、齿厚和弦齿厚。

8-6. 如题图 8-6 所示，有齿数 $z = 24$ 的标准渐开线直齿圆柱齿轮，跨过两齿和三齿的公法线长度分别为 $W_2 = 47.643\text{mm}$ 和 $W_3 = 77.167\text{mm}$。试求：（1）求出法向齿距 p_n、基圆齿距 p_b 和基圆直径 d_b；（2）估算模数 m 和压力角 α；（3）求出分度直径 d、齿顶圆直径 d_a 和齿根圆直径 d_f。

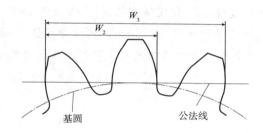

题图 8-6

8-7. 有一对标准渐开线直齿圆柱齿轮啮合。已知齿数 $z_1 = 20$、$z_2 = 24$、模数 $m = 5\text{mm}$、压力角 $\alpha = 20°$。试求：（1）两齿轮的分度圆直径 d、基圆直径 d_b、齿顶圆直径 d_a 和中心距 a；（2）绘出该对齿轮啮合图（不画啮合齿廓），并标出极限啮合线长度和实际啮合线长度；（3）实际啮合线长度、基圆齿距 p_b 和重合度 ε_α。

8-8. 已知一正常齿渐开线标准外啮合直齿圆柱齿轮传动，其 $m = 5\text{mm}$，压力角 $\alpha = 20°$，中心距 $a = 350\text{mm}$，传动比 $i_{12} = 9/5$，试求小齿轮的齿数、分度圆直径、齿顶圆直径、齿根圆直径、基圆直径。

8-9. 已知一渐开线标准斜齿圆柱齿轮的法面模数 $m_n = 4\text{mm}$，齿数 $z_1 = 33$，$z_2 = 66$，中心距 $a = 200\text{mm}$，试求齿轮轮齿的螺旋角。

8-10. 原有一标准直齿圆柱齿轮传动，模数 $m = 5\text{mm}$，齿数 $z_1 = 18$，$z_2 = 82$。为了提高承载能力，将此传动改为斜齿圆柱齿轮传动。要求中心距 a 和模数 m_n 保持不变，齿数比 u 变动不超过 10%，试确定此斜齿圆柱齿轮传动的 z_1、z_2 和螺旋角 β。

8-11. 设计一对外啮合直齿圆柱齿轮，模数 $m = 10\text{mm}$，压力角 $\alpha = 20°$，齿顶高系数 $h_a^* = 1$，齿数 $z_1 = z_2 = 12$，中心距 $a = 130\text{mm}$，试完成：（1）计算这对齿轮的节圆半径和啮合角；（2）按两齿轮变位系数相等原则确定变位系数。

8-12. 一对外啮合斜齿圆柱齿轮，模数 $m_n = 2$，齿数 $z_1 = 21$，$z_2 = 42$，$b_2 = 18\text{mm}$，中心距 $a = 45\text{mm}$。试求：（1）计算斜齿轮的螺旋角 β；（2）计算端面模数 m_t 和端面压力角 α_t；（3）计算分度圆直径 d、齿顶圆直径 d_a 和齿顶圆端面压力角 α_{at}；（4）计算端面重合

度 ε_t、齿宽重合度 ε_b 和总重合度 ε。

8-13. 一对等顶隙标准直齿圆锥齿轮，模数 $m=3\text{mm}$，齿数 $z_1=24$，$z_2=32$，压力角 $\alpha=20°$，齿顶高系数 $h_a^*=1$，顶隙系数 $c^*=0.2$，轴角 $\Sigma=90°$。试求：（1）计算两齿轮分度圆直径和分锥角；（2）计算两齿轮齿顶圆直径、齿根圆直径和顶锥角、根锥角；（3）计算当量齿数。

8-14. 某标准直齿圆锥齿轮传动，大端模数 $m=6°\text{mm}$，齿数 $z_1=19$，$z_2=41$，齿宽系数 $\psi_L=0.3$；两轴垂直相交。试计算此传动的几何尺寸。

8-15. 一阿基米德蜗杆传动，齿数 $z_1=1$，$z_2=40$，模数 $m=5\text{mm}$，直径系数 $q=10$，压力角 $\alpha=20°$，齿顶高系数 $h_a^*=1$，齿顶隙系数 $c^*=0.2$，蜗轮变位系数为0。试求：（1）计算蜗杆的分度圆直径 d_1、齿顶圆直径 d_{a1}、齿根圆直径 d_{f1}、螺距 p_x 和螺旋升角 λ；（2）计算蜗轮主平面上的分度圆直径 d_2、齿顶圆直径 d_{a2}、齿根圆直径 d_{f1}；（3）计算中心距 a

8-16. 已知一圆柱蜗杆传动的模数 $m=5\text{mm}$，蜗杆分度圆直径 $d_1=50\text{mm}$，蜗杆头数 $z_1=2$，传动比 $i=25$，试计算该蜗杆传动的主要几何尺寸及蜗轮的螺旋角 β。

第九章 轮系及其设计

齿轮传动以其工作可靠、传动比准确、效率高等优点，在工程中得到极其广泛的应用。但是，在实际机械中为了满足大传动比、变速、变向等各种要求，仅采用一对齿轮传动往往难以实现。我们把这种由一系列齿轮组成的传动系统称为轮系，例如石油部门用的BY-40型钻机，需要把柴油机的转速变为绞车轴和转盘的多种转速；抽油机的减速装置要把电动机的高速转动变成抽油机的低速转动；在钟表中为了使时针、分针、秒针具有一定的转速比关系；汽车由于前进、后退、转弯以及道路状况等需要车轮有不同的转速等等，都需要使用一系列相互啮合的齿轮将输入轴与输出轴连接起来。本章重点介绍轮系的类型、应用及传动比计算，以及轮系设计中的若干问题及轮系在工程中的应用。

第一节 轮系的分类

轮系的分类方法有多种。根据轮系中各轮的几何轴线的位置是否固定，可分为定轴轮系和周转轮系两大类。

一、定轴轮系

当轮系运转时，若各轮几何轴线的位置都是固定不变的，称为定轴轮系（ordinary gear train）或普通轮系。图9-1（a）所示为一圆锥圆柱齿轮减速器，图9-1（b）所示为圆柱齿轮组成的变速器（speed transmission）。虽然双联齿轮3、3′可作轴向移动，但其几何轴线仍然是固定的，它们都属于定轴轮系。图中1~5均为齿轮。

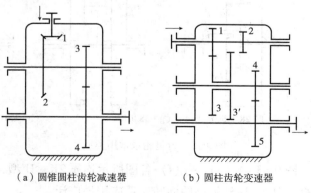

（a）圆锥圆柱齿轮减速器　　　　（b）圆柱齿轮变速器

图9-1　定轴轮系

二、周转轮系

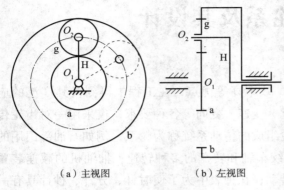

（a）主视图　　　　（b）左视图

图9-2　周转轮系

轮系运转时，其中至少有一个齿轮的几何轴线是绕另一齿轮的固定几何轴线转动着，称为周转轮系（epicyclic gear train）。如图9-2所示，该轮系由外齿轮a、g，内齿轮b和构件H组成。其中齿轮a、b及构件H均绕固定几何轴线O_1转动。齿轮a和b称为中心轮（central gear）或太阳轮（sun gear），H称为转臂（crank arm）或系杆（planet cage）。而齿轮g除能绕自身的几何轴线O_2转动

（自转）外，同时还随O_2绕固定轴线O_1转动（公转），齿轮g称为行星轮（planet gear）。

在周转轮系中，若整个轮系的自由度为1，则称为行星轮系（planetary gear train）；若整个轮系的自由度为2，则称为差动轮系（differential gear train）。周转轮系的结构形式是多种多样的，如图9-3所示。它的中心轮个数可以是一个、二个，也可以是三个；它的行星轮可以是单列的，也可以是双列的；它的输出、输入构件可以是中心轮或系杆，也可以用行星轮输出。分类时用符号"K"表示中心轮，用符号"H"表示系杆。在图9-3中，1，3分别为中心轮，2，2′分别为行星轮。

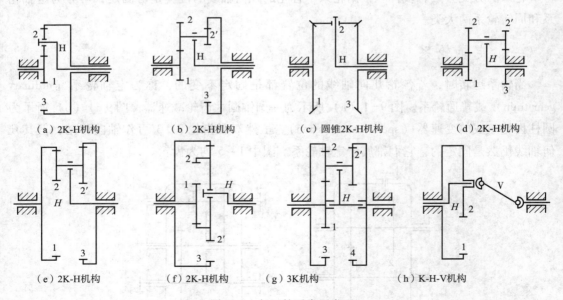

（a）2K-H机构　（b）2K-H机构　（c）圆锥2K-H机构　（d）2K-H机构

（e）2K-H机构　（f）2K-H机构　（g）3K机构　（h）K-H-V机构

图9-3　行星轮系常用类型

（1）2K-H型　图9-3中（a）～（f）各图所示均属2K-H型，它们都有两个中心轮（2K）和一个系杆（H）。这种类型的周转轮系应用最广泛。

（2）3K 型　在这种轮系中，行星轮与三个中心轮相啮合，故称 3K 型。系杆只起支撑作用，不传递外力矩，如图 9-3（g）所示。

（3）K-H-V 型　这种轮系，只有一个中心轮，行星轮的运动通过一具有等角速比机构（图中为双万向联轴节）的"V"轴输出，如图 9-3（h）所示。

通常将行星轮系和差动轮系统称为周转轮系。这种由定轴轮系与周转轮系组合在一起，或者由几个基本的周转轮系组合在一起的轮系，则称为混合轮系（composite gear train），又叫复合轮系，如图 9-4 所示。其中轮 1、2、2′和 3 组成定轴轮系，齿轮 a、g、b 和 H 组成周转轮系。

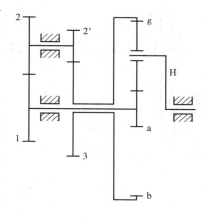

图 9-4　混合轮系

第二节　轮系传动比的计算

轮系传动比的计算是轮系运动学分析的主要内容。轮系中，首末两齿轮的角速度（或转速）之比，称为轮系的传动比（transmission ratio），即：

$$i_{ak} = \frac{\omega_a}{\omega_k} = \frac{n_a}{n_k}$$

式中　a——首轮的代号；

k——末轮的代号。

应当指出，在计算轮系的传动比时，除确定其数值大小外，还应考虑首轮和末轮的转动方向。只有这样，才能完整的表达首末轮转速之间的关系。因此，一对圆柱齿轮传动，其传动比的表达式为：

$$i_{12} = \frac{\omega_1}{\omega_2} = \frac{n_1}{n_2} = \mp \frac{z_2}{z_1} \tag{9-1}$$

式中"-"号用于外啮合，表示末轮 2 与首轮 1 的转向相反，如图 9-5（a）所示；"+"号用于内啮合，表示两轮转向相同，如图 9-5（b）所示。

齿轮的转向也可在图上用箭头表示，如图 9-5（a）、图 9-5（b）所示。对于圆锥齿轮传动，因各轮的运动不在平行平面内，无法用正负号来表明其转向，故只能用标箭头的方法来表示，如图 9-5（c）所示。

一、定轴轮系传动比的计算

图 9-6 所示为一定轴轮系。若已知各轮齿数 z_1、z_2、$z_2{}'$、z_3、$z_3{}'$、z_4、z_5，试计算此轮系的传动比 i_{15}。

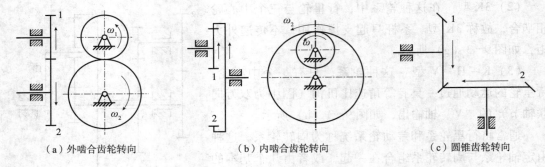

（a）外啮合齿轮转向　　　　　　（b）内啮合齿轮转向　　　　　　（c）圆锥齿轮转向

图9-5　齿轮传动中的转向

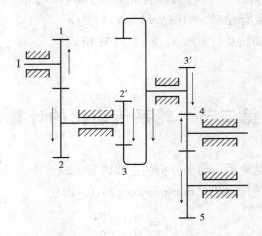

图9-6　定轴轮系

$$i_{12} = \frac{\omega_1}{\omega_2} = -\frac{z_2}{z_1}; \quad i_{2'3} = \frac{\omega_{2'}}{\omega_3} = \frac{z_3}{z'_2}; \quad i_{3'4} = \frac{\omega_{3'}}{\omega_4} = -\frac{z_4}{z_{3'}}; \quad i_{45} = \frac{\omega_4}{\omega_5} = -\frac{z_5}{z_4};$$

将以上各式等号两边按顺序连乘，得：

$$i_{12} \cdot i_{2'3} \cdot i_{3'4} \cdot i_{45} = \frac{\omega_1}{\omega_2} \cdot \frac{\omega_{2'}}{\omega_3} \cdot \frac{\omega_{3'}}{\omega_4} \cdot \frac{\omega_4}{\omega_5} = (-1)^3 \frac{z_2 z_3 z_4 z_5}{z_1 z_{2'} z_{3'} z_4}$$

由于 $\omega_2 = \omega_{2'}$、$\omega_3 = \omega_{3'}$，所以轮系的总传动比为：

$$i_{15} = \frac{\omega_1}{\omega_5} = (-1)^3 \frac{z_2 z_3 z_4 z_5}{z_1 z_{2'} z_{3'} z_4}$$

上式表明，定轴轮系的传动比等于组成该轮系的各对齿轮传动比的连乘积，也等于各对齿轮中的从动轮齿数的连乘积与主动轮齿数连乘积之比。传动比的符号由轮系中所有外啮合齿轮的对数来确定。图9-6的轮系中有三对外啮合齿轮，故传动比的符号应为（-1)^3，即末轮5的转向与首轮1的转向相反。不难理解，当轮系中有 m 对外啮合齿轮时，其转动方向要经过 m 次的改变，故传动比的符号应为（-1)^m。若轮系由首轮 a 和末轮 k 组成，则其传动比的通式可写成：

$$i_{ak} = \frac{\omega_a}{\omega_k} = (-1)^m \times \frac{\text{所有从动轮齿数的连乘积}}{\text{所有主动轮齿数的连乘积}} \tag{9-2}$$

轮系中首、末轮的转向关系，也可用画箭头的方法来确定，如图9-6所示。当首、末轮转向相同时，在传动比计算式中加注"＋"号，反之则加注"－"号。

从图9-6中看出，齿轮4同时和齿轮3′及5相啮合，它既是前一对齿轮的从动轮，又是后一对齿轮中的主动轮，因而在传动比公式中同时出现在分子、分母中，故可被消去。这说明轮4在轮系中存在与否对传动比的数值无影响，而只起改变转向的作用，这样的齿轮被称为介轮或惰轮（idle gear）。

例9-1　在图9-7所示的轮系中，已知 $z_1 = 16$，$z_2 = 32$，$z_{2'} = 20$，$z_3 = 40$，$z_{3'} = 2$（右旋），$z_4 = 40$，且 $n_1 = 800 \text{r/min}$，试求蜗轮的转速 n_4 及各轮转向。

解　因图示为定轴轮系中有圆锥齿轮和蜗杆、蜗轮等空间齿轮，所以，只能用式（9-2）计算传动比的大小，而各轮的转向只能用标箭头的方法表示。

由式（9-2）知：

$$i_{14} = \frac{n_1}{n_4} = \frac{z_2 z_3 z_4}{z_1 z_{2'} z_{3'}} = \frac{32 \times 40 \times 40}{16 \times 20 \times 2} = 80$$

所以　$n_4 = \dfrac{n_1}{i_{14}} = 800 \times \dfrac{1}{80} = 10 \text{r/min}$

各轮的转向如图中箭头所示。

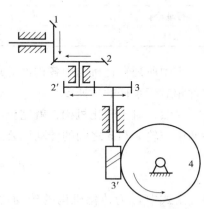

图9-7　定轴轮系

二、周转轮系传动比的计算

由前述已知，周转轮系运转时，行星轮的运动是既自转又公转的复合运动，而不是简单的绕定轴的转动。因此，不能直接用式（9-2）计算其传动比，而必须用其他方法。下面介绍一种简便、常用的方法——机构转化法。

图9-8（a）为一周转轮系，其中 a、b 为中心轮，g 为行星轮，H 为系杆，各构杆转动方向如图中箭头所示。根据力学中的相对运动原理可知，若对整个周转轮系加一个与系杆角速度大小相等、方向相反的公共角速度，则各构件间的相对运动关系仍保持不变。应用这一原理，对图9-8（a）所示的轮系加一个公共角速度 $-\omega_H$ 后，系杆 H 就相对静止不动了。如图9-8（b）所示，这时

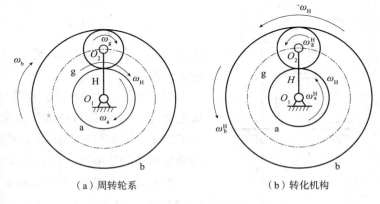

（a）周转轮系　　　（b）转化机构

图9-8　周转轮系及其转化机构

的轮系其运动状态和定轴轮系相同。中心轮 a 和 b 绕固定轴 O_1 转动，行星轮 g 绕定轴 O_2

转动。这样，经过附加一个 $-\omega_H$ 后而得的定轴轮系被称为是原周转轮系的转化机构。转化前后轮系中各构件的角速度见表 9-1。

表 9-1　转化前后轮系中各构件的角速度关系

构件名称	原周转轮系各构件的角速度	转化机构中各构件的角速度
中心轮 a	ω_a	$\omega_a^H = \omega_a - \omega_H$
中心轮 b	ω_b	$\omega_b^H = \omega_b - \omega_H$
行星轮 g	ω_g	$\omega_g^H = \omega_g - \omega_H$
系杆 H	ω_H	$\omega_H^H = \omega_H - \omega_H = 0$

表中所列转化机构中各构件的角速度的右上方都带有角标 H，它表示这些角速度是各构件相对于系杆的角速度。

显然，对于转化机构，就完全可以应用求定轴轮系传动比的概念和方法列出转化机构中两中心轮 a 和 b 之间的传动比公式，即：

$$i_{ab}^H = \frac{\omega_a^H}{\omega_b^H} = \frac{\omega_a - \omega_H}{\omega_b - \omega_H} = -\frac{z_b}{z_a} \tag{9-3}$$

上式中 i_{ab}^H 为转化机构的传动比（即系杆相对不动时，两中心轮之间的传动比）。式 (9-3) 是求解周转轮系传动比的关键公式，从关系式：$\dfrac{\omega_a - \omega_H}{\omega_b - \omega_H} = -\dfrac{z_b}{z_a}$ 可知，ω_a、ω_b、ω_H 中若有两个值已知，便可求得第三个构件的角速度。

如果周转轮系为行星轮系，例如轮 b 固定时，因 $\omega_b = 0$，则由式 (9-3) 可得：

$$\frac{\omega_a - \omega_H}{0 - \omega_H} = -\frac{z_b}{z_a}$$

用 ω_H 除以等式左端各项得：

$$-\frac{\omega_a}{\omega_H} + 1 = -\frac{z_b}{z_a}$$

即

$$i_{aH} = \frac{\omega_a}{\omega_H} = 1 + \frac{z_b}{z_a}$$

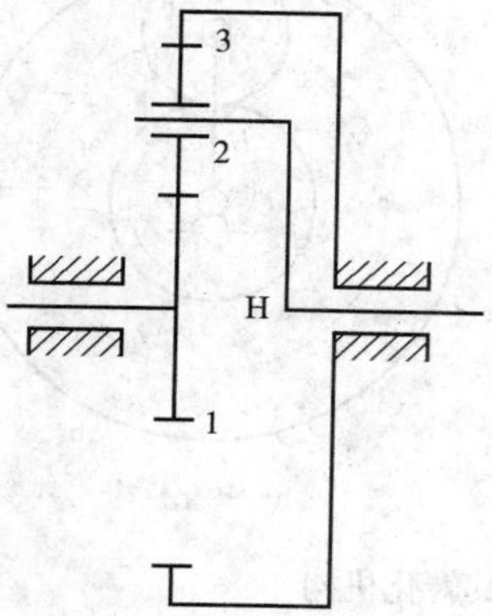

式中 i_{aH} 表示轮 b 固定时，轮 a 与系杆 H 的传动比，也即行星轮系的传动比。

应当指出，式 (9-3) 在推导过程中对各构件所加的公共角速度（$-\omega_H$）是与各构件原来角速度代数相加的，故只适用于轮 a，b 和系杆 H 的轴线相互平行的场合。同时注意：周转轮系的转向是根据计算结果判断的。

例 9-2　在图 9-9 所示的行星轮系中，若已知各轮齿数 $z_1 = 27$，$z_2 = 17$，$z_3 = 61$，且 $n_1 = 6000 \text{r/min}$，求传动比 i_{1H} 和系杆 H 的转速 n_H（1，3 分别为中心轮，2 为行星轮）。

解：因中心轮之一是固定的，所以它属于行星轮系。先列

图 9-9　行星轮系

出其转化机构的传动比，根据式（9-3）有：

$$i_{13}^{H} = \frac{n_1^{H}}{n_3^{H}} = \frac{n_1 - n_H}{n_3 - n_H} = -\frac{z_3}{z_1}$$

因为 $n_3 = 0$，所以

$$\frac{n_1 - n_H}{0 - n_H} = -\frac{z_3}{z_1} = -\frac{61}{27}$$

解得

$$i_{1H} = \frac{n_1}{n_H} = 1 + \frac{61}{27} \approx 3.26$$

代入 $n_1 = 6000 \text{r/min}$ 得：

$$n_H = \frac{n_1}{i_{1H}} = \frac{6000}{3.26} \approx 1840 \text{r/min}$$

结果为正，说明系杆 H 与轮 1 转向相同。

利用上式还可求出行星轮 2 的转速 n_2：

$$\frac{n_1 - n_H}{n_2 - n_H} = -\frac{z_2}{z_1}$$

代入有关数据

$$\frac{6000 - 1840}{n_2 - 1840} = -\frac{17}{27}$$

所以

$$n_2 \approx -4767 \quad \text{r/min}$$

负号表示 n_2 与 n_1 的转向相反。

三、混合轮系传动比的计算

对于混合轮系，不能简单地用对整个轮系加一个公共角速度的办法将其转化为一个定轴轮系。因为，这办的结果虽可使混合轮系中的一个基本周转轮系部分变成定轴轮系，但原来定轴轮系部分却反而变成了周转轮系致使问题得不到解决。因此，在进行混合轮系传动比计算时，首先应将混合轮系中的各个基本周转轮系及定轴轮系区分开来；然后，分别列出它们的计算关系式，最后联立求解，即可得到整个轮系的传动比。轮系分解的关键是将周转轮系分离出来。方法：先找行星轮（既自转又公转的齿轮），接着找系杆（支承行星轮的构件），再找中心轮（与行星轮相啮合）。混合轮系中可能有多个周转轮系，而一个基本周转轮系中至多只有三个中心轮，剩余的就是定轴轮系。

例 9-3 图 9-4 所示为一混合轮系。已知各轮齿数 $z_1 = 20$，$z_2 = 34$，$z_{2'} = 18$，$z_3 = 36$，$z_b = 72$，$z_g = 26$，$z_a = 20$，试求该轮系的传动比 i_{1H}。

解 由图看出，z_1、z_2、$z_{2'}$ 和 z_3 组成定轴轮系，z_a、z_g、z_b 和系杆 H 组成周转轮系。下面分别列出这两部分的传动比计算公式。

定轴轮系部分：

因 $\omega_1 = \omega_a$，$\omega_3 = \omega_b$，$\dfrac{\omega_1}{\omega_3} = (-1)^2 \dfrac{z_2 z_3}{z_1 z_{2'}} = \dfrac{34 \times 36}{20 \times 18} = 3.4$，所以

$$\frac{\omega_1}{\omega_3} = \frac{\omega_a}{\omega_b} = 3.4 \quad \text{或} \quad \omega_b = \frac{1}{3.4}\omega_a \qquad (9-4)$$

周转轮系部分，其转化机构的传动比为：

$$i_{ab}^{H} = \frac{\omega_a - \omega_H}{\omega_b - \omega_H} = (-1)^1 \frac{z_b}{z_a} = -\frac{72}{20} = -3.6$$

将等式左边除以 ω_H，得：

$$\frac{\dfrac{\omega_a}{\omega_H} - 1}{\dfrac{\omega_b}{\omega_H} - 1} = -3.6$$

解得

$$\frac{\omega_a}{\omega_H} + 3.6\frac{\omega_b}{\omega_H} = 4.6 \qquad (9-5)$$

将式 (9-4) 代入式 (9-5)，$\dfrac{\omega_a}{\omega_H}\left(1 + \dfrac{3.6}{3.4}\right) = 4.6$

$$i_{1H} = \frac{\omega_1}{\omega_H} = \frac{4.6}{\left(1 + \dfrac{3.6}{4.6}\right)} = 2.58$$

所以，轮系的传动比 i_{1H} 为 2.58，系杆 H 与轮 1 的转向相同。

例 9-4 图 9-10 所示为一飞机减速器，已知各轮齿数为 $z_1 = 39$、$z_2 = 27$、$z_3 = 93$、$z_4 = 39$、$z_5 = 21$、$z_6 = 81$，求传动比 i_{1H2}（1，2，3，4，5，6 为齿轮，H_1，H_2 为系杆，P 为螺旋桨）。

解： 本例是由两个周转轮系串联组成的混合轮系，故先分别求出各个周转轮系中有关构件间的传动比，然后将其相乘，得到混合轮系的传动比。

第一个周转轮系的传动比为：

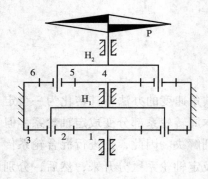

图 9-10 飞机减速器

$$i_{13}^{H_1} = \frac{n_1 - n_{H_1}}{n_3 - n_{H_1}} = -\frac{z_3}{z_1} = -\frac{93}{39}$$

$$\frac{n_1}{n_{H_1}} = 1 + \frac{93}{39} = \frac{132}{39}$$

第二个周转轮系的传动比为：

$$i_{46}^{H_2} = \frac{n_4 - n_{H_2}}{n_6 - n_{H_2}} = -\frac{z_6}{z_4} = -\frac{81}{39}$$

$$\frac{n_4}{n_{H_2}} = 1 + \frac{81}{39} = \frac{120}{39}$$

所以

$$i_{1H2} = \frac{n_1}{n_{H_1}} \cdot \frac{n_4}{n_{H_2}} = \frac{132}{39} \times \frac{120}{39} = 10.41$$

求得的值为正号，说明轮 1 与系杆 H_2 的转向相同。

运算过程中不要将分数简约为小数，以免误差过大。

第三节 轮系的应用及其他类型的行星传动

一、轮系的应用

轮系被广泛用于各种机械中，其主要功用有以下几个方面。

1. 实现分路传动

利用轮系可将原动轴的一个运动同时传给几个从动轴，以实现分路传动，图 9-11 所示为 BY-40 型钻机的变速箱，动力由轴 Ⅰ 经一级减速后传给轴 Ⅱ，再经变速后传给轴 Ⅳ、轴 Ⅴ，轴 Ⅳ 和轴 Ⅴ 分别带动绞车和转盘工作。当牙嵌离合器 A 嵌合时，绞车和转盘可同时工作。这样，轴 Ⅰ 的运动经变速箱分两路传动，实现了分路传动。图中 1~15 均为齿轮。

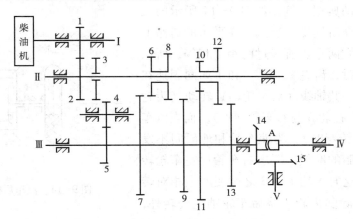

图 9-11 BY-40 型钻机的变速箱

2. 获得大的传动比

当两轴间需要实现很大的传动比时，若采用定轴轮系，会使齿轮和轴增多，机构变得庞大而复杂；若采用行星轮系，则仅需少数齿轮便可获得很大的传动比。图 9-12 所示的行星轮系，设已知 $z_1 = 100$，$z_2 = 101$，$z_2' = 100$，$z_3 = 99$，试计算其传动比 i_{H1}。

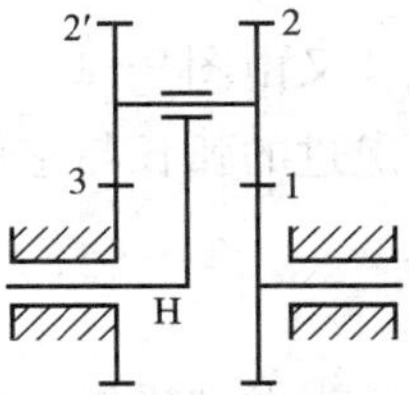

根据式（9-3）得转化机构的传动比：

$$i_{13}^H = \frac{n_1 - n_H}{n_3 - n_H} = (-1)^2 \frac{z_2 z_3}{z_1 z_{2'}}$$

图 9-12 行星轮系
（双排周转轮系）

代入

$$\frac{n_1 - n_H}{0 - n_H} = \frac{101 \times 99}{100 \times 100}$$

解得 $i_{1H} = \frac{1}{10000}$，则 $i_{H1} = 10000$

从计算结果看出，用少数齿轮组成的行星轮系可以获得很大的传动比，且结构比定轴轮系紧凑。然而，这种大传动比的行星轮系其效率却很低，而且传动比越大，效率越低。

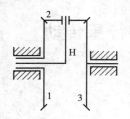

图9-13 用于合成运动的轮系

1、2、3—齿轮；H—系杆

当取轮1为主动轮时，机构将发生自锁。因此，这种轮系只适用于系杆主动、传动功率不大的辅助减速装置中。

3. 实现运动的合成与分解

最简单地用作合成运动的轮系如图9-13所示，其中 $z_1 = z_3$，应用式（9-3）得：

$$i_{13}^H = \frac{n_1 - n_H}{n_3 - n_H} = -\frac{z_3}{z_1} = -1$$

式中右端的负号由画箭头的方法确定。解上式得：

$$2n_H = n_1 + n_3$$

上式表明，当由齿轮1和齿轮3分别输入已知运动时，行星架H将获得两已知运动合成之半的转速。这种合成运动常在机床、计算机构和补偿装置中得到广泛的应用。

作为分解运动典型实例，如图9-14所示的汽车后桥差速器。众所周知，当汽车在平坦的道路上直线行驶时，左右两车轮所滚过的距离相等，所以转速也相同，这时，齿轮1，2，3和4如同固连在一起的整体绕其公共轴线（后车轮轴）转动（齿轮1与左车轮同轴，齿轮3与右车轮同轴）。而当汽车转弯时（例如左转弯时），为使车轮和地面间不发生滑动以减少轮胎的磨损，要求右车轮比左车轮转得快些。显然，这时齿轮1和3之间便产生相对转动。行星齿轮2除随齿轮4绕后车轮轴线公转外，

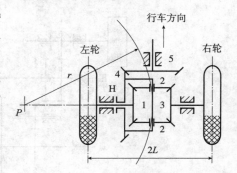

图9-14 汽车后桥差速器

还绕自己轴线自转，从而使发动机传给轮5的一种转速经由齿轮1，2，3，4和系杆H所组成的差动轮系分解为左、右两车轮的不同转速，起到差速作用。

因该差动轮系与图9-13所示的机构完全相同，故有：

$$2n_4 = n_1 + n_3$$

又由图9-14可知，当汽车转弯时可以认为是绕瞬时中心P的转动，这时，左右两轮所走过的弧长与它们至P点的距离成正比，即：

$$\frac{n_1}{n_3} = \frac{r - L}{r + L}$$

当发动机经齿轮5传给齿轮4，轮距2L和转弯半径r已知时，通过以上两式即可求出左右两轮的转速 n_1 和 n_3。

由上式不难推出，当汽车沿直线行驶时，$r = \infty$，则 $n_1 = n_3$，与前述结论一致。

4. 实现变速、变向传动

当原动轴的转速、转向保持不变时，利用轮系使从动轴得到不同转向的多种转速。前面提到的BY-40型钻机的变速箱（图9-11）就是用定轴轮系实现这一要求，图中轴 I

为原动轴，轴Ⅳ和Ⅴ为输出轴。齿轮1，2始终处于啮合状态，齿轮3，6，8，10，12均为滑移齿轮。这种变速箱可以实现4个正挡和1个倒挡共5种转速。

正挡：脱开齿轮3，4，并将轴Ⅱ上的齿轮6，8，10，12逐一与轴Ⅲ上的齿轮7，9，11，13相啮合，则可得到4个正挡转速。

倒挡：使齿轮3，4相啮合，并同时脱开齿轮6，8，10，12，则轴Ⅰ的运动经齿轮1－2－3－4－5－14－15以相反方向传给轴Ⅴ。

在机构中也常采用周转轮系进行变速和变向。图9－15所示的轻型钻机的起升绞车便是一例。

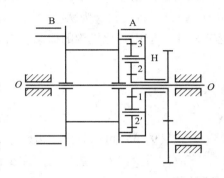

动力由齿轮1输入，再通过周转轮系1－2－3－H驱动与中心轮3固结的滚筒，以实现起升、变速、停、转等功能。

当绞车起升时，刹住刹带A、松开刹带B，由于系杆H固定，轮1至轮3的传动就成为一个定轴轮系减速器。当刹带A作不同程度的松开时，就使系杆有了一定的转速，此时相当于差动轮系。刹带A

图9－15 轻型钻机的起升绞车

松开程度越大，系杆转动越快；反之H的转速则慢。由于系杆H的运动随着刹带A的松紧程度可以任意调节，当动力由轮1传入后，使得轮3也随之变速运转，从而可以使钻具起升实现无级调速的目的。当刹住刹带B，松开刹带A时，就使滚筒停转。所以采用这样一个轮系，既可减速、又可以无级调速，还可以代替离合器，使操纵机构简化。

5. 实现大功率传动

在某些机械中，如带减速器的涡轮钻具，希望在体积小、重量轻、效率高的条件下实现大功率传动。目前采用的是行星减速器，其运动简图如图9－16所示。它可以降低井下动力输出轴的转速，以满足低速、大扭矩的要求。由于采用了三个行星轮均布的结构，可使其共同分担载荷，同时又使行星轮公转所产生的离心惯性力得以平衡，从而减小了主轴承内的作用力，并使其运转平稳。此外，由于采用了内啮合，行星轮位置在内、外齿轮中间，使其结构非常紧凑。

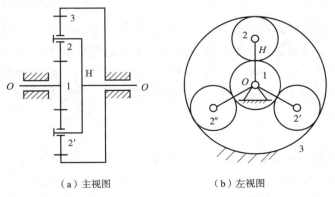

（a）主视图　　　　　　　　　　（b）左视图

图9－16 行星减速器

二、其他类型的行星传动

除前面已介绍过的一般行星传动外，工程上日益受到重视并得到广泛发展使用的还有以下几种特殊的行星转动。

1. 渐开线少齿差行星传动

图 9-17 所示为渐开线少齿差行星传动的示意图。通常中心轮 b 固定，系杆 H 为主动件（输入），行星轮 g 为从动轮。行星轮的自转运动通过等角速输出机构 W 和输出轴 V 将运动输出。应用转化机构的概念，当 b 轮固定时，该轮系的传动比为：

$$\frac{n_g - n_H}{n_b - n_H} = \frac{z_b}{z_g}$$

因 $n_b = 0$，可解得：$i_{HV} = -\dfrac{z_g}{z_b - z_g}$ (9-6)

由式（9-6）可以看出，齿数差 $\Delta z = z_b - z_g$ 越小，其传动比就越大。通常齿数差 $\Delta z = 1 \sim 4$，故称为少齿差行星传动。在少齿差行星传动中，等角速输出机构 W 可以采用双万向联轴节。

2. 摆线针轮行星传动

与上述渐开线少齿差行星传动不同的是：摆线针轮行星传动的中心轮 1 上的内齿是带套筒的针齿销，而行星轮 2 的齿廓曲线则是短幅外摆线的等距曲线，如图 9-18 所示。

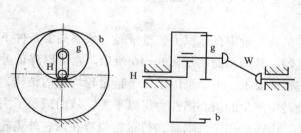

图 9-17　少齿差行星传动示意图
b—中心轮（固定）；g—行星轮

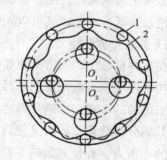

图 9-18　摆线针轮行星传动示意图

摆线针轮行星传动的运动关系与渐开线少齿差行星传动相同，它除了具有传动比大、结构紧凑、体积小、重量轻和效率高等优点外，还因摆线轮和针齿同时接触的齿数多以及齿廓之间为滚动摩擦，故重合度大、传动平稳、承载能力大、轮齿磨损小、使用寿命长。因此，目前在国防、冶金、矿山、化工、纺织等部门得到广泛的应用，缺点是加工工艺复杂、精度要求高。

3. 谐波齿轮传动

谐波传动是利用一个或几个构件可控制的弹性变形来实现机构运动传递的一种波式传动。其主要组成部分如图 9-19 所示。H 为波发生器（上面装有滚轮），它相当于行星架。1 为刚性内齿轮（一般固定不动），它相当于中心轮。2 为柔性轮，可产生较大的弹性变形，它相当于行星轮。当波发生器 H 装入柔轮的内孔后，由于柔轮 2 的内壁孔直径小于波发生器外缘长度，故迫使柔轮 2 产生弹性变形而呈椭圆形。椭圆长轴处的轮齿与刚轮齿相啮合，而短轴处的轮齿脱开，其他各点则处于啮合和脱离的过渡状态。不难看出，当主动件发生器 H 转动时，柔轮长、短轴位置不断改变，从而使啮合也随着改变。这样，便实现了运动的有效传递。由于柔轮比刚轮少（$z_1 - z_2$）个齿，所以当波发生器旋转一周时，柔轮则相对于刚轮反向转过（$z_1 - z_2$）个齿的角度，即反转

$\dfrac{z_1 - z_2}{z_2}$ 周，故其传动比 i_{H2} 为：

$$i_{H2} = \frac{n_H}{n_2} = -\frac{1}{(z_1 - z_2)/z_2} = -\frac{z_2}{z_1 - z_2}$$

与渐开线少齿差行星传动的传动比完全一样。

根据波发生器上所装滚轮数的不同，有双波传动（见图 9-19）和三波传动等，最常用的是双波传动。目前推荐的齿形以三角形直边齿最为理想，但因渐开线齿形容易加工，故仍被广泛采用。

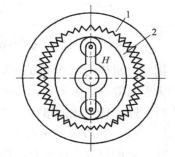

图 9-19　谐波齿轮
传动（双波）

第四节　周转轮系设计中的若干问题

周转轮系在机械传动中得到了广泛的应用。周转轮系设计涉及多方面内容，如同通常机械设计一样有几何尺寸计算、强度计算、结构设计等。但在机构运动方案设计阶段，周转轮系设计的主要任务是：合理选择轮系的类型，确定各轮的齿数，选择适当的均衡装置。

一、周转轮系类型的选择

轮系类型的选择，主要从传动比范围、效率高低、结构复杂程度以及外廓尺寸、重量等几方面综合考虑。

（1）当设计的轮系主要用于传递运动时，首要的问题是考虑能否满足工作所要求的传动比，其次兼顾效率、结构复杂程度、外廓尺寸和重量。

设计轮系时，若工作所要求的传动比不太大，则可根据具体情况选用负号机构，图 9-20 给出了几种常用的 2K－H 型负号机构的型式及其传动比适用范围。根据周转轮系的传动比计算公式，负号机构的传动比只比其转化机构传动比的绝对值大 1，可以满足传动比不大的场合，同时还具有较高的效率。

由于负号机构的传动比大小主要取决于转化机构的传动比，如果要利用负号机构实现大的传动比，会使得轮系外廓尺寸过大。因此，若希望获得比较大的传动比又不致使机构外廓尺寸过大，可考虑选用混合轮系。

正号机构可以获得很大的传动比，且当传动比很大时，转化机构的传动比接近于 1，

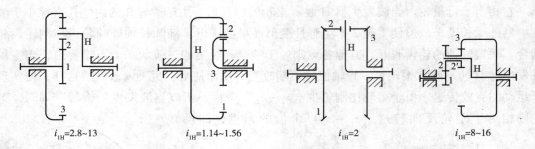

$i_{1H}=2.8\sim13$ $i_{1H}=1.14\sim1.56$ $i_{1H}=2$ $i_{1H}=8\sim16$

图 9-20　几种常用的 2K-H 型负号机构的型式及其传动比适用范围

因此，机构的尺寸不致过大，但正号机构的效率较低。所以，若设计的轮系是用于传动比大而对效率要求不高的场合，可考虑选用正号机构。需要注意的是，正号机构用于增速时，随着传动比的增加，效率会急剧下降，甚至会出现自锁现象。

（2）当设计的轮系主要用于传递动力时，首先要考虑机构效率的高低，其次兼顾传动比、外廓尺寸、机构复杂程度和重量。

由于负号机构具有较高的传动效率，所以在动力传动中一般采用负号机构。如果要求具有较大的传动比，而单级负号机构不能满足要求时，则可将负号机构串联起来使用，或和定轴轮系联合组成混合轮系。

二、周转轮系中各轮齿数的确定

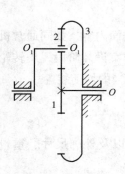

图 9-21　单排 2K-H 型负号机构行星轮系

（1）周转轮系用来传递运动，必须实现工作所要求的传动比，因此各轮齿数必须满足第一个条件——传动比条件。如图 9-21 所示的单排 2K-H 型负号机构行星轮系，根据传动比条件，则有

$$i_{1H} = 1 - i_{13}^{H} = 1 + \frac{z_3}{z_1}$$

即 $z_3 = (i_{1H} - 1) z_1$

（2）周转轮系是一种共轴式的传动装置，为了保证装在系杆上的行星轮在传动过程中始终与中心轮正确啮合，必须使行星架的转轴与中心轮的轴线重合，这就要求各轮齿数必须满足第二个条件——同心条件。如图 9-21 所示的行星轮系，齿轮节圆半径满足：

$$r'_1 + r'_2 = r'_3 - r'_2 \tag{9-7}$$

若三个齿轮均为标准齿轮或高度变位齿轮传动，则各轮分度圆半径可用模数和齿数来表示，各轮模数相等，则上式可改写为

$$z_1 + z_2 = z_3 - z_2$$

即

$$z_2 = (z_3 - z_1) /2 = z_1 (i_{1H} - 2) /2 \tag{9-8}$$

上式表明两中心轮的齿数应同时为奇数或偶数。

（3）要使多个行星轮能够均匀地分布在中心轮四周，就要求各轮齿数必须满足第三个条件——装配条件。

如图 9-22 所示，设有 k 个均布的行星轮，则相邻两行星轮间所夹的中心角为 $2\pi/k$。将第一个行星轮在位置 I 装入，设轮 3 固定，H 沿逆时针方向转过 $\varphi_H = 2\pi/k$ 到达位置 II。这时中心轮 1 转过角 φ_1。

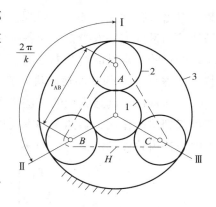

$$\frac{\varphi_1}{\varphi_H} = \frac{\varphi_1}{2\pi/k} = \frac{\omega_1}{\omega_H} = i_{1H} = 1 - i_{13}^H = 1 + \frac{z_3}{z_1}$$

则

$$\varphi_1 = \left(1 + \frac{z_3}{z_1}\right)\frac{2\pi}{k}$$

若在位置 I 又能装入第二个行星轮，则此时中心轮 1 的转角 φ_1 对应于整数个齿。

$$\varphi_1 = N\frac{2\pi}{z_1} = \left(1 + \frac{z_3}{z_1}\right)\frac{2\pi}{k}$$

图 9-22 周转轮系的装配条件

即

$$N = \frac{z_1 + z_3}{k} = \frac{z_1 i_{1H}}{k} \tag{9-9}$$

因此，这种周转轮系的装配条件为：两中心轮的齿数 z_1、z_3 之和应能被行星轮个数 k 所整除。

（4）为了不让相邻两个行星轮的齿顶产生干涉和相互碰撞，在由上述三个条件确定了各轮齿数和行星轮个数后，还必须进行这方面的校核，这就必须满足第四个条件——邻接条件。

如图 9-22 所示，为了不让相邻两个行星轮的齿顶产生干涉和相互碰撞，如采用标准齿轮，则

$$l_{AB} > d_{a2}$$

即

$$2(r_1 + r_2)\sin\frac{\pi}{k} > 2(r_2 + h_a^* m)$$

$$(z_1 + z_2)\sin\frac{\pi}{k} > z_2 + 2h_a^*$$

为了设计时便于各轮的齿数，通常把前三个条件合为一个总的配齿公式，即

$$z_1 : z_2 : z_3 : N = z_1 : \frac{z_1(i_{1H} - 2)}{2} : z_1(i_{1H} - 1) : \frac{z_1 i_{1H}}{k} \tag{9-10}$$

三、周转轮系的均衡装置

周转轮系之所以具有体积小、重量轻、承载能力高等优点，主要是由于在结构上采用了多个行星轮均布分担载荷，并合理地利用了内啮合传动的空间。如果各个行星轮之间的载荷分配是均衡的，则随着行星轮数目的增加，其结构将更为紧凑。但由于零件不可避免地存在着制造误差、安装误差和受力变形，往往会造成行星轮间的载荷不均衡，其优点难以充分实现。

可以采用提高行星轮、中心轮和行星架的制造与安装精度的方法来实现周转轮系的均

载，但由于受到工艺条件的限制，很难达到，而且也不经济。目前，普遍采用的均载方法是从结构设计上采取措施，使各构件间能够自动补偿各种误差，从而达到每个行星轮受载均匀的目的。常见的均载方法如下：

1. 采用基本构件浮动的均衡装置

基本构件浮动最常用的方法是采用双齿或单齿式联轴器。三个基本构件中有一个浮动即可起到均衡作用，若两个基本构件同时浮动，则效果更好。如图9-23（a）、（b）所示为中心外齿轮浮动的情况，图9-23（c）、（d）所示为中心内齿轮浮动的情况。

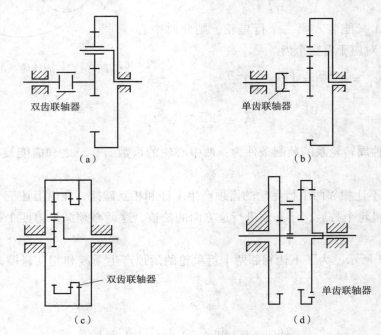

图9-23　基本构件浮动的均衡装置

2. 采用弹性元件的均衡装置

这类均衡装置主要是通过弹性元件的弹性变形使各行星轮之间的载荷得以均衡。其优点是具有良好的减振性，结构比较简单；缺点是载荷不均衡系数与弹性元件的刚度及总制造误差成正比。

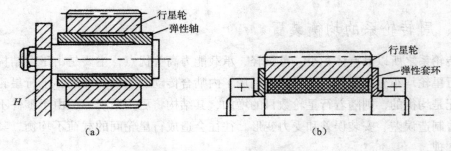

图9-24　弹性均衡装置

弹性均衡装置形式很多。如图9-24所示为这种均衡装置的结构。图9-24（a）为行星轮装在弹性心轴上；图9-24（b）为行星轮装在非金属弹性套环上。它们均可用于行星轮数目大于3的周转轮系中。

3. 采用杠杆联动的均衡装置

这种均衡装置中装有偏心的行星轮轴和杠杆系统。当行星轮受力不均衡时，可通过杠杆系统的联锁动作自行调整达到新的平衡位置。其优点是均衡效果较好，缺点是结构较复杂。

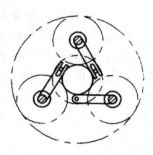

如图9-25为具有3个行星轮的均载装置。3个偏心的行星轮轴互为120°布置，每个偏心轴与平衡杠杆刚性连接，杠杆的另一端由一个能在本身平面内自由运动的浮动环支承。当作用在3个行星轮轴上的力互不相等时，则作用在浮动环上的3个力也不相等，环即失去平衡，产生移动或转动，使受载大的行星轮减载，受载小的增载，直至达到平衡为止。

图9-25　三个行星轮的均衡装置

小　　结

轮系的类型不不同，其传动比的计算方法也不同。首先要正确判断轮系属于何种类型，然后采用相应的方法计算其传动比的大小并确定主、从动轮的转向关系。

定轴轮系的传动比计算按式（9-2）进行。转向一般采用画箭头的方法，但当首轮、末轮轴线平行时，也可用（-1)^{m}进行判断。

周转轮系与定轴轮系的根本区别在于，周转轮系有一个转动着的行星架，所以行星轮既有自转又有公转。周转轮系的传动比计算问题基本思路：把周转轮系转化为"假想的定轴轮系"（即转化轮系），利用转化轮系写出传动比公式，计算出周转轮系的传动比。计算公式见式（9-3）。周转轮系的转向是根据计算结果判断的。

混合轮系传动比计算时，首先应将混合轮系中的各个基本周转轮系及定轴轮系区分开来；然后，分别列出它们的计算关系式，最后联立求解，即可得到整个轮系的传动比。其关键在于正确划分轮系。

行星轮系满足传动比条件、同心条件、装配条件、邻接条件等。要了解其它行星传动机构。轮系的功能很多，要注意收集工程中广泛应用的各种轮系，并进行分析、综合。

思　考　题

9-1. 什么是轮系？轮系可以分为哪几种基本类型？它们各有什么特点？

9-2. 什么是差动轮系？差动轮系是如何构成的？它具有什么特点？

9-3. 什么是行星轮系？行星轮系由哪些基本构件组成？它们各作什么运动？

9-4. 如何计算定轴轮系的传动比？定轴轮系中各轮的转向如何确定？

9-5. 什么是惰轮？惰轮有什么特点？为什么要使用惰轮？

9-6. 什么是周转轮系的转化轮系？为什么要进行这种转化？

9-7. 什么是混合轮系？混合轮系的传动比如何计算？

9-8. 求混合轮系的传动比时，能否对整个轮系加一个（$-\omega_H$）？为什么？

9-9. 在确定行星轮系各轮齿数时，应遵循哪些条件？这些条件各起什么作用？

9-10. 轮系的主要功能有哪些？请举例说明。

习　题

9-1. 已知题图9-1所示轮系中各轮的齿数分别为 $z_1 = z_3 = 15$，$z_2 = 30$，$z_4 = 25$，$z_5 = 20$，$z_6 = 40$，求传动比 i_{16}，并标出各齿轮的转向。

9-2. 题图9-2所示为一手摇提升装置，其中各轮齿数均为已知，试求传动比 i_{15}，并标出当提升重物时手柄的转向。

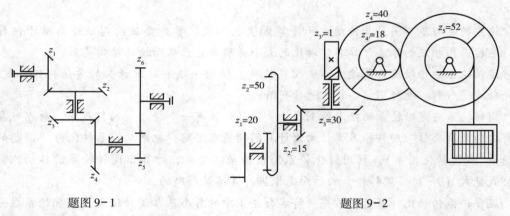

题图9-1　　　　　　　　　　　　　　　　题图9-2

9-3. 题图9-3所示的轮系中，已知 $z_1 = 15$，$z_2 = 25$，$z_2' = 35$，$z_3' = 15$，$z_3 = 35$，$z_4 = 30$，$z_4' = 2$（右旋），$z_5 = 60$，$z_5' = 20$（$m = 4$mm）。若 $n_1 = 500$r/min，求齿条6移动速度 v 的大小和方向。

9-4. 题图9-4所示为一钟表轮系，其中S、M和H分别为秒针、分针和时针。若已知齿轮齿数 $z_1 = 64$，$z_2 = 8$，$z_3 = 60$，$z_4 = 8$，$z_5 = 8$，$z_6 = 24$，$z_7 = 6$，$z_8 = 24$，求秒针与分针间的传动比 i_{SM} 和分针与时针间的传动比 i_{MH}。

9-5. 题图9-5所示的机床传动中，若已知各轮齿数 $z_1 = 26$，$z_2 = 51$，$z_3 = 42$，$z_4 = 29$，$z_5 = 49$，$z_6 = 43$，$z_7 = 56$，$z_8 = 36$，$z_9 = 30$，$z_{10} = 90$，电动机转速 $n = 1450$r/min，小带轮直径 $D_1 = 100$mm，大带轮直径 $D_2 = 200$mm，试求当轴Ⅲ上的三联齿轮分别与轴Ⅱ上的三个齿轮啮合时，轴Ⅳ的三种转速（提示：带传动的传动比 $i = D_2/D_1$）。

9-6. 题图 9-6 所示为一矿井用的电钻传动机构。已知各轮齿数 $z_1=15$，$z_3=45$，电动机转速 $n_1=3000\text{r/min}$，试计算钻头的转速 n_H。

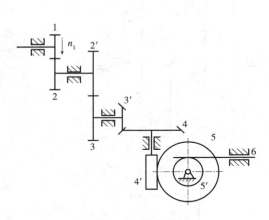

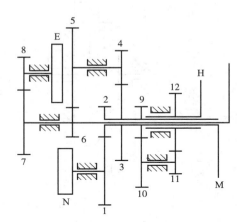

题图 9-3　定轴轮系　　　　　　　　　　　题图 9-4　钟表轮系

9-7. 题图 9-7 所示的手动起重葫芦中，S 为手动链轮，H 为起重链轮。已知 $z_1=12$，$z_2=28$，$z'_2=14$，$z_3=54$，求传动比 i_{SH}。

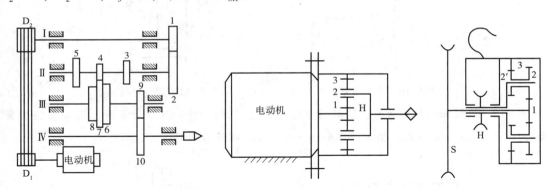

题图 9-5　机床传动　　　　题图 9-6　矿井电机传动机构　　　题图 9-7　手动起重葫芦

9-8. 题图 9-8 所示轮系中，已知 $z_1=20$，$z_2=30$，$z_3=18$，$z_4=68$，齿轮 1 的转速 $n_1=150\text{r/min}$。求行星架 H 的转速 n_H 的大小和方向。

9-9. 在题图 9-9 所示双级行星齿轮减速器中，各齿轮的齿数为 $z_1=z_6=20$，$z_3=z_4=40$，$z_2=z_5=10$，试求：

（1）固定齿轮 4 时的传动比 i_{1H2}；

（2）固定齿轮 3 时的传动比 i_{1H2}。

9-10. 题图 9-10 所示为一小型起重机构，在一般正常工作情况下，单头蜗杆 5 不转动，动力由电动机 M 输入带动卷筒 N 转动。当电动机发生故障或需要慢速吊重时，电动机停转并被刹住，起用蜗杆传动。已知 $z_1=53$，$z'_1=44$，$z_2=48$，$z'_2=53$，$z_3=58$，$z'_3=44$，$z_4=87$，求一般工作时的传动比 i_{H4} 和慢速吊重时的传动比 i_{54}。

9-11. 题图 9-11 所示为卷扬机减速器。已知各轮齿数 $z_1=24$，$z_2=52$，$z_3=21$，$z_4=$

78，$z_5 = 18$，$z_6 = 30$，$z_7 = 78$，试求传动比 i_{17}。

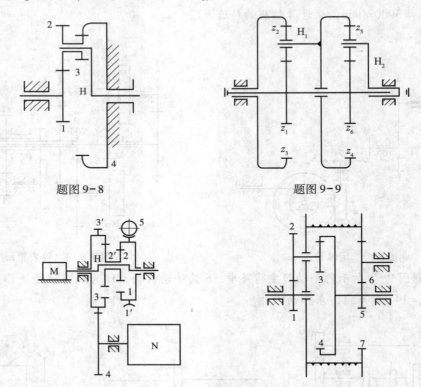

题图 9-8

题图 9-9

题图 9-10 小型起重机构

题图 9-11 卷扬机减速器

9-12. 题图 9-12 所示为一装配用电螺丝刀齿轮减速部分的传动简图。已知各轮齿数为 $z_1 = z_4 = 7$，$z_3 = z_6 = 39$。若 $n_1 = 3000 \text{r/min}$，试求螺丝刀的转速。

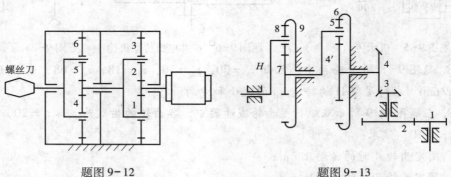

题图 9-12

题图 9-13

9-13. 题图 9-13 所示的复合轮系中，设已知 $n_1 = 3549 \text{r/min}$，又知各轮齿数为 $z_1 = 36$，$z_2 = 60$，$z_3 = 23$，$z_4 = 49$，$z'_4 = 69$，$z_5 = 31$，$z_6 = 131$，$z_7 = 94$，$z_8 = 36$，$z_9 = 166$。试求行星架 H 的转速 n_H。

9-14. 题图 9-14 所示的电动三爪卡盘传动轮系中，设已知各轮齿数为 $z_1 = 6$，$z_2 = z_{2'} = 25$，$z_3 = 57$，$z_4 = 56$。试求传动比 i_{14}。

9-15. 在题图9-15所示的双螺旋桨飞机的减速器中，已知 $z_1=6$，$z_2=z_{2'}=20$，$z_4=30$，$z_5=z_{5'}=18$，齿轮1的转速 $n_1=15000\text{r/min}$，求螺旋桨 P 和 Q 转速 n_P、n_Q 的大小和方向。

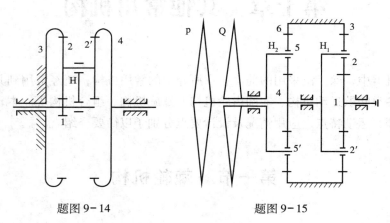

题图 9-14　　　　　　　题图 9-15

第十章　其他常用机构

在各种机器中，除广泛采用的前面各章所介绍的常用机构，还经常用到其他类型的一些机构，如各类间歇运动机构、非圆齿轮机构、螺旋机构、组合机构等。本章将对这些机构的工作原理、运动特点、应用情况及设计要点分别予以简要介绍。

第一节　棘轮机构

一、棘轮机构的工作原理

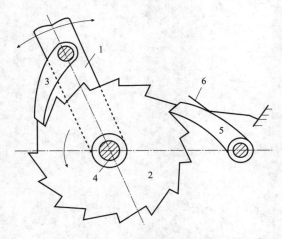

图 10-1　外啮合齿式棘轮机构

图 10-1 所示为常见的外啮合齿式棘轮机构（ratchet mechanism）。该机构主要由棘轮（ratchet）2、棘爪（pawl）3、摇杆 1、止动爪 5 和机架 4 组成。当摇杆 1 沿逆时针方向摆动时，与摇杆铰链连接的棘爪 3 插入棘轮 2 的齿槽内，推动棘轮 2 使其转过相应的角度，止动爪 5 在棘轮 2 齿背上滑过。当摇杆 1 沿顺时针方向摆动时，棘爪 3 在棘轮齿背上滑过，弹簧 6 借助弹力迫使止动爪 5 插入棘轮 2 的齿槽内，阻止棘轮转动。当摇杆 1 连续地往复摆动时，棘轮 2 作单向的间歇运动。摇杆 1 的往复摆动，可由连杆机构，凸轮机构，液压传动或电磁装置获得。

棘轮机构的类型及特点

（1）按结构形式分类：

棘轮机构按结构形式主要分为轮齿式棘轮机构和摩擦式棘轮机构。

①轮齿式棘轮机构　如图 10-1 所示的轮齿式棘轮机构，结构简单、制造方便；转角准确、运动可靠；可在较大范围内调节从动件的运动行程；动停时间比可通过选择合适的驱动机构来实现，但从动件的运动行程不能作无级调节；棘爪在齿背上滑行会引起噪声、冲击和磨损，故轮齿式棘轮机构不宜用于高速运动。

②摩擦式棘轮机构　如图 10-2 所示的摩擦式棘轮机构，以偏心扇形楔形块代替轮齿

式棘轮机构中的棘爪，以无齿摩擦轮代替轮齿式的棘轮。它的特点是传动平稳、无噪声；从动件的运动行程可无级调节；传递扭矩较大。但由于靠摩擦力传动，会出现打滑现象。虽然打滑具有超载保护的作用，但也会使传动精度不高，故摩擦式棘轮机构适用于低速轻载的场合。

（2）按啮合方式分类：

①外啮合方式　如图 10-1、图 10-2 所示，外啮合式棘轮机构的棘爪 3 或楔形块 3 均安装在棘轮 2 的外部。外啮合式棘轮机构应用较广。

②内啮合方式　如图 10-3（a）所示为内啮合轮齿式棘轮机构，图 10-3（b）所示为内啮合摩擦式棘轮机构。它们的棘爪 2 或楔形块 2 均安装在棘轮 3 的内部，其特点为结构紧凑，外形尺寸较小。

（3）按运动形式分类：

①从动件作单向间歇转动　如图 10-1、图 10-2 和图 10-3 所示的棘轮机构，各从动件均作单向间歇转动。

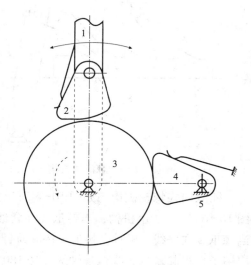

图 10-2　摩擦式棘轮机构

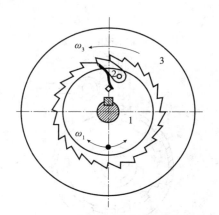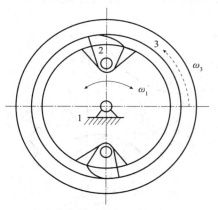

（a）内啮合轮齿式棘轮机构；（b）内啮合摩擦式棘轮机构

图 10-3　内啮合式棘轮机构

②从动件作单向间歇移动　如图 10-4 所示，当棘轮 3 的半径增大至无穷大时，棘轮 3 就演变为棘齿条 3 当主动件 1 作往复摆动时，棘爪 2 推动棘齿条 3 作单向间歇移动。

③双动式棘轮机构（或称双棘爪机构）　前面介绍的两种棘轮机构都是当主动件向某一方向运动时，才能使棘轮转动，称为单动式棘轮机构。图 10-5 所示为双动式棘轮机构，该棘轮机构的主动摆杆 1 上装有两个主动棘爪 2 和 2′，当摆杆 1 绕轴 O_1 摆动，在其向两个方向往复摆动的过程中分别带动棘爪 2 或 2′，两次推动棘轮 3 转动。

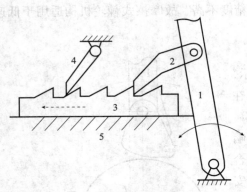

图 10-4　棘齿条机构

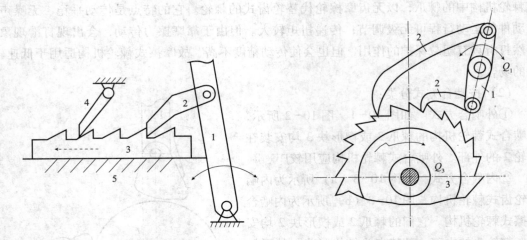

图 10-5　双动式棘轮机构

④双向式棘轮机构　如图 10-6 所示的机构为棘轮可变换转动方向的双向式棘轮机构。图 10-6（a）所示机构，当棘爪 2 在实线位置 AB 时，棘轮 3 按逆时针方向作间歇转动；当棘爪 2 在虚线 AB′时，棘爪 3 按顺时针方向作间歇运动。图 10-6（b）所示机构中，拔出销子，提起棘爪 2 绕自身轴线旋转 180°后放下，即可改变棘爪 3 的间歇转动方向。双向式棘轮机构的齿形一般采用对称齿形。

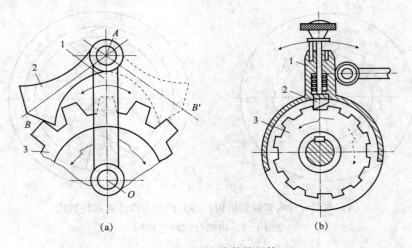

(a)　　　　　　　　　　　　　　　　(b)

图 10-6　双向式棘轮机构

二、棘轮机构的设计

棘轮机构的设计主要是确定棘轮的齿形、棘轮的模数及齿数、棘爪顺利进入齿槽的条件和棘轮转角的调节方法。

1. 棘轮齿形的选择

工程上常见的棘轮齿形有不对称梯形齿、直线型三角形齿、圆弧型三角形齿、矩形齿和对称梯形齿等。不对称梯形齿的齿形已经标准化，是最常用的一种齿形，该齿形强度较高，可用于承受载荷较大的场合。直线型三角形齿的齿顶尖锐，强度较低，适用于小载荷场合。圆弧型三角形齿较直线型三角形齿强度高，冲击小。

2. 模数和齿数的确定

与齿轮一样，棘轮也以模数 m 来衡量棘齿的大小。棘轮的标准模数要按棘轮的顶圆直径 d_a 来计算，即

$$d_a = mz \tag{10-1}$$

表 10-1 列出了棘轮模数的标准值。

表 10-1　棘轮的模数

名　称	数　值/mm
模数 m	0.6, 0.8, 1, 1.25, 1.5, 2, 2.5, 3, 4, 5, 6, 8, 10, 12, 14, 16, 18, 20, 22, 24, 26, 30

棘轮齿数 z 一般由棘轮机构的使用条件和运动要求选定。对于一般进给和分度所用的棘轮机构，可根据所要求的棘轮最小转角 θ_{min} 来确定棘轮的齿数（$z \leqslant 250$，一般取 $z = 8 \sim 30$），然后选定模数。

3. 棘爪顺利进入齿槽的条件

如图 10-7 所示，棘爪与棘轮在 P 点接触，即将进入齿槽时，棘轮对棘爪的作用力有正压力 N 与摩擦力 fN。为使棘爪顺利进入齿槽，应使棘爪滑入齿槽的力矩大于阻止棘爪滑入齿槽的摩擦力矩，即

$$L\sin\theta > fNL\cos\theta$$

$$L\tan\theta > fNL$$

则　　　　　　　$\tan\theta > f$

取摩擦角 $\varphi = \arctan f$，即

$$\theta > \varphi \tag{10-2}$$

式中：θ 为棘爪与棘轮接触点 P 的公法线与 O_1P 所夹锐角，一般 $O_1P \perp O_2P$，即 φ 为齿面倾角。故棘爪顺利进入齿槽的条件为：棘轮齿面倾角大于摩擦角。

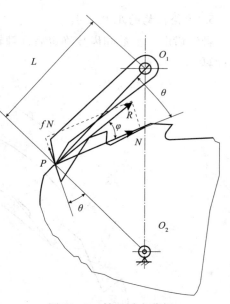

图 10-7　棘爪受力分析

4. 棘轮转角的调节方法

根据不同的工作情况，棘轮的转角应能够进行调节。常用的调节方法有两种，即改变摇杆摆角和采用棘轮罩。

（1）改变摇杆摆角　如图 10-8（a）所示，驱动棘爪是由曲柄摇杆机构的摇杆带动作往复运动，通过改变曲柄长度来改变摇杆的摆角大小，从而达到调节棘轮转角的

目的。

（2）采用棘轮罩 如图10-8（b）所示，在棘轮上安装一个棘轮罩，改变棘轮罩的位置，可以使驱动棘爪行程的一部分在棘轮罩上滑过，不与棘轮接触，改变棘轮转角的大小，从而达到调节棘轮转角的目的。驱动棘爪数一般为1，但当棘轮的转角小于棘轮齿距角时，必须采用多个棘爪。

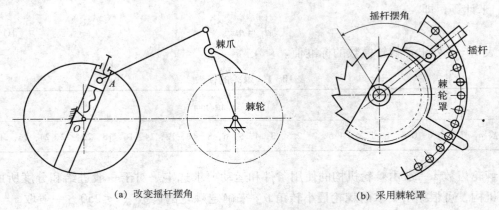

（a）改变摇杆摆角 　　　　　　　　（b）采用棘轮罩

图10-8　棘轮机构转角的调节

5. 棘轮机构的几何尺寸

棘轮齿形、模数和齿数确定后，棘轮机构的几何尺寸可以参照图10-9和表10-2进行计算。

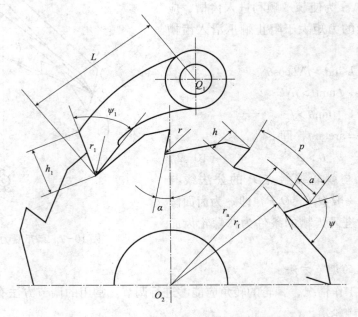

图10-9　棘轮机构的基本尺寸

表 10-2　棘轮机构的部分基本尺寸计算公式

名　称	计　算　公　式									
模数 m	0.6	0.8	1	1.25	1.5	2	2.5	3	4	5	6, 8, 10, 12, …, 30
齿高 h	0.8	1	1.2	1.5	1.8	2	2.5	3, 3.5, 4			0.75m
齿顶圆半径 r_a	$mz/2$										
齿根圆半径 r_f	$r_a - h$										
齿面角 α	$15° \sim 20°$										
齿距 p	πm										
齿顶厚度 a	$(1.2 \sim 1.5)\ m$						m				
棘轮齿槽角 ψ	55°					60°					
棘轮齿根角半径 r	0.3			0.5			1			1.5	
棘爪齿形角 ψ_1	50°			55°			60°				
棘爪长度 L	按结构确定						$2p$				
棘爪工作面长 h_1	$h + (1.5 \sim 3.5)\ m$										
爪尖圆角半径 r_1	0.4			0.8			1.5			2	

第二节　槽轮机构

一、槽轮机构的组成和工作原理

如图 10-10 所示，槽轮机构（Geneva mechanism）是由具有圆柱销的主动拨盘 1、具有径向直槽的从动槽轮 2 及机架组成，可将主动拨盘的连续转动变换为槽轮的间歇转动。主动拨盘 1 以等角速度 w_1 连续回转，当主动件上的圆柱销 G 未进入槽轮的径向槽时，由于槽轮 2 上的内凹锁止弧 $\overline{mn}$ 被主动拨盘 1 上的外凸圆弧锁住，故主动拨盘 1 虽然连续转动，但槽轮 2 在这个期间静止不动；当圆销 G 开始进入径向槽时，外凸圆弧的终点 m 正好在中心连线上，此时主动拨盘 1 继续回转一个很小的角度，主动拨盘的外凸锁止弧与槽轮的内凹锁止弧脱开，槽轮 2 在圆销 G 的驱动下逆时针转动；当圆销 G 开始脱离径向槽时，槽轮因另一锁止弧又被锁住而静止，从而实现从动槽轮的单向间歇转动。

槽轮机构的类型与特点

槽轮机构主要分为传递平行轴运动的平面槽轮机构和传递相交轴运动的空间槽轮机构两大类。平面槽轮机构又分为外槽轮机构（external Geneva mechanism）（如图 10-10）、内槽轮机构（internal Geneva mechanism）（如图 10-11）和槽条机构（如图 10-12）三大类。外槽轮机构的主、从动轮转向相反；内槽轮机构的主、从动轴转向相同。与外槽轮机构相比，内槽轮机构传动平稳、停歇时间短、所占空间小。

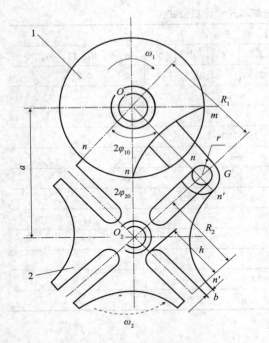

图 10-10　外槽轮机构

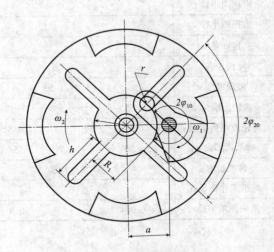

图 10-11　内槽轮机构

如图 10-12 所示为平面槽条机构。主动拨盘 1 的连续转动转换成了槽条单向间歇转动。图 10-13 所示的球面槽轮机构是空间槽轮机构。从动槽轮 2 呈半球形，槽 a、槽 b 和锁止弧均分布在球面上，主动构件 1 的轴线、销 A 的轴线都与槽轮 2 的回转轴线汇交于槽轮球心 O，故又称为球面槽轮机构（spherical Geneva mechanism）。主动件 1 连续转动，槽轮 2 作间歇转动，转向如图 10-13 所示。

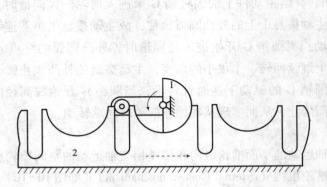

图 10-12　平面槽条机构

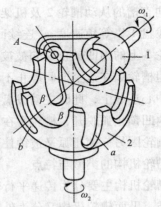

图 10-13　球面槽轮机构

为了满足某些特殊的工作要求，在某些机械中还用到一些特殊型式的槽轮机构，如不等壁长的多销槽轮机构、偏置槽轮机构等。

槽轮机构的优点是结构简单、制造容易、工作可靠、能准确控制转角，机械效率高。

缺点是动程不可调节，转角不可太小，且槽轮在起动和停止时的加速度变化大、有冲击，随着转速的增加或槽轮槽数的减少而加剧，因而不适用于高速。

槽轮机构一般用于转速较低的自动机械、轻工机械或仪器仪表中。例如，在电影放映机中用作送片机构，为了适应人眼的视觉暂留现象，要求影片作间歇移动，如图10-14所示。图10-15所示为六角车床转塔刀架的转位机构，与从动槽轮2固连的转塔刀架上可装6种刀具，所以从动槽轮2上开有6个径向槽，拨盘1每转一周，从动槽轮2便转过60°，从而将下一工序所需要的刀具转到工作位置上。

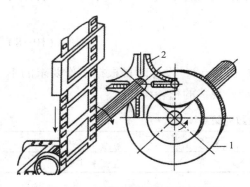 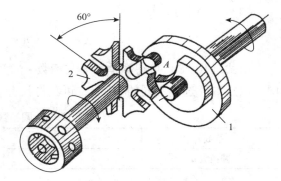

图10-14 电影放映机中的送片机构
1—主动拨盘；2—从动槽轮

图10-15 六角车床转塔刀架的转位机构
1—主动拨盘；2—从动槽轮

二、 槽轮机构的设计方法

1. 槽数 z 和圆销数 n 的选取

如图10-10所示的外槽轮机构中，当主动拨盘1回转一周时，从动槽轮2的运动时间 t_2 与主动拨盘1的运动时间 t_1 之比，称为该槽轮机构的运动系数，用 τ 表示，即

$$\tau = \frac{t_2}{t_1} \tag{10-3}$$

由于主动拨盘1通常为等速转动，故上述时间的比值可用拨盘转角的比值表示。对于图10-10所示的单圆销外槽轮机构，时间 t_2 与 t_1 所对应的转角分别为 $2\varphi_{10}$ 与 2π，故

$$\tau = \frac{t_2}{t_1} = \frac{2\varphi_{10}}{2\pi} \tag{10-4}$$

为了避免槽轮2在起动和停歇时产生刚性冲击，圆销G进入和退出径向槽时，径向槽的中心线应切于圆销中心的运动圆周。因此，由图10-10可知，对应于槽轮每转过 $2\varphi_{10} = 2\pi/z$ 角度，主动拨盘的转角为

$$2\varphi_{10} = \pi - 2\varphi_{20} = \pi - \frac{2\pi}{z} \tag{10-5}$$

将式（10-4）和式（10-5）代入式（10-3），可得槽轮机构的运动系数为

$$\tau = \frac{t_2}{t_1} = \frac{2\varphi_{10}}{2\pi} = \frac{\pi - \frac{2\pi}{z}}{2\pi} = \frac{z-2}{2z} = \frac{1}{2} - \frac{1}{z} \tag{10-6}$$

因为运动系数 τ 应大于零，所以式（10-6）可知，外槽轮径向槽的数目应大于或等于3。从式（10-6）还可得，τ 总是小于 0.5，在这种槽轮机构中，槽轮的运动时间总小于其静止时间。

若欲使 $\tau \geqslant 0.5$，即让槽轮的运动时间大于其停歇时间，可在拨盘上安装多个圆销。设均匀分布的圆销数为 n，且各圆销中心离拨盘中心 O_1 等距，则运动系数 τ 为

$$\tau = n\frac{z-2}{2z} \tag{10-7}$$

因 τ 应小于1，故

$$n < \frac{2z}{z-2} \tag{10-8}$$

由式（10-8）可得圆销数 n 与槽数 z 的关系见表10-3，设计时可根据工作要求的不同加以选取。选择不同的 z 和 n，可获得具有不同动停规律的槽轮机构。

表10-3　圆销数与槽数的关系

槽数 z	3	4 ~ 5	$\geqslant 6$
圆销数 n	1 ~ 5	1 ~ 3	1 ~ 2

同理可导出内槽轮机构的运动系数为

$$\tau = \frac{z+2}{2z} = \frac{1}{2} + \frac{1}{z} \tag{10-9}$$

圆销数与槽数的关系为

$$n < \frac{2z}{z+2} \tag{10-10}$$

由以上两式可得，内槽轮机构的运动系数 $0.5 < \tau < 1$，径向槽数 $z \geqslant 3$，圆销数 n 只能为1。

2. 基本参数的设计

当根据槽轮的转角要求选定槽数 z，根据载荷和结构尺寸选定中心矩 a 和圆销 G 的半径 r 后，其余几何参数和运动参数可按表10-4设计计算，其中 $\lambda = \dfrac{R_1}{a} = \sin\varphi_{20} = \sin\dfrac{\pi}{2}$，$-\varphi_{10} \leqslant \varphi_1 \leqslant \varphi_{10}$。

表10-4　槽轮机构参数计算公式

参数名称	外槽轮机构	内槽轮机构
槽轮槽间角		$2\varphi_{20} = \dfrac{2\pi}{z}$
槽间角对应拨盘运动角	$2\varphi_{10} = \pi - 2\varphi_{20}$	$2\varphi_{10} = \pi + 2\varphi_{20}$
拨盘中心回转半径		$R_1 = a\sin 2\varphi_{20}$
槽轮外圆半径		$R_2 = \sqrt{(a\cos\varphi_{20})^2 + r^2}$
槽轮槽长	$h \geqslant a\left(\sin\dfrac{\pi}{z} + \cos\dfrac{\pi}{z} - 1\right) + r$	$a\left(\sin\dfrac{\pi}{z} + \cos\dfrac{\pi}{z} - 1\right) + r$

参数名称	外槽轮机构	内槽轮机构
运动系数	$\tau = n\dfrac{z-2}{2z}$	$\tau = n\dfrac{z+2}{2z}$
槽轮动停比	$k = \dfrac{1-\dfrac{2}{z}}{\dfrac{2}{n}+\dfrac{2}{z}-1}$	$k = \dfrac{z+2}{z-2} > 1$
槽轮角位移	$\varphi_2 = \arctan\dfrac{\lambda\sin\varphi_1}{1-\lambda\cos\varphi_1}$	$\varphi_2 = \arctan\dfrac{\lambda\sin\varphi_1}{1+\lambda\cos\varphi_1}$
槽轮角速度	$\omega_2 = \dfrac{\lambda\,(\cos\varphi_1-\lambda)}{1-2\lambda\cos\varphi_1+\lambda^2}\omega_1$	$\omega_2 = \dfrac{\lambda\,(\cos\varphi_2-\lambda)}{1-2\lambda\cos\varphi_1+\lambda^2}\omega_1$
槽轮角加速度	$\varepsilon_2 = \dfrac{\lambda\,(1-\lambda^2)\,\sin\varphi_1}{(1-2\lambda\cos\varphi_1+\lambda^2)^2}\omega_1^2$	$\varepsilon_2 = \dfrac{\lambda\,(1-\lambda^2)\,\sin\varphi_1}{(1+2\lambda\cos\varphi_1+\lambda^2)^2}\omega_1^2$

3. 改善槽轮机构性能的设计

槽轮机构的运动和动力特性，通常可以用 w_2/w_1 和来衡量。表 10-5 分别给出了外槽轮机构的运动和动力特性数值，表中和为槽轮的最大角速度和最大角加速度，为槽轮起动、停止瞬时的角加速度。图 10-16 给出了外槽轮机构的运动特性曲线。由表 10-5 和图 10-16 可知，槽数 z 越多，运动趋于平稳，动力特性也将得到改善。随着槽数的增加，槽轮体积也将增大，产生较大的惯性力矩。因此为保证使用性能，槽轮槽数一般选取 4~8。

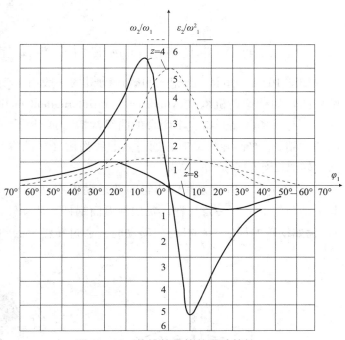

图 10-16　外槽轮机构的运动特性

表 10-5　槽轮机构参数计算公式

槽　数 z	ω_{2max}/ω_1	ε_0/ω_1^2	$\varepsilon_{2max}/\omega_1^2$
3	6.46	1.73	31.4
4	2.41	1.00	5.41
5	1.43	0.727	2.30
6	1.00	0.577	1.35
7	0.766	0.482	0.928

槽 数 z	ω_{2max}/ω_1	ε_0/ω_1^2	$\varepsilon_{2max}/\omega_1^2$
8	0.620	0.414	0.700
9	0.520	0.364	0.559
10	0.447	0.325	0.465
12	0.349	0.268	0.348
15	0.262	0.212	0.253

槽轮机构中涉及的锁止弧能使槽轮在停歇过程中保持静止，但定位精度不高。为精确定位，自动化机床、精密机械和仪表中应设计专门的精确定位装置。

第三节　凸轮式间歇运动机构

一、凸轮式间歇运动机构的组成和工作原理

如图 10-17 所示，凸轮式间歇运动机构一般由主动凸轮 1、从动转盘 2 和机架组成。圆柱凸轮间歇运动机构（cylindrical cam intermittent motion mechanism）的主动凸轮 1 的圆柱面上有一条两端开口、不闭合的曲线沟槽（或凸脊），从动转盘 2 的端面上有均匀分布的圆柱销 3。当凸轮转动时，通过其曲线沟槽（或凸脊）拨动从动转盘 2 上的圆柱销，使从动转盘 2 作间歇运动。

如图 10-18 所示为蜗杆凸轮间歇运动机构（worm - type cam intermittent mechanism），其主动凸轮 1 上有一条凸脊，犹如圆弧面蜗杆。从动转盘 2 的圆柱面上均匀分布有圆柱销 3，犹如蜗轮的齿。当蜗杆凸轮转动时，通过转盘上的圆柱销推动从动转盘 2 作间歇运动。

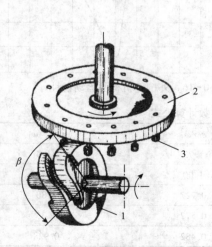

图 10-17　圆柱凸轮间歇运动机构

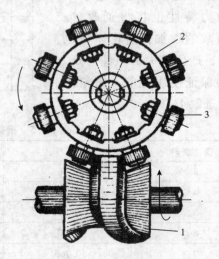

图 10-18　蜗杆凸轮间歇运动机构

二、凸轮式间歇运动机构的特点和应用

凸轮式间歇运动机构具有结构简单、运转可靠、转位精确、无需专门的定位装置、易实现动程和动停比的要求等优点。通过适当选择从动件的运动规律和合理设计凸轮的轮廓曲线，可减少动载荷，避免冲击，从而适应高速运转的要求。

凸轮式间歇运动机构具有精度要求较高，加工比较复杂，安装调整比较困难的缺点。

圆柱凸轮间歇运动机构多用于两交错轴间的分度运动。通常凸轮的槽数为 1，圆柱销数一般取 $z_2 \geqslant 6$。蜗杆凸轮间歇运动机构也多用于两交错轴间的分度运动。对于单头凸轮，圆柱销数一般取 $z_2 \geqslant 6$，但也不宜过多。蜗杆凸轮间歇运动机构具有良好的动力学性能，适用于高速精密传动，但加工较困难。

凸轮式间歇运动机构在轻工机械、冲压机械等高速机械中常用作高速、高精度的步进进给、分度转位机构等。例如用于高速冲床、多色印刷机、包装机和折叠机等。

第四节　不完全齿轮机构

一、不完全齿轮机构的工作原理和类型

不完全齿轮机构（incomplete gear mechanism）是由普通渐开线齿轮机构演化而来的，其基本机构形式分为外啮合和内啮合两种，分别如图 10-19 和图 10-20 所示。不完全齿轮机构的主动轮 1 只有一个或几个齿，从动轮 2 具有若干个能与主动轮 1 相啮合的齿和锁止弧 S_2，可实现主动轮的连续转动和从动轮的间歇转动。如图 10-19 所示的机构中，主动轮 1 每转一周，从动轮 2 转 1/6 周，从动轮每转一周停歇 6 次。从动轮 2 停歇时，主从动轮上的锁止弧 S_1、S_2 密合，保证了从动轮停歇在确定的位置上而不发生游动。

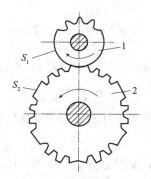

图 10-19　外啮合不完全齿轮机构

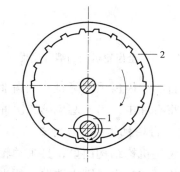

图 10-20　内啮合不完全齿轮机构

1. 不完全齿轮机构的啮合特点

（1）不完全齿轮机构的啮合过程。

如图 10-21 所示，不完全齿轮机构的啮合过程分为以下三个阶段。

①前接触段　两齿轮在 E 点开始接触，从动轮齿顶沿主动轮齿廓顶部向齿根滑动直至 B_2 点，轮 2 转速逐渐增大。

②正常啮合段　与渐开线齿轮啮合相同，B_2 为轮齿开始啮合点，B_1 为终止啮合点，两轮作定传动比传动。

③后接触段　两轮齿啮合点到达 B_1 后并未脱离啮合，而是主动轮的轮齿沿从动轮齿廓向其齿顶滑动，直至 D 点脱离接触。轮 2 的角速度逐渐降低。

（2）不完全齿轮机构的齿顶干涉。

当两齿轮的齿顶圆的交点在从动轮上第一个正常齿顶点 C 的右面时，主动齿轮的齿顶被从动齿轮的齿顶挡住，不能进入啮合，发生齿顶干涉，如图 10-22 所示。为了避免干涉发生，将主动轮齿顶降低，使两轮齿顶圆交点正好是 C 点或在 C 点左边。不完全齿轮机构的主动轮除首齿齿顶修正外，末齿也应修正，而其他各齿均保持标准齿高，不作修正。

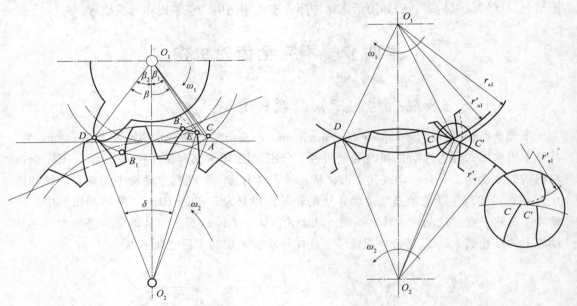

图 10-21　不完全齿轮机构的啮合过程　　　　图 10-22　不完全齿轮机构的齿顶干涉

主动轮首、末齿齿顶的降低也将降低传动时的重合度。若重合度 $\varepsilon < 1$，则第二个齿进入啮合时将有冲击，为了避免第二次冲击，需保证首齿工作时重合度 $\varepsilon \geqslant 1$。

2. 不完全齿轮机构的啮合特点

不完全齿轮机构结构简单，且主动轮和从动轮的分度圆直径、锁止弧的段数、锁止弧之间的齿数均可在较大范围内选取，故当主动轮等速转动一周时，从动轮停歇的次数、每次停歇的时间及每次转过角度的变化范围要比槽轮机构大得多，即从动轮的运动时间和停止时间的比例不受机构结构的限制。但不完全齿轮机构的加工工艺较复杂，在转动开始及终止时速度有突变，冲击较大，故一般仅用于低速、轻载场合，如在自动机床和半自动机床中用作工作台的间歇转位机构，以及间歇进给机构、计数机构等。

第五节 螺旋机构

一、螺旋机构的组成和传动特点

由螺旋副连接相邻构件而组成的机构称为螺旋机构（screw mechanism）。常用的螺旋机构在传动中除螺旋副外还有转动副和移动副。图 10-23 所示为最简单的三构件螺旋机构。图 10-23（a）中构件 1 为螺杆，构件 2 为螺母，构件 3 为机架，B 为螺旋副，其导程为 p_B，A 为转动副，C 为移动副。当螺杆 1 转动 φ 角时，螺母 2 的位移 s 为

$$s = p_B \frac{\varphi}{2\pi} \tag{10-11}$$

若将图 10-23（a）中的 A 改为螺旋副，其导程为 p_A，且螺旋方向与螺旋副 B 相同，则得图 10-23（b）所示机构。这时，当螺杆 1 转动角时，螺母 2 的位移为两个螺旋副移动量之差，即

$$s = (p_A - p_B) \frac{\varphi}{2\pi} \tag{10-12}$$

由式（10-12）可知，当 p_A 与 p_B 非常接近时，则位移 s 可以很小，这种螺旋机构称为差动螺旋机构。

若图 10-23（b）所示的螺旋机构的两个螺旋方向相反，那么螺母 2 的位移为

$$s = (p_A + p_B) \frac{\varphi}{2\pi} \tag{10-13}$$

该情况下，螺母 2 产生快速移动。这种螺旋机构称为复式螺旋机构（compound screw mechanism）。

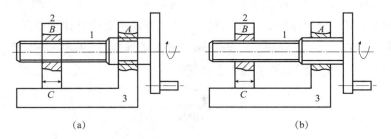

(a)   (b)

图 10-23 螺旋机构

二、螺旋机构的特点及应用

螺旋机构主要具有以下五大特点：

①能将回转运动变换为直线运动，运动准确性高；

②结构简单，制造方便；

③工作平稳，无噪声，可以传递很大的轴向力；

④相对运动表面磨损较快，传动效率低，有自锁作用；

⑤实现往复运动要靠主动件改变转动方向。

螺旋机构在机械工业、仪器仪表、工装夹具、测量工具等方面得到广泛应用。如螺旋压力机、千斤顶、车床刀架、工作台的移动、台钳、千分尺等中均用到螺旋机构。

如图 10-24 所示为台钳定心夹紧机构，它由 V 型夹爪 1、2 组成定心机构，螺旋 3 的 A 端是右旋螺纹、导程为 p_A，B 端为左旋螺纹、导程为 p_B，它是导程不同的复式螺旋，当转动螺杆 3 时，夹爪 1 与 2 夹紧工件 5，并能适应不同直径工件的准确定心。

如图 10-25 所示为螺旋压榨机构。螺杆 1 两端分别与螺母 2、3 组成旋向相反，导程相同的螺旋副 A 与 B。根据复式螺旋的原理，当转动螺杆 1 时，螺母 2 与 3 很快地靠近，再通过连杆 4、5 使压板 6 向下运动以压榨物件。

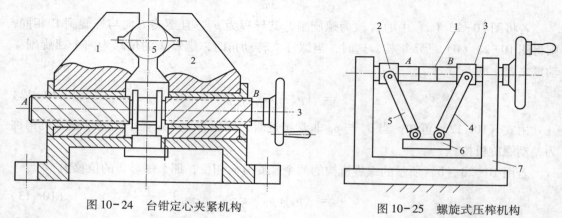

图 10-24　台钳定心夹紧机构　　　　　　图 10-25　螺旋式压榨机构

如图 10-26 所示为镗床镗刀的微调机构。螺母 3 固定于镗杆 6 上。螺杆 7 与螺母 3 组成螺旋副 A，同时又与螺母 1 组成螺旋副 B。1 的末端是镗刀，它与 3 组成移动副 C。螺旋副 A 与 B 旋向相同而导程不同，当转动螺杆 7 时，镗刀相对镗杆作微量的移动，以调整镗孔时的进刀量。如果 $p_A = 2.25mm$，$p_B = 2mm$，则调整螺旋 7 转动一周时，镗刀 1 仅移动 0.25mm。因此，可以实现精确调节镗刀 1 的进给量。

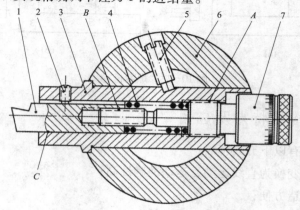

图 10-26　镗床镗刀的微调机构

第六节 万向联轴节

万向联轴节（universal spindle coupling）是一种常用的变角传动机构，可用于传递两相交轴间的运动和动力，而且在传动过程中，两轴之间的夹角或轴间距离可不断变化。因此，它广泛应用于汽车、机床、冶金等机械传动系统中。

一、单万向联轴节

单万向联轴节（single universal joint）的结构如图 10-27 所示，它是由两个端部为叉形的轴 1 和轴 2、"十字形"构件 3 和机架 4 组成。轴 1 和轴 2 分别与机架 4 和"十字形"构件 3 组成转动副，其转动轴线汇交于"十字形"构件 3 的中心点 O，夹角为 α。当轴 1 转一周时，轴 2 随之转一周，但两轴的瞬时传动比却并不恒等于 1，而是随时变化的。设轴 1 和轴 2 的加速度分别为和，与轴 1 相连的叉头转角为，其两轴角速度比为：

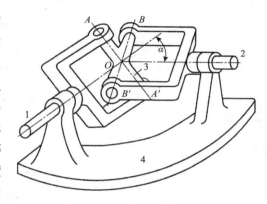

图 10-27 单万向联轴节

$$i_{21} = \frac{\omega_2}{\omega_1} = \frac{\cos\beta}{1 - \sin^2\beta\cos^2\varphi_1} \qquad (10-14)$$

由式（10-14）可知，主动轴 1 以等角速度输入运动，从动轴 2 的输出角速度是变化的。两轴夹角一定，或当 180°时，传动比 i_{21} 最大，从动轴 2 的最大角速度为：

$$\omega_{2max} = \frac{\omega_1}{\cos\beta} \qquad (10-15)$$

当 270°时，传动比 i_{21} 最小，从动轴 2 的最小角速度为：

$$\omega_{2min} = \omega_1\cos\beta \qquad (10-16)$$

当两轴夹角变化时，角速度比值也将改变。图 10-28 为不同轴夹角时，传动比 i_{21} 随变化的曲线。由图 10-28 可知，传动比的变化幅度随轴夹角的增大而增大。为使不致波动过大，实际应用中，两轴夹角最大不超过 35°~45°。

双万向联轴节

单万向联轴节的主动轴作等速

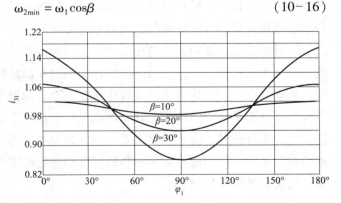

图 10-28 i_{21} 随 φ_1 的变化曲线

转动时，其从动轴的转速将有波动。这种转速波动将影响机器的正常工作，特别是在高速的情况下，由此引起的附加动载荷将会导致严重的振动。为了避免上述缺点，可将单万向联轴节成对使用，这便是双万向联轴节（double universal joints），即用一个中间轴 2 和两个单万向联轴节将主动轴 1 和从动轴 3 连接起来，如图 10-29 所示。

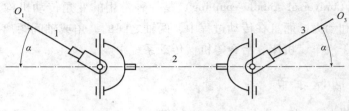

(a) 轴1与轴3轴线相交

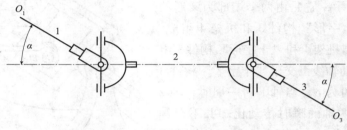

(b) 轴1与轴3轴线平行

图 10-29　双万向联轴节

对于连接相交的［如图 10-29（a）］或平行的［如图 10-29（b）］两轴的双万向联轴节，为使主、从动轴的角速度恒相等，除要求主、从动轴 1、3 和中间轴 2 应位于同一平面内之外，还必须使主、从动轴 1、3 的轴线与中间轴 2 的轴线之间的夹角相等；而且中间轴两端的叉面应位于同一平面内。

双万向联轴节常用来传递平行轴或相交轴的运动。

二、万向联轴节的应用

单万向联轴节的特点是能够传递不平行轴的运动，并且当工作中两轴夹角发生变化时仍能继续传递运动，因此安装、制造精度要求不高。

双万向联轴节常用来传递相交轴或平行轴的运动，它的特点是当位置发生变化导致两轴夹角发生变化时，不但可以继续工作，而且在满足前述两条件的同时还能保证两轴等角速度传动。在一些机床的传动系统中可见此双万向联轴节的应用。图 10-30 是双万向联轴节在汽车驱动系统中的应用，其中内燃机和变速箱安装在车架上，而后桥用弹簧与车架相连。当汽车行驶时，由于道路不平，使弹簧发生变形，致使后桥与变速箱之间的相对位置不断发生变化。在变速箱输出轴和后桥传动装置的输入轴之间，通常采用双万向联轴节连接，以实现等角速传动。

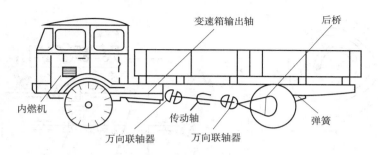

图 10-30　双万向联轴节在汽车驱动系统中的应用

第七节　组合机构

一、组合机构

随着科学技术的进步和工业生产的发展，对生产过程的机械化和自动化程度的要求越来越高，单一的基本机构（例如简单的连杆机构、凸轮机构和齿轮机构等）越来越难以满足自动机、自动生产线的复杂多样的运动要求，这时可将多个基本机构按一定的方式组合起来，从而形成结构简单、性能优良、能满足预期复杂运动要求的机构系统。

组合机构（combined mechanism）并不是几个基本机构的一般串联，而是将两种或两种以上基本机构通过封闭约束（特殊的串联、并联等）组合而成的，具有与原基本机构不同结构特点的复合式机构。而所谓的封闭约束，是利用一个机构去约束或封闭另一个多自由度机构，使其不仅具有确定的运动，而且可使从动件具有更为多样化的运动形式或运动规律。组合机构可以是若干机构的组合，每种组合机构具有各自特有的分析设计方法。下面按组成组合机构的子机构的名称来分类，介绍几种常用组合机构。

常用组合机构的类型和特点

（1）联动凸轮组合机构。

在许多机械中，为了实现预定的运动轨迹，常采用由两个凸轮机构组成的联动凸轮组合机构。如图 10-31 所示为联动凸轮组合机构。

图 10-31（a）所示为刻字成形机构的运动简图，该组合机构中，利用凸轮 1 和 1′的协调配合，控制点 M 的 x 和 y 方向的运动轨迹，使其准确实现预定轨迹 $y = y(x)$。

设计此类机构时，应首先根据所要求的轨迹 $y = y(x)$ 计算出两个凸轮的推杆运动规律 $x = x(\varphi_x)$ 和 $y = y(\varphi_y)$，其中 φ_x、φ_y 分别是两个凸轮的转角。然后可以按一般凸轮机构的设计方法分别设计两凸轮的轮廓曲线。

图 10-31（b）所示为圆珠笔芯装配线上的笔芯自动送进机构的运动简图。主动轴上的盘形凸轮 1 控制托架 3 上、下运动，从而将圆珠笔芯 4 抬起和放下；端面凸轮 2 及推杆 5 控制托架 3 左、右往复运动。上述两运动的合成，使托架 3 沿轨迹 K 运动，从而达到圆珠笔芯步进式向前送进的目的。

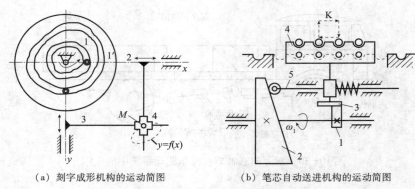

（a）刻字成形机构的运动简图　　　　（b）笔芯自动送进机构的运动简图

图 10-31　联动凸轮组合机构

（2）凸轮—齿轮组合机构。

利用凸轮—齿轮组合机构可以使从动件实现多种预定的运动规律，如校正装置中的补偿运动、具有复杂运动规律的间歇运动等。如图 10-32 所示为凸轮—齿轮组成的校正机构。这类校正装置在齿轮加工机床中应用较多。

如图 10-32 所示，蜗杆 1 为原动件，蜗轮 2 为输出构件。如果由于制造误差等原因，使蜗轮 2 的运动输出精度达不到要求时，则可根据输出的误差，设计出与蜗杆 2 固连在一起的凸轮 3 的轮廓曲线。当凸轮 3 与蜗轮 2 一起转动时，将推动推杆 4 移动，而推杆 4 上的齿条又推动齿轮 5 转动，最后通过差动机构 K 使蜗杆 1 得到一附加转动，从而使蜗轮 2 的输出运动得到校正，提高蜗轮 2 的输出精度。

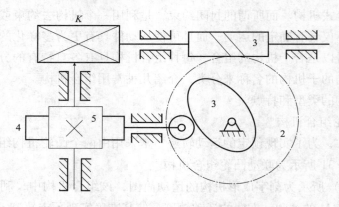

图 10-32　凸轮—齿轮组成的校正机构

如图 10-33 所示为实现具有间歇运动的凸轮—齿轮组合机构。该组合机构由太阳轮 1、行星轮 2（扇形齿轮）、转臂 H 组成的差动轮系和由固定槽形凸轮 4、从动摆杆（与行星轮 2 做成一体）组成的凸轮机构组合而成。当以转臂 H 为主动件等速回转时，其将带动行星轮 2 的轴线做周转运动；同时又由于行星轮 2 是凸轮机构的从动摆杆，因此，通过槽形凸轮 4 的沟槽对滚子 3 的约束作用，将迫使行星轮 2 相对于转臂 H 产生转动。这样，太阳轮 1 输出的运动将是转臂 H 的运动和行星轮 2 相对于转臂的转动的合成运动。

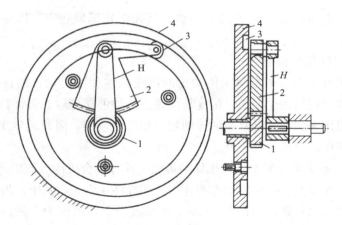

图 10-33 实现具有间歇运动的凸轮—齿轮组合机构

根据太阳轮 1、行星轮 2、转臂 H 组成的差动轮系，可得

$$i_{12}^{H} = \frac{\omega_1 - \omega_H}{\omega_2 - \omega_H} = -\frac{z_2}{z_1} \tag{10-17}$$

由上式可得

$$\omega_1 = -\frac{z_2}{z_1}(\omega_2 - \omega_H) + \omega_H \tag{10-18}$$

在主动件转臂 H 的角速度 ω_H 一定的情况下，改变固定槽形凸轮 4 的轮廓曲线形状，也就改变了行星轮 2 相对于转臂 H 的运动 $w_2 - w_H$，即太阳轮 1 可得到不同规律的输出运动 w_1。若使固定槽形凸轮 4 的某段轮廓曲线满足关系：

$$\omega_H = \frac{z_2}{z_1}(\omega_2 - \omega_H) \tag{10-19}$$

则

$$\omega_1 = 0$$

此时，太阳轮 1 将处于停歇状态。因此，利用该组合机构可以实现具有任意停歇时间的间歇运动。

（3）凸轮—连杆组合机构。

利用凸轮—连杆组合机构可以实现多种预定的运动规律和运动轨迹。将凸轮机构和连杆机构适当地进行组合而形成的凸轮—连杆机构，既克服了单一的连杆机构难以实现精确的运动规律和单一的凸轮机构不能使从动件整周回转的缺点，并充分发挥出两种基本机构的优点，实现了从动件的整周回转运动，又准确地实现了复杂的运动规律。因此，凸轮—连杆组合机构在工程实际中得到了日益广泛的应用。

如图 10-34 所示为实现复杂运动轨迹的平板印刷机的吸纸机构。该组合机构由自由度为 2 的五杆机构（构件 2、3、4、5 和机架）与两个自由度为 1 的摆动凸轮机构组成。两个盘形凸轮 1 和 1′固连在同一个转轴上，当凸轮 1 和 1′转动时，推动从动件 2、3 分别按 $\varphi_2(t)$ 和 $\varphi_3(t)$ 的运动规律运动，并将这两个运动输入到五杆机构的两个连架杆上，从而使固连在连杆5上的吸纸盘P走出工作要求所需的矩形轨迹K，以完成吸纸和送进的动作。

（4）齿轮—连杆组合机构。

齿轮—连杆组合机构通常是由定传动比的齿轮机构和变传动比的连杆机构组合而成的。由于齿轮和连杆机构便于加工、精度易保证、运动可靠且运动特性具有多样性，齿轮—连杆组合机构可用来实现多种复杂的运动规律和运动轨迹。因此近年来，齿轮—连杆组合机构在工程实际中的应用非常广泛。

如图10-35所示为实现复杂运动规律的齿轮—连杆组合机构。该组合机构由相互啮合的三个齿轮1、2、5以及连接齿轮中心的杆件3和杆件4组成。其中，齿轮2、5和杆件4组成自由度为2的差动轮系，构件1、3、4、6组成一个自由度为1的四杆机构。当偏心安装的主动轮1绕点A等速回转时，一方面通过轮齿啮合使行星轮2转动，另一方面又通过连杆3带动转臂4转动，因此，从动轮5输出的是这两个运动的合成运动，从而实现所要求的复杂运动规律。

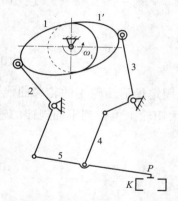

图 10-34　实现复杂运动轨迹的
平板印刷机吸纸机构

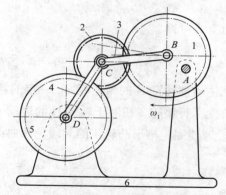

图 10-35　实现复杂运动规律的
齿轮—连杆组合机构

小　结

本章主要对棘轮机构、槽轮机构、凸轮式间歇运动机构和不完全齿轮机构等间歇运动机构和螺旋机构、万向联轴节作了介绍。通过本章的学习，要求读者重点掌握棘轮机构、槽轮机构的工作原理、常见类型、特点、功能及设计要点，同时了解凸轮式间歇运动机构、不完全齿轮机构、螺旋机构和万向联轴节的工作原理、特点及功能。机构的组合是创造发明新机构的重要途径之一。本章介绍了工程实际中常用的几大类组合机构，以便读者在进行机械系统方案设计时，能根据机械工艺动作的不同特点，选择不同类型的组合机构。

思 考 题

10-1. 棘轮机构有几种类型，它们分别有什么特点？适用于什么场合？

10-2. 调节棘轮转角常用的方法有哪些？

10-3. 内槽轮机构和外槽轮机构相比有何优点？

10-4. 槽轮机构的槽数 z 和圆销数 n 的关系如何？

10-5. 何谓槽轮机构的运动系数 K？为什么 K 要大于零而小于1？

10-6. 双万向联轴器满足传动比恒为1的条件是什么？

10-7. 画出一种原动件为往复摆动、从动件为单向间歇运动机构的简图。

10-8. 常用的间歇运动机构有哪些？试从各自的工作特点、运动和动力性能分析它们各适用于什么场合？

10-9. 双万向铰链机构为保证其主、从动轴间的传动比为常数，应满足哪些条件？满足这些条件后，当主动轴作匀速转动时，中间轴和从动轴均作匀速转动吗？

习 题

10-1. 某牛头刨床送进丝杠的导程为6mm，要求设计一棘轮机构，使每次送进量可在0.2~1.2mm 之间作有级调整（共6级）。设棘轮机构的棘爪由一曲柄摇杆机构的摇杆来推动，试绘出机构运动简图，并作必要的计算和说明。

10-2. 试设计一棘轮机构，要求每次送进量为 1/3 棘轮齿距。

10-3. 题图10-3为一双向超越离合器，当其外套筒1正、反转时，均可带动星轮2随之正、反转。试问，当拨爪4以更高的速度正、反转时，星轮2将作何运动？

10-4. 某自动机的工作台要求有六个工位，转台停歇时进行工艺动作，其中最长的一个工序为30s。现拟采用一槽轮机构来完成间歇转位工作，试确定槽轮机构的主动轮的转速。

10-5. 试设计两种原动件为连续转动、从动件为单向间歇转动的机构，并绘出机构运动简图。

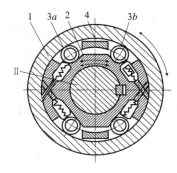

题图 10-3

10-6. 设计一外啮合棘轮机构，已知棘轮的模数 $m=10$mm。棘轮所要求的最小转角为 $12°$。试求：①棘轮的 z、d_a、d_f、p；②棘爪的长度 L。

10-7. 在砖塔车床的六角头外槽轮机构中，已知槽轮的槽数 $z=6$，槽轮静止时间 $t_1=5/6$s，运动时间是静止时间的2倍，试求：①槽轮机构的运动系数 K；②圆销数 n。

10-8. 某装配自动线上有一工作台，工作台要求有6个工位，每个工位在工作台静止时间 $t_1 = 10s$ 内完成装配工序。当采用槽轮机构时，试求：①该机构的运动系数 K；②装圆销的主动构件（拨盘）的转动角速度 ω；③槽轮的转位时间 t_d。

10-9. 牛头刨床工作台的横向进给螺杆的导程 $l = 3mm$，与螺杆固连的棘轮齿数 $z = 40$。试问棘轮的最小转动角 φ 是多少？该牛头刨床的最小进给量 s 是多少？

10-10. 题图 10-10 为一机床上带动溜板2在导轨3上移动的微动螺旋机构。螺杆1上有两段旋向均为右旋的螺纹，A段的导程 $l_A = 3mm$，B段的导程 $l_B = 0.75mm$。试求当手轮按 K 向顺时针转动一周时，溜板2相对于导轨3移动的方向及距离大小。又若将A段螺纹的旋向改为左旋，而B段的旋向及其他参数不变，试问结果又将如何？

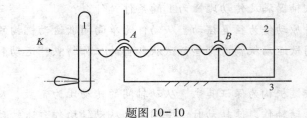

题图 10-10

10-11. 某机床分度机构中的双万向联轴器，在设备检修时，被误装成如题图 10-11 所示的形式。试求其从动轴3的角速度变化范围，并说明应如何改正。

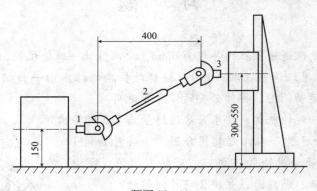

题图 10-11

10-12. 双万向铰链机构为保证其主、从动轴间的传动比为常数，应满足哪些条件？满足这些条件后，当主动轴作匀速转动时，中间轴和从动轴均作匀速转动吗？

第十一章 机械系统运动方案设计

本章主要介绍系统运动方案设计的任务及主要设计步骤；原动机的类型、执行构件的运动类型、执行机构和传动机构类型和选择；执行构件的协调配合关系和运动循环图及其绘制方法；常用的拟订机械传动系统方案的方法。

第一节 概 述

一个机电产品或一个机械系统的开发设计过程一般可分为四个阶段：初期规划设计阶段、总体运动方案设计阶段、结构技术设计阶段和生产施工设计阶段。其中，机械的总体运动方案设计是设计过程中最重要的阶段，是机电产品设计的关键，是最具创造性的一环，也是学习本课程的主要任务。它将直接决定产品的性能、质量及其在市场上的竞争力和企业的效益。因此，机械总体运动方案设计的优劣决定着机械产品的全局。

机械设计的目的是为了利用它代替人们劳动。机械通常是由某种或多种机构所组成，各种机构在机械中起着不同的作用。最接近被作业工件一端的机构称为执行机构，其中接触作业工作或执行终端运动的构件称为执行构件。机械中执行机构的协同工作使执行构件能够完成预定的工作。

以图 11-1 所示的牛头刨床为例。它所进行的工作是刨削出合格的工件表面。为刨削整个工件表面，夹紧工作的工作台必须要有垂直于刀具运动方向的移动，且每次移动距离可调整以适应对工作表面刨削不同表面粗糙度的要求。这一运动称为工作台的横向进给运动。为了使刀具能与被加工工件接触，并刨削其工件表面，工作台及刀架应能上下运动，称其为工作台及刀架的垂直进给运动。为刨削掉多余金属，刀具的往复移动称为切削运动。上述三种运动必须协调动作，有机配合才能完成工件的刨削任务。例如，在刀具完成了一次刨削返回后，工作台才能进行横向进给。工件的一层表面被刨削完成后，才能进行工作台或刀架的垂

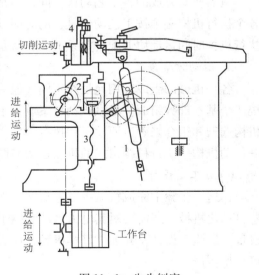

图 11-1 牛头刨床

直进给。为实现以上三种运动，该牛头刨床由多种机构组成：实现切削运动连杆机构 1，其中装有刨刀的滑枕为执行构件；实现工作台横向进给的棘轮机构 2 及丝杠传动机构，以及实现工作台及刀架垂直进给的丝杠传动机构 3 和构件 4，其中工作台及刨刀为执行构件。

从对牛头刨床的分析可知，不同执行构件的运动可由不同或相同的机构去分别完成，但由于各机构间紧密的传动配合关系，使其运动必然相互协调一致或有序，这时因为所有的运动都服务于工件表面刨削这一任务。

对于一部机械或机器的设计，一般应遵循以下六个步骤：

1. 确定其所要完成的工作任务

例如进行工件的切削加工、锻压钢坯、搬运工件等，不同的工作任务应设计不同的机械完成。

2. 根据机器的工作任务要求进行功能分解

对需要采取的加工工艺方法或工作原理进行分析，将机器要完成的工艺动作过程分解为几个执行构件的独立运动。例如加工工件上的平面，可以采用刨削或铣削，也可以采用磨削，此时，由于工艺方法或工作原理的不同，可分解为刀具和工件不同的运动形式。刀具和工件的运动形式不同，加工工件的表面质量不同，故设计出的机械也就不同。又如，加工螺纹，可以车削，可以套丝，也可以滚压。加工时其工作原理不同，则工具和工件的运动形式不同，所设计出的加工机械业就完全不同。

3. 机构选型

每一个独立的功能或运动一般可用一个执行机构来完成。根据各执行构件的功能或运动要求，如何选择这些执行机构去恰到好处地实现这些各自独立的运动，是一个复杂、又很富有创造性的工作。

4. 拟定运动循环图

机器所要完成的各工艺动作之间，不是互不相关的，而是有序的、相互配合的。所以各个执行机构必须按工艺动作过程的时间顺序和相互配合关系来完成各自的运动。描述各执行机构时间运动协调配合关系的图，就是机器的运动循环图。

5. 运动方案设计

各种机械的组成和用途虽然不同，但一般都由原动机、传动系统、执行机构和控制系统四个基本部分组成。机械运动方案设计主要是根据原动机和执行构件的运动要求，通过机构选型和组合来确定原动机和执行构件之间的传动机构和执行机构，从而完成由原动机—传动机构—执行机构组成的机械运动简图设计。

6. 施工图设计

在这一步骤中完成机械中各零部件的强度、刚度计算及零部件结构设计。此外，对一些自动化机械，还需要对其电力系统和电子控制系统进行设计。当然，作为一部大的机械设备，经施工设计，并加工好样机后，还必须实地应用检验，达到全部性能指标要求，方可定型生产。

机械运动方案设计是对机械进行设计的最为重要的环节。运动方案设计的优劣，决定了这部机械的性能、造价、市场前景。所谓运动方案设计，是设计者从多种原动机、基本机构和组合机构中选择出合适的组合成为一部完成指定工作任务的机械系统的全面构思。在设计之初，这种构思往往是最为艰难的。因为完成同一工作任务，可以有多种不同工作原理，即使工作原理相同，而设计方案也可能迥然不同。经过认真仔细地分析比较，会发现各种不同的方案各有利弊，然后根据主要的评价原则，舍其余而选其一。这种淘汰过程往往也是非常艰苦的。运动方案设计的结果常常是绘出一张由线条和符号组成的机械运动简图。

第二节　原动机与机构的选型

机械运动方案设计通常是完成由原动机—传动机构—执行机构组成的整个系统的机械运动简图设计。设计时根据执行机构的运动要求，首先应确定原动机的类型和选择能满足执行构件运动要求的机构类型，然后确定传动机构类型并进行传动系统的设计。

一、原动机的选型

原动机的选型主要考虑以下五个方面的因素：

①考虑工作机械的负载特性、工作速度、启动和制动的频繁程度。

②考虑原动机本身的机械特性能否与工作机械的负载特性（包括功率、转矩、转速等）相匹配，能否与工作机械的调速范围、工作的平稳性等相适应。

③考虑机械系统整体结构布置的需要。

④考虑经济性，包括原动机的原始购置费用、运行费用和维修费用等。

⑤考虑工作环境对原动机的要求，如能源供应、防止噪声和环境保护等要求。

1. 原动机选型原则

（1）若工作机械要求有较高的驱动效率和较高的运动精度，应选用电动机。电动机的类型和型号较多，并具有各种特性，可满足不同类型工作机械的要求。

①对于负载转矩与转速无关的工作机械，如轧钢机、提升机械、皮带运输机等，可选用机械特性较高的电动机。如同步电动机，一般的交流异步电动机或直流并励电动机。

②对于负载功率基本保持不变的工作机械，如许多加工机床和一些工程机械等，可选用调激磁的变速直流电动机或带机械变速的交流异步电动机。

③对于无调速要求的机械，尽可能采用交流电动机。工作负载平稳、对启动和制动无特殊要求且长期运行的工作机械，宜选用笼型异步电动机，容量较大时则采用同步电动机。工作负载为周期性变化、传递大中功率并带有飞轮或启动沉重的工作机械，应采用绕线型异步电动机。

④对于需要调速的机械，若功率小且只要求几挡变速时，可采用可变换定子级数的多速（双速、三速、四速）笼型异步电动机。若调速平滑程度要求不高，调速比不大时，可

采用绕线型异步电动机。若调速范围大、需连续稳定平滑调速时，宜采用直流电动机，若同时启动转速大，则宜采用直流串励电动机。若要求无级调速，并希望获得很大的机械力或转矩时，可选用液压马达。

（2）在相同功率下，要求外形尺寸尽可能小、重量尽可能轻时，宜选用液压马达。

（3）要求易控制、响应快、灵敏度高时，易采用液压马达或气动马达。

（4）要求在易燃、易爆、多尘、振动大等恶劣环境中工作时，宜采用气动马达。

（5）要求对工作环境不造成污染，宜选用电动机或气动马达。

（6）要求启动迅速、便于移动或在野外作业场地工作时，宜选用内燃机。

（7）要求负载转矩大，转速低的工作机械或要求简化传动系统的减速装置，需要原动机与执行机构直接联接时，宜选用低速液压马达。

2. 原动机转速的选型原则

原动机的额定转速一般是直接根据工作机械的要求而选择的，但需要考虑一下两方面：

（1）原动机本身的综合因素。对于电动机来说，在额定功率相同的情况下，额定转速越高的电动机尺寸越小，重量轻和价格低，即高速电动机反而经济。

（2）传动系统的结构。若原动机的转速选得过高，势必增加传动系统的传动比，从而导致传动系统的结构复杂。应综合考虑以上两个因素，合理选择转速。

3. 原动机容量的选择

在选择了原动机的类型及额定转速后，即可根据工作机械的负载特性计算原动机的容量，确定原动机的型号。当然，也可先预选原动机型号，然后校核其容量。原动机的容量主要指功率。它是由负载所需的功率、转矩及工作制来决定的。负载的工作情况大致可分为连续恒负载，连续周期性变化负载，短时工作制负载和断续周期性工作制负载等。各种工作制负载情况下所需的原动机容量的计算方法，可查阅有关手册。

二、执行机构的选型

所谓机构的选型，是指利用发散思维的方法，将前人创造性发明出的数以千计的各种机构按照运动特性或实现的动作功能进行分类，然后根据设计对象中执行构件所需要的运动特性或实现的动作功能进行搜索、选择和比较，选出合适的机构类型的过程。

在机构选型时，由于能完成某一运动形式转换或能实现某一功能的机构，常常不只一种。例如，能将转动变为移动的机构，不但有曲柄滑块机构和移动从动件凸轮机构，还有齿轮齿条机构和螺旋机构等。因此必须充分了解并掌握各种常用机构的基本知识，弄清原动机的类型和它的输出运动、机构执行构件的运动要求后，再根据上述基本原则对多种机构进行比较后，选择合适的机构。

为了机构选型的方便、快捷，现将执行构件常见的运动形式及其实现运动特性的部分对应机构列于表11-1。另外，表11-2给出了对四种典型机构的性能和特点的简要评价，以供选型时作为参考。

表 11-1 常见运动形式及其实现运动特性的部分相应机构

执行构件运动形式			实现运动特性的部分相应机构
连续转动	定传动比匀速	平行轴	圆柱齿轮机构，平行双曲柄机构，同步齿形带机构，轮系，双万向铰链机构，摩擦传动机构，摆线针轮机构，挠性传动机构，谐波传动机构
		相交轴	双万向铰链机构，锥齿轮机构
		交错轴	交错轴斜齿轮机构，标准双曲面齿轮机构，蜗杆机构
	变传动比匀速		轴向滑移圆柱齿轮机构，混合轮系变速机构，摩擦传动机构，行星无级变速机构，挠性无级变速机构等
	非匀速		非圆齿轮机构，双曲柄机构，转动导杆机构，单万向铰链机构，某些组合机构等
往复运动	往复移动		曲柄滑块机构，移动从动杆凸轮机构，齿轮齿条机构，移动导杆机构，正弦机构，正切机构，楔块机构，螺旋机构，气动、液压机构，挠性机构等
	往复摆动		曲柄摇杆机构，曲柄摇块机构，摆动从动件凸轮机构，双摇杆机构，摆动导杆机构，空间连杆机构，某些组合机构，摇杆滑块机构等
间歇运动	间歇转动		棘轮机构，槽轮机构，不完全齿轮机构，凸轮式间歇运动机构，某些组合机构等
	间歇摆动		特殊形式的连杆机构，摆动从动杆凸轮机构，齿轮—连杆组合机构，利用连杆曲线上的圆弧段或直线段组成的多杆机构等
	间歇移动		棘齿条机构，摩擦传动机构，从动件作间歇往复移动的凸轮机构，反凸轮机构，气动、液压机构，移动杆有停歇的斜面机构等
预定轨迹	直线轨迹		连杆近似直线机构，八杆精确直线机构，某些组合机构等
	曲线轨迹		利用连杆曲线实现预定轨迹的连杆机构，凸轮—连杆组合机构，齿轮—连杆组合机构，行星轮系与连杆的组合机构等
特殊运动要求	换向		双向式棘轮机构，三星轮换向机构，离合器，滑移齿轮换向机构等
	超越		齿式棘轮机构，摩擦式棘轮机构等
	过载保护		带传动机构，摩擦传动机构等
	微动、补偿		螺旋差动机构，谐波传动机构，差动轮系，杠杆式差动机构等

表 11-2 四种典型机构的性能和特点

评价指标	具体项目	机 构 名 称			
		连杆机构	凸轮机构	齿轮机构	组合机构
	运动规律和轨迹	任意性差，只能实现有限个精确位置	任意性好	一般为定传动比转动或移动	任意性较好
	运动精度	较低	较高	高	较高
	运动速度	一般	较高	很高	较高
	效率	一般	一般	高	一般
	使用范围	广	广	很广	较广
	可调性	较好	较差	较差	较好
	承载能力	较大	较小	大	较大

续表

评价 指标	具体 项目	机 构 名 称			
		连杆机构	凸轮机构	齿轮机构	组合机构
	传力特性	一般	一般	较好	一般
	振动、噪声	较大	较大	小	较小
	耐摩性	好	差	较好	较好
	制造难易	易	较难	易	较难
	维护方便性	方便	较麻烦	较方便	一般
	能耗	一般	一般	较小	一般
	尺寸	较大	较小	较小	较大
	重量	较轻	较重	较重	较重
	结构复杂性	简单	较复杂	一般	复杂

表 11-1 只列出了少量机构，目前出版的各种机构手册，其中均收集有大量的各种类型的机构，并按其构造、运动特点、功用等予以分类，可参考手册和资料提供的机构类型进行选型。

三、传动机构的选型

传动机构的主要作用是将原动机的运动和动力传递给执行机构，使其完成特定的作业要求。在此过程中实现运动速度、运动方向或运动形式的改变，以及吸振、减振等。

常用的传动机构类型有多种，选择不同类型的传动机构，或将这些常用的传动机构进行组合，就会得到不同形式的传动系统方案。表 11-3 对几种常用传动机构的主要特点和适用范围进行了比较，供选择时参考。

表 11-3　几种常用传动机构的主要特点和适用范围

	机 构 名 称						
	齿轮机构	蜗杆机构	带传动	链传动	连杆机构	凸轮机构	螺旋机构
优点	传动比准确，外廓尺寸小，效率高，寿命长，功率及速度范围广，适用于短距离传动	传动比大，可实现反向自锁，用于空间交错轴传动，传动平稳	中心矩变化范围广，可用于长距离传动，可吸振，能起到缓冲及过载保护作用	中心矩变化范围广，可用于长距离传动，平均传动比准确，特殊链可用于传送物料	适用于宽广的载荷范围，可实现不同的运动轨迹，可用于急回、增力、加大或缩小行程等	能实现各种运动规律，机构紧凑	可改变运动形式，转动变移动，传力比较大
缺点	制造精度要求高	效率较低	有打滑现象，轴上受力较大	有振动冲击、多边形效应	设计复杂，不宜高速运动	易磨损，主要用于运动的传递	滑动螺旋刚度较差，效率不高

	机 构 名 称						
	齿轮机构	蜗杆机构	带传动	链传动	连杆机构	凸轮机构	螺旋机构
效率	开式 0.92~0.96 闭式 0.96~0.99	开式 0.5~0.7 闭式 0.7~0.9 自锁 0.4~0.45	平带 0.92~0.98 V 带 0.92~0.94 同步带 0.96~0.98	开式 0.9~0.93 闭式 0.95~0.97	在运动过程中效率随时发生变化	随运动位置和压力角不同，效率也不同	滑动 0.3~0.6 滚动 0.85~0.98
速度	6 级精度直齿 $v \leqslant 18 m/s$ 6 级精度非直齿 $v \leqslant 36 m/s$ 5 级精度直齿 $v \leqslant 200 m/s$ 圆弧齿轮 $v \leqslant 100 m/s$	滑动速度 $v \leqslant 15 \sim 35 m/s$	V 带 $v \leqslant 25 m/s$ 同步带 $v \leqslant 50 m/s$	滚子链 $v \leqslant 15 m/s$ 齿形链 $v \leqslant 30 m/s$			
传动功率	渐开线齿轮 $\leqslant 50000 kW$ 圆弧齿轮 $\leqslant 6000 kW$ 锥齿轮 $\leqslant 1000 kW$	小于 200kW，常用为 50kW 以下	V 带 $\leqslant 40 kW$ 同步带 $\leqslant 200 \sim 750 kW$	最大可达 3500kW 通常为 100kW 以下			
传动比	对圆柱齿轮 $i \leqslant 10$ 通常 $i \leqslant 5$ 一对圆锥齿轮 $i \leqslant 8$ 通常 $i \leqslant 3$	开式 $i \leqslant 100$ 常用 $i \leqslant 15 \sim 60$ 闭式 $i \leqslant 60$ 常用 $i \leqslant 10 \sim 40$	平带 $i \leqslant 5$ V 带 $i \leqslant 7$ 同步带 $i \leqslant 10$	滚子链 $i \leqslant 7 \sim 10$ 齿形链 $i \leqslant 15$			
主要用途	主要用于传动	主要用于传动	常用于传动链中的高速端	常用于传动链中速度较低处	既可作为传动机构，又可作为执行机构	主要用于执行机构	主要用于转变运动形式，可作为调整机构

第三节　执行系统的协调设计

当根据生产工艺要求确定了机械的工作原理和各执行机构的运动规律、并确定了各执行机构的形式及驱动方式后，还必须将各执行机构统一于一个整体，形成一个完整的执行系统，使这些机构以一定的次序协调动作，相互配合，以完成机械预定的功能和生产过程。这方面的工作称为执行系统的协调设计。

一、执行系统协调设计的原则

1. 满足各执行机构动作先后的顺序性要求

执行系统中各执行机构的动作过程和先后顺序，必须符合工艺过程所提出的要求，以确保系统中各执行机构最终完成的动作及物质、能量、信息传递的总体效果，能满足设计任务书中所规定的功能要求和技术要求。

2. 满足各执行机构动作在时间上的同步性要求

为了保证各执行机构的动作不仅能够以一定的先后顺序进行，而且整个系统能够周而复始地循环协调工作，必须使各执行机构的运动循环时间间隔相同，或按工艺要求成一定的倍数关系。

3. 满足各执行机构在空间布置上的协调性要求

为了使执行系统能够完成预期的工作任务，除了应保证各执行机构在动作顺序和时间上的协调配合外，还应考虑它们在空间位置上的协调一致。对于有位置制约的执行系统，必须进行各执行机构在空间位置上的协调设计，以保证在运动过程中各执行机构之间及机构与周围环境之间不发生干涉。

4. 满足各执行机构操作上的协同性要求

当两个或两个以上的执行机构同时作用于同一操作对象，共同完成同一执行动作时，各执行机构之间的运动必须协同一致。

5. 各执行机构的动作安排要有利于提高劳动生产率

为了提高劳动生产率，应尽量缩短执行系统的工作循环周期。通常可采用以下两种方法，第一是尽量缩短各执行机构工作行程和空回行程的时间，第二是在前一个执行机构回程结束和后一个执行机构即将开始工作之前，在不产生相互干涉的前提下，充分利用两个执行机构的空间余量。例如，在自动车床上，只要合理安排各刀具的进、退刀位置，保证不撞刀，在前一工序结束加工尚未退出刀具前，就可让后一工序的刀具开始进刀，从而缩短整个系统的工作循环周期，提高了生产率。

6. 各执行机构的布置要有利于系统的能量协调和效率的提高

当进行执行系统的协调设计时，不仅要考虑系统实现的运动和完成的工艺动作，还要考虑功率流向、能量分配和机械效率。例如，当系统中包含有多个低速大功率执行机构时，易采用多个运动链并行的连接方式；当系统中具有几个功率不大、效率均很高的执行机构时，采用串联方式比较适宜。

二、执行系统协调设计的方法

根据生产工艺的不同，机械的运动循环可分为两大类：一类是机械中各执行机构的运动规律是非周期性的，它取决于工作条件的不同而随时改变，具有相当大的随机性，如起重机、建筑机械和某些工程机械，就是这种可变运动循环的例子；另一类是机械中各执行机构的运动是周期性的，即经过一定的时间间隔后，各执行构件的位移、速度和加速度等运动参数就周期性地重复，生产中大多数机械都属于这种固定运动循环的机械。本节介绍这类机械执行系统协调设计的方法。

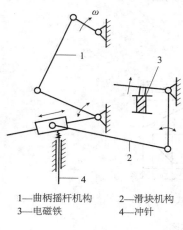

1—曲柄摇杆机构　　2—滑块机构
3—电磁铁　　4—冲针

图 11-2　纸板冲孔机构

对于固定运动循环的机械，当采用机械方式集中控制时，通常用分配轴或主轴与各执行机构的主动件连接起来，或者用分配轴上的凸轮控制各执行机构的主动件。各执行机构主动件在主轴上的安装方位，或者控制各执行机构主动件的凸轮在分配轴上的安装方位，均是根据执行系统协调设计的结果来决定的。

图 11-2 所示为一纸板冲孔机构。为完成冲孔这一工艺动作，要求有两个执行机构的组合运动来实现：一是曲柄摇杆机构中摇杆的上下摆动，带动冲头滑块上下摆动；二是电磁铁动作，四杆滑块机构带动滑块冲头在摆杆上移动。只有当冲头滑块移至冲针上方，同时冲头向下摆时，才打击冲针，完成冲孔任务。显然，这两个执行机构的运动必须精确协调配合，否则就会产生空冲现象。

三、机械运动循环图

所谓机械运动循环图就是标明机械在一个运动循环中各执行构件间的运动配合时序关系图。由于机械在主轴或分配轴转动一周或若干周内完成一个运动循环，故运动循环图常以主轴或分配轴的转角为坐标来绘制。通常选取机械中某一主要的执行构件作为参考件，取其有代表性的特征位置作为起始位置（常以生产工艺的起始点作为运动循环的起始点），由此来确定其他执行构件相对该主要执行构件的先后次序和配合关系。

常用的机械运动循环图有三种形式：直线式、圆周式及直角坐标式。

直线式运动循环图如图 11-3（a）所示。它是将机械在一个运动循环中各执行构件各行程区段的起止时间和先后顺序，按比例绘制在直线坐标轴上。在机械执行构件较少时，动作时序清晰明了。

圆周式运动循环图如图 11-3（b）所示。每个圆环代表一个执行构件，由各相应圆环分别引径向直线表示各执行构件不同运动区段的起止位置。容易清楚地看出各执行构件的运动与机械原动件或定标件的相位关系，它给凸轮机构的设计、安装、调试带来方便，其缺点是同心圆较多，看上去较杂乱。

直角坐标式运动循环图如图 11-3（c）所示。用横坐标轴表示机械主轴或分配轴的转角，纵坐标轴表示各执行构件的位移。只是为简单起见，将其工作行程、空回行程及停歇区段分别以上升、下降和水平的直线表示。这种运动线图能清楚地表示出执行构件的位移情况及相互关系。

图 11-3 中的运动循环图都是以曲柄导杆机构中的曲柄为参考件，曲柄（主轴）回转

一周为一个运动循环。由图 11-3 可知，工作台的横向进给是在刨床头架空回行程开始一段时间以后开始，在空回行程结束以前完成的。这种安排考虑了刨刀与移动的工件不发生干涉和提高生产效率，也考虑了设计中机构容易实现这一时序的运动。

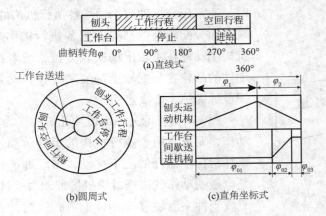

图 11-3　牛头刨床三种形式的运动循环图

运动循环图标志着机械动作节奏的快慢。一台复杂的机械由于动作节拍相当多，所以对时间段要求相当严格，某些执行机构的动作必须同时发生，为了保证在空间上不发生干涉，必须清楚地绘出运动循环图作为传动系统设计的重要依据。

第四节　机械运动方案设计

机械运动方案设计就是根据各执行构建的运动及其相互配合的要求，通过机构选型和组合来确定原动机和执行构件之间的传动机构和执行机构，从而完成由原动机—传动机构—执行机构组成的机械运动简图设计。由于完成同一种运动可选用不同的机构类型，所以就会提供多种方案。设计者从中选择一种或几种较优的方案，画出从原动机、传动机构到执行机构的机械运动方案示意图，再通过机构的尺度综合，设计出完全符合运动要求的传动机构与执行机构，并按真实尺寸画出机械运动简图。

一、机械运动方案设计的主要步骤

1. 工艺参数的给定及运动参数的确定

设计一部机器，首先要明确其工作任务，周边环境以及详细的工艺要求，即给出工艺参数。工艺参数是一部机器进行方案设计和机构设计的原始依据。例如牛头刨床的设计首先应确定被加工工件的长宽尺寸、可刨削深度、切削速度及进刀量的调整范围，据此可确定刀具的刨削行程、工作台的横向运动行程及工作台的垂直运动距离，进而确定传动形式，选择动力源，并确定其功率的大小。

2. 执行构件间运动关系的确定及运动循环图的绘制

一般一部机器的工作任务是由多个执行构件共同完成的，所以各执行构件间必然有一定的协同动作关系，例如与主动件运动转角间的关系，执行构件之间的时间顺序关系等。运动循环图是最直观的表示这种关系的方法。

3. 原动机的选择及执行机构的确定

执行机构是机械运动方案设计的核心部分。执行机构方案设计的好坏，对机械能否完成预期的工作任务、保证工作质量起着决定性的作用。原动机的类型很多，特性各异。原动机的机械特性及各项性能与执行机构的负载特性和工作要求是否相匹配，将直接影响整个机械系统的工作性能和构造特征。因此，合理选择原动机的类型也是机械运动方案设计中的一个重要环节。

4. 机构的选择及创新性设计

这是方案设计中最关键，也是最活跃的一步。设计者可在种类繁多、五花八门的机构中任意选择，并进行合理地组合，一般可以满足机器性能指标的要求。但有时某些运动和动作，又使设计者无法应用已有的机构和机构组合去完成。此时，就需要设计者开辟新路，巧妙构思，创造出新的机构或机构组合来，一方面能圆满地达到机器的使用性能指标要求，另一方面可以创造出机构简单、使用安全、维护方便、满足经济性要求的新设计来。

5. 方案的比较与决策

一个设计可由多个方案来实现，每个方案所使用的机构也不尽相同，有时甚至迥异。在达到性能指标的前提下，应根据机构组合的复杂程度、对精度的影响、经济性和易维修性等对不同方案进行比较和决策。一般对重要的、复杂的机器的方案设计的取舍有时在结构设计基本完成后进行，因为此时强度、刚度、各机构间是否干涉、经济性和易维修性等许多问题才可能充分暴露出来。

二、机械运动方案设计实例

现以图 11-4 所示牛头刨床为例说明如何进行方案设计。

1. 设计要求

牛头刨床是一种用于平面切削加工的机床。刨刀头右行时，刨刀进行切削，称工作行程用 H 表示，此时要求刨刀切削速度较低并且平稳均匀，近似匀速运动，以提高刨刀的使用寿命和工件的表面加工质量；刨刀头左行时，刨刀不切削，称空回行程，此时要求速度较高，并应具有急回运动特性，以提高生产率，行程速比系数要求在 1.4 左右。刨床主轴转速为 60r/min，刨刀行程 H 约为 300mm，刨刀在工作行程中，受到很大的切削阻力，切削阻力约为 7000N，在切削的前后各有一段约为 $0.05H$ 的空刀距离，如图 11-5 所示，而空回行程中则没有切削阻力，因此刨刀头在整个运动循环中，受力变化较大。在进行这一机械系统运动方案的设计时，要求该机械系统的运动链尽可能短、传力好和结构紧凑。

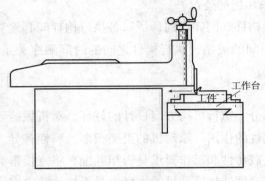
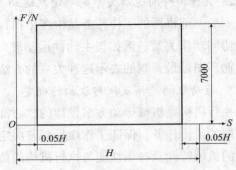

图 11-4　牛头刨床　　　　　图 11-5　刨刀所受的生产阻力曲线

2. 执行构件间运动关系的确定及运动循环图的绘制

牛头刨床的工作台及刨刀头为执行构件,其运动循环图如图 11-3 所示。

3. 动力源的选择及执行机构的方案确定

牛头刨床属于一般的机械加工设备,要求有较高的驱动效率和较高的运动精度,动力源选用交流异步电动机已能满足工作性能需要。考虑到执行机构的速度较低和电动机的经济性,选用同步转速为 1500r/min 的电动机,满载转速为 1440r/min。

牛头刨床的主要工艺动作是刨刀的切削运动,可以有多种多样的设计方案,图 11-6~图 11-9 给出了四种可用于刨刀的切削运动的执行机构方案。

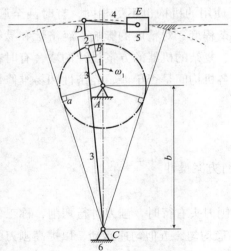

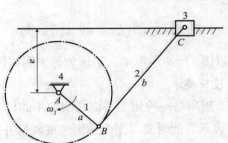

图 11-6　刨刀的往复运动执行机构方案 1　　图 11-7　刨刀的往复运动执行机构方案 2

(1) 方案 1。

图 11-6 所示方案由两个四杆机构组成。构件 1、2、3、6 构成摆动导杆机构,构件 3、4、5、6 构成摇杆滑块机构。该方案主要特点:

①是一种平面连杆机构,结构简单,加工方便,能承受较大载荷。

②具有较大的急回作用。只有正确选择 a、b 和摇杆 CD 的长度，即可满足行程速比系数 K 和行程 H 的要求。

③传力性能好。曲柄主动，构件2与构件3之间的传动角始终为90°。摇杆滑块机构中，当 E 点的轨迹位于 D 点所作圆弧高度的平均线上时，构件4与构件5之间有较大的传动角。

④工作行程中，能使刨刀的速度比较慢，而且变化平缓，符合切削要求。

（2）方案2。

该方案如图 11-7 所示，该机构为偏置曲柄滑块机构，机构的基本尺寸为 a、b、e。该方案的特点：

①是四杆机构，结构较前述方案简单。

②具有急回作用，但急回程度较前述方案小。

增大 a 和 e 或减小 b，均能使行程速比系数 K 增大到所需值。但增大 e 或减小 b 会使滑块速度变化剧烈，最大速度、加速度和动载荷增加，且使最小传动角减小，传动性能变差。

（3）方案3。

该方案如图 11-8 所示由摆动导杆机构和齿轮齿条机构串联组成。该方案特点：

①加工齿轮齿条比较复杂，特别是制造精度高的齿条较困难。

②齿轮齿条之间为高副接触，易磨损，磨损后传动不平稳，并将产生噪声和振动。

③导杆作变速往复摆动，特别在空回行程中，导杆角速度有较剧烈的变化，使齿轮机构受到很大的惯性冲击和振动。齿条在较大的冲击载荷下工作，轮齿很容易产生折断。

④需解决扇形齿轮的动平衡问题，否则动载荷增大。

（4）方案4。

该方案如图 11-9 所示由凸轮机构和摇杆滑块机构串联组成。该方案特点：

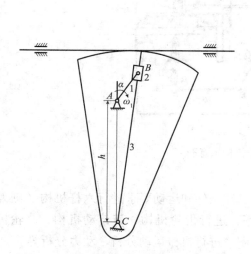

图 11-8　刨刀的往复运动执行机构方案3

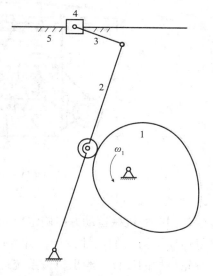

图 11-9　刨刀的往复运动执行机构方案4

①凸轮机构虽可使从动件获得任意的运动规律，但凸轮制造复杂，表面硬度要求高，因此加工和热处理的费用较大。

②凸轮与从动件间为高副接触，只能承受较小载荷，表面磨损较快，磨损后凸轮的廓线形状将发生变化。

③由于滑块的急回运动性质，使凸轮机构受到的冲击较大。

④滑块的行程 H 比较大，从而使凸轮和整个机构的尺寸较大。该方案不适用于载荷和行程较大的刨床。

从以上 4 个方案的对比中可知，为了实现给定的刨刀运动要求，采用方案 1 较适宜。

4. 牛头刨床的传动系统

由于执行构件刨刀的运动速度较低，故必须在执行机构与电机之间设计传动系统。因刨床主轴（曲柄）转速为 60r/min，选用的是同步转速为 1500r/min 的电动机，其满载转速为 1440r/min。整个传动链的减速比为

$$i = \frac{1440}{60} = 24$$

其传动系统设计如图 11-10 所示。传动部分由电动机经 V 带和齿轮传动，带动曲柄 2 和凸轮 8 转动。刨床工作时，由导杆机构 2、3、4、5、6 带动刨头 6 和刨刀 7 作往复直线运动。刨刀每切削完一次，利用空回行程的时间，凸轮 8 通过四杆机构 9、10、11 和棘轮机构带动螺旋机构（图中未画出），使工作台连同工件作一次进给运动，以便刨刀继续切削。

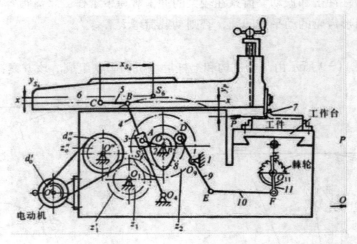

图 11-10　牛头刨床机构示意图

5. 机构分析与综合

牛头刨床的机械运动方案确定后，便可根据已知条件和运动要求进行六杆机构（刨刀的往复运动机构）的尺寸设计，计算电动机功率，进行齿轮机构、带传动机构、凸轮机构、棘轮机构的设计，绘出机械系统运动方案简图，进行机械运动分析、动力分析等。

小　　结

目前机械设备中应用的动力源主要有电、液、气装置。原动机有电动机、液压马达、气动马达以及直线油缸、气缸等。选择原动机时主要考虑的因素：工作机械的负载特性、启动和制动的频繁程度；原动机本身的机械特性能否与工作机械的调速范围、工作的平稳性等相适应；经济性，包括原动机的原始购置费用、运行费用和维修费用等；能源供应、防止噪声和环境保护等要求。

进行执行机构的选型应遵循的基本原则是：满足执行机构运动规律要求；结构简单，运动链短；使执行系统有尽可能好的动力性能；充分考虑动力源的形式；使机械操作方便，调整容易，安全可靠。

机械运动循环图是标明机械在一个运动循环中各执行构件间的运动配合时序关系图。常以主轴或分配轴的转角为坐标来绘制。

机械运动方案设计通常是完成由原动机—传动机构—执行机构组成的整个系统的机械运动简图设计。设计时根据执行构件或执行机构的运动要求，首先应确定原动机的类型和选择能满足执行构件运动要求的机构类型，然后选择确定传动机构类型并进行传动系统设计。

思　考　题

11-1. 设计机械系统方案要考虑哪些基本要求？设计的大致步骤如何？

11-2. 如何评价机械系统运动方案的优劣？

11-3. 为什么要对机械进行功能分析？这对机械系统设计有何指导意义？

11-4. 由若干机构串联或并联组合得到的机构系统是否要进行运动协调设计？

11-5. 什么是机械的工作循环图？可由哪些形式？工作循环图在机械系统设计中有什么作用？是否对各种机械系统设计时都需要首先作出其工作循环图？

11-6. 机构选型有哪几种途径？在选型时应考虑哪些问题？

11-7. 机构的变异与组合各有哪几种方式？

11-8. 拟定机械传动方案的基本原则有哪些？

11-9. 评价机械系统方案优劣的指标包括哪些方面？

11-10. 把等速转动变换为往复移动，试选择三种不同的机构方案，画出相应的示意图。

11-11. 把等速转动变换为间歇转动，试选择三种不同的机构方案，画出相应的示意图。

11-12. 把等速转动变换为往复摆动，试选择三种不同的机构方案，画出相应的示意图。

11-13. 试构思出一种可上、下楼梯的行走机构的运动方案。

11-14. 试构思出一种可助下肢残疾或瘫痪的人康复的机构运动方案。

习　题

11-1. 有一四工位料架，供应四种不同的原材料，为节省时间，料架可以正、反转，每次步进（前进或后退）90°，该料架的转动惯量较大，每次停歇的位置应较为准确，每次转位的时间≤1s。试设计此传动系统的方案。

11-2. 某执行机构作往复移动，行程为100mm，工作行程为近似等速运动，并有急回要求，行程速度变化系数 $K = 1.4$。在回程结束后，有2s停歇，工作行程所需时间为5s。设原动机为电动机，其额定转速为960r/min。试设计该执行构件的传动系统。

第十二章 机构创新设计方法简介

现代设计方法的一个重要特征就在于创新性。创新设计方法是工程设计方法的重要组成部分，它贯穿于工程技术设计的全过程。随着现代科技的不断发展，国际间经济竞争愈演愈烈，因此在工程设计和生产中，大力倡导并推广创新设计方法就显得尤为重要。创新设计也是提高产品设计水平，增强产品国际竞争力的根本措施和手段。

机器的创新在很大程度上取决于机构的创新和机构的组合。设计者应具有强烈的创新意识，了解创造性思维的特点，掌握机构创新原理并将其运用到设计实践中去。机构的创新方法很多，归纳起来常用的机构创新设计方法有以下几种：

（1）利用机构结构和组成原理创新机构。

（2）利用构件运动特点创新机构。

（3）利用机构的组合进行创新。

（4）借助现有的运动链类型创新机构。

本章简述以上四种常用的机构创新设计方法，以启迪机械创新设计思维。

一、基于机构结构和组成原理的创新机构

1．叠加杆组法

根据平面机构组成原理在一个机构上叠加一个或多个杆组后，便可以形成各种新的机构，以满足运动转换或实现某种要求的功能。如图 12-1 所示为一钢料推送机机构简图。它是由铰链四杆机构 ABCD 上叠加了一个杆组 EF 而构成，可使从动件 5 的行程大幅度增加。

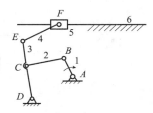

图 12-1　叠加杆组法

1—主动件；2、3、4—构件；

5—滑块；6—机架

在四杆机构上叠加杆组，不改变机构的自由度，却能增加机构的功能。例如，可取得有利的传动角和较大的机械利益，改变从动件的运动特性，增加从动件的行程等。

2．转动副扩大法

组成转动副的两元素可按同一比例任意扩大或缩小，而不影响此转动副的特性。在图 12-2（a）中，由于 AB 杆太短而无法安装两个转动副时，可将构件 2 扩大为偏心圆盘，构件 3 在 B 处扩展成一圆环，如图 12-2（b）所示。这两个机构在运动特性上完全相同，这时属于构件构形的创新。

3．运动副类型互换法

改变机构中的某个或几个运动副的形式可以创新出不同运动性能的机构。通常的变换

方式有两种：一种是转动副与移动副之间的变换；另一种是高副与低副之间的变换。图12-3 表示在 D 处的转动副可变换成移动副，反之亦然；图12-4 表示在 B 处的高副或低副可相互变换，机构类型也就不同。

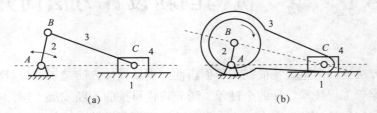

图12-2　转动副扩大法

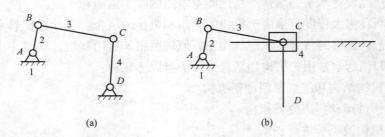

图12-3　转动副转换成移动副

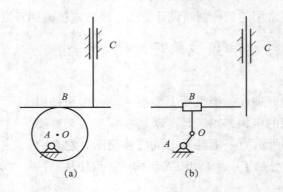

图12-4　高副、低副转换

4. 转换机架法

对于同一运动链，采用不同构件作为机架，可得到不同的输入运动与输出运动的关系。

图12-5 所示为含两移动副的四杆运动链，当分别将构件4、3、2、1 固定为机架时，它们分别称曲柄移动导杆机构、双滑块机构、曲柄移动导杆机构［移动方向与图12-5（b）不同］、双转块机构。

5. 同性移动副的演化法

移动副的运动特性由其相对移动的方位来确定。相对移动方位相同的移动副为同性移动副。它们的演化规则为：

（1）组成移动副的滑杆和滑块可以互换；

（2）组成移动副的方位线可任意平移。

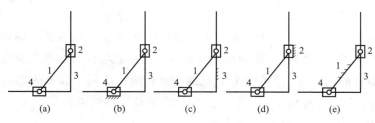

图 12-5　转换机架法

由上述演化规则可以获得创新机构。如图 12-6（a）、图 12-6（b）中构成移动副的构件 2、3 只是换了一种表示方法。它们的运动特性完全相同。图 12-6（c）与图 12-6（b）的不同之处只是将构件 2、3 组成的移动副的方位线平移了一个距离。图 12-6（d）是图 12-6（c）的另一种表示方法，它就是常见的摆动液压缸机构。

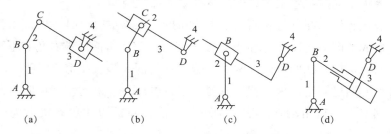

图 12-6　同性移动副的演化法

二、利用构件运动特点的创新机构

1. 利用连架杆或连杆运动特点创新机构

利用简单机构的某些连架杆或连杆的运动特点完成某一动作过程是机构创新的一种有效方法。图 12-7 所示的车门启闭机构为一反平行四边形机构，它利用反平行四边形机构运动时两曲柄转向相反的运动特点，使两扇车门同时打开或关闭。图 12-8 所示为铸造用大型造型机的翻箱机构。该机构应用双摇杆机构 $ABCD$，将固定在连杆 BC 上的砂箱在 BC 位置进行造型震实后，转到位置 $B'C'$，翻转 $180°$，以便进行拔模。

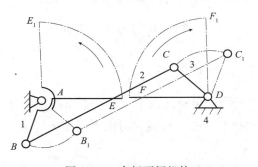

图 12-7　车门开闭机构

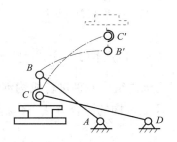

图 12-8　大型造型机翻箱机构

2. 利用两构件相对运动关系创新机构

利用两构件相对运动关系来完成独特的动作过程，使机构创新有一种全新的思路。图 12-9 所示为一新型抓斗机构，与常用的平面四杆机构的抓斗有较大差异，它的基本构件形式是周转轮系 1-2-3，1、2 为齿轮，3 为转臂。转臂 3 扩展为抓斗的右侧爪，齿轮 2 扩展为抓斗的左侧爪。再加上对称的两边连杆 4、5 可使左右两侧爪做对称动作。绳索 6 可控制两侧爪的开或闭。这一新型抓斗机构的创新构思是应用了简单的周转轮系，将齿轮 2 和转臂 3 的构形和功能加以扩展、利用两构件的运动关系而成的。

3. 利用成型固定构件实现复杂动作过程

在轻工业生产过程中，如糖果、饼干、香烟、香皂等的包裹和颗粒状、液体状食品的制袋填充等工艺动作都比较复杂。为实现包装机械、食品机械等比较复杂的工艺动作过程，如果按通常的工艺动作过程分解方法，对每个动作采用一个执行机构来完成，那么机械中的机构形式就很多，结构便很复杂。所以要求机构形式简单、合理、新颖，采用一些特殊形状固定模板来完成某些工艺动作。下面举例加以说明。

折边式包裹包装机，在进行侧面上下折边和折前后端左边角时，均采用凸轮机构来完成，此时，已折成如图 12-10 所示情况，接下来应再完成折前后端右角和上下端折角这两个动作。为了简化机构，我们可设计两对特殊形状的固定模板 1 和 2，此时只要将包裹包装物体向右推动，通过固定模板 1 就完成前后端右边角的折角动作；再向右推动，通过固定模板 2 就完成上下端折角动作。这种构思的方法，使折边式包裹机大为简化，且动作可靠。

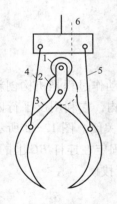

图 12-9　新型抓斗机构

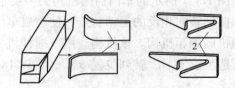

图 12-10　折边式包裹包装机

三、利用机构组合原理进行机构创新

在利用机构组合原理进行机构创新设计时，可遵循以下六个基本原则：

（1）Ⅱ级机构的综合方法、分析方法已经成熟，可优先考虑利用Ⅱ级杆组进行机构的组合设计。

（2）掌握Ⅱ级杆组的 6 种基本形式，学会Ⅱ级杆组的变异设计。

（3）Ⅱ级杆组的一个外接副连接活动构件，另一个外接副连接机架。

（4）根据机构输出运动的方式选择杆组类型。输出运动为转动或摆动时，可优先选择带有两个以上转动副的杆组，如 RRR、RPR、PRR 等杆组；输出运动为移动时，可优先选择带有移动副的杆组。

（5）连接杆组法只能实现机构运动方案的创新设计，实现具体的机构功能要求还需要进行机构的尺度综合。综合过程与杆组的连接位置的确定，有时需要反复进行才能得到满足的设计结果。

（6）连接杆组法也适合齿轮、凸轮等其他机构的组合设计。

图 12-11 所示的行星轮系中，通过合理选择齿数 z_1、z_2 可生成任意行星曲线。本例中的行星曲线为三段近似圆弧，连接一个 RRP 杆组后，可得到滑块具有三个停顿位置的输出运动。

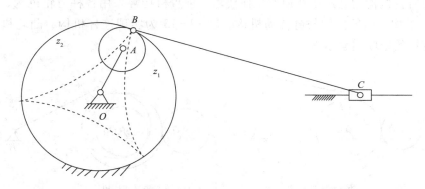

图 12-11　连接Ⅱ级杆组的齿轮机构

机构的组合原理为创新设计新机构提供了明确的方向，可操作性好，是机构创新设计的重要方法之一。只要掌握杆组的基本概念、分类、杆组的变异以及连接方法，再辅以创造性的思维，就为机构创新设计奠定了良好的基础。

1. 机构的串联组合与创新设计

工程中的机械装置很少应用单一的机构，大都是几个机构组合在一起，形成一个机构系统，而通过串联组合形成的机构系统则是应用最广泛也是最常用的机构组合方法。

前一个机构的输出构件与后一个机构的输入构件刚性连接在一起，称为串联组合。前一个机构称为前置机构，后一个机构称为后置机构。其特征是前置机构和后置机构都是单自由度机构。因此，机构的串联组合系统是机构的组合系统。

对于单自由度的高副机构，只有一个输入构件和一个输出构件；对于连杆机构，输出运动的构件可能是连架杆，也可能是作平面运动的连杆。根据参与组合的前后机构连接点的不同，可分为两种串联组合方法。连接点选在作简单运动的构件上，称为Ⅰ型串联；作简单运动的构件指作定轴旋转或往复直线移动的构件。连接点选在作复杂平面运动的构件上，称为Ⅱ型串联。作复杂平面运动的构件指连杆或行星轮。图 12-12 为机构的串联组合框图。

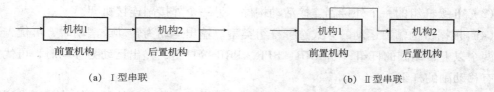

(a) Ⅰ型串联　　　　　　　　　　　　　(b) Ⅱ型串联

图 12-12　机构的串联组合框图

串联组合中的各机构可以是同类型机构，也可以是不同类型机构。串行连接中，前置机构和后置机构没有严格区别，按工作需要选择即可。设计要点是二机构连接点的选择。

串联组合的机构系统在工程中的应用最为广泛。串联组合构思的基本原则如下：

（1）实现后置机构的速度变换。

工程中应用的原动机大都采用输出转速较高的电动机或内燃机，而后置机构的转速较低。为实现后置机构的低速或变速的工作要求，前置机构常采用各种齿轮机构、齿轮机构与 V 带传动机构、齿轮机构与链传动机构。图 12-13 为实现连杆机构、凸轮机构等后置机构速度变换的串联组合示例。

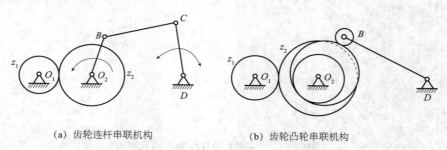

(a) 齿轮连杆串联机构　　　　　　　　　(b) 齿轮凸轮串联机构

图 12-13　实现后置机构速度变换的串联组合示例

（2）实现后置机构的运动变换。

单一机构的运动规律受到机构类型的限制，如曲柄滑块机构的滑块或曲柄摇杆机构的摇杆很难获得等速运动。串联一个前置连杆机构，并通过适当的尺度综合，可使后置连杆机构获得预期的运动规律。图 12-14 所示机构为改变后置机构运动规律的串联组合示例。

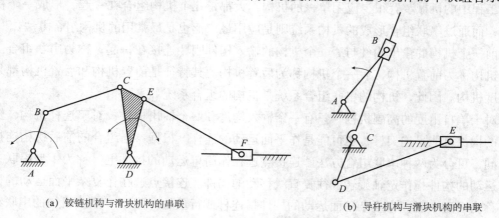

(a) 铰链机构与滑块机构的串联　　　　　　(b) 导杆机构与滑块机构的串联

图 12-14　改变后置机构运动规律的串联组合示例

（3）在满足运动要求的前提下，运动链尽量短。

串联组合系统的总机械效率等于各机构的机械效率的连乘积。运动链过长会降低系统的机械效率，同时也会导致传动误差的增大，在进行机构的串联组合时应力求运动链最短。

2. 机构的并联组合与创新设计

若干各单自由度基本机构的输入构件连接在一起，保留各自的输出运动；或若干个单自由度机构的输出构件连接在一起，保留各自的输入运动；或有共同的输入构件与输出构件的连接，称为并行连接。其特征是各基本机构均是单自由度机构。

根据并联机构输入与输出特性的不同，分为三种并联组合方法。各机构有共同的输入件，保留各自的输出运动的连接方式，称为 I 型并联；各机构有各自的输入件，保留相同输出运动的连接方式，称为 II 型并联；各机构有共同的输入运动和共同的输出运动的连接方式，称为 III 型并联。图 12-15 所示为机构的并联组合框图。

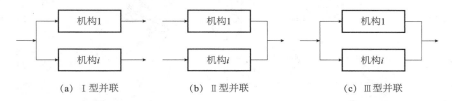

(a) I 型并联　　　　(b) II 型并联　　　　(c) III 型并联

图 12-15　机构并联组合框图

并联组合也是最为常见的机构组合方法。图 12-16（a）为两个曲柄滑块机构的并联组合，曲柄为两个机构的共同输入构件，两个滑块各自输出往复移动。图 12-16（b）为两个曲柄摇杆机构的并联组合，曲柄为两个机构的共同输入构件，两个摇杆均输出往复摆动。它们都是 I 型并联组合。I 型并联组合机构可实现机构的惯性力完全平衡或部分平衡，还可实现运动的分流。图 12-16（c）为 II 型并联组合机构，四个主动滑块的移动共同驱动一个曲柄的输出。II 型并联组合机构可实现运动的合成，这类组合方法是设计多缸发动机的理论依据。

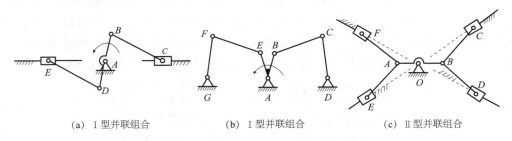

(a) I 型并联组合　　　　(b) I 型并联组合　　　　(c) II 型并联组合

图 12-16　并联组合示意图

串联机构组合的目的主要是改变后置机构的运动速度或运动规律，并联机构的组合目的主要是改变机构的动力性能，有时也用于实现运动的分解或运动的合成。并联组合的基本原则如下：

（1）对称并联相同机构，实现机构的平衡。

通过对称并联同类机构，可以实现机构惯性力的部分平衡与完全平衡。利用Ⅰ型并联组合可实现此类目的。

（2）实现运动的分解与合成。

Ⅰ型并联组合可以实现运动的分解，Ⅱ型并联组合可以实现运动的合成。

（3）改善机构受力状态。

图12-17所示牙床中，曲柄驱动两套相同的串联机构，再通过滑块输出动力，不但减小了边路机构的受力，而且使滑块受力均衡。Ⅲ型并联组合机构可使机构的受力状况大大改善，因而在冲床、牙床机构中得到广泛的应用。

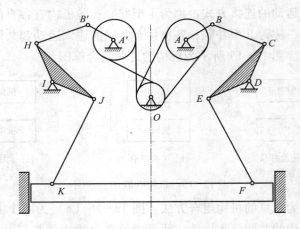

图12-17　Ⅲ型并联组合示意图

（4）同类机构可以并联组合，不同类机构也可以并联组合。

并联组合中的分路机构可以是同类机构，也可以是不同类机构，这为并联组合的设计提供了广泛的应用前景。

3. 机构的叠加组合与创新设计

机构的叠加组合是机构组合理论的重要组成部分，是机构创新设计的重要途径。机构叠加组合是指在一个机构的可动构件上再安装一个以上的机构的组合方式。把支承其他机构的机构称为基础机构，安装在基础机构可动构件上的机构称为附加机构。机构叠加组合方法有两种。图12-18所示框图为机构的叠加组合框图，并分别称为Ⅰ型叠加组合、Ⅱ型叠加组合。

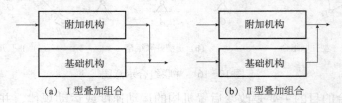

(a)　Ⅰ型叠加组合　　　　　　　(b)　Ⅱ型叠加组合

图12-18　机构的叠加组合框图

Ⅰ型叠加组合中，驱动力作用在附加机构上，或者说主动机构为附加机构。附加机构在驱动基础机构运动的同时，也可以有自己的运动输出。附加机构安装在基础机构的可动构件上，同时附加机构的输出构件驱动基础机构的某个构件。Ⅱ型叠加组合中，附加机构和基础机构分别有各自的动力源，或有各自的运动输入构件，最后由附加机构输出运动。

Ⅰ型叠加机构是设计电风扇的理论基础，图12－19（a）所示机构即为常用电风扇的机构简图。图12－19（b）所示机构就是按Ⅰ型叠加原理设计的双重轮系机构。一般情况下，以齿轮机构为附加机构。图12－20（a）所示的户外摄影车机构即为Ⅱ型叠加机构的示例。平行四边形机构 ABCD 为基础机构，由液压缸1驱动 BC 杆运动。平行四边形机构 CDEF 为附加机构，并安装在基础机构的 CD 杆上。安装在基础机构 AD 杆上的液压缸2驱动附加机构的 DE 杆，使附加机构相对基础机构运动。平台的运动为叠加机构的复合运动。Ⅱ型叠加机构在各种机器人和机械手机构中得到了非常广泛的应用。图12－20（b）所示的机械手就是按Ⅱ型叠加原理设计的叠加机构。

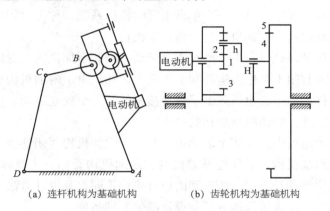

(a) 连杆机构为基础机构　　　　　　(b) 齿轮机构为基础机构

图12－19　Ⅰ型叠加机构示例

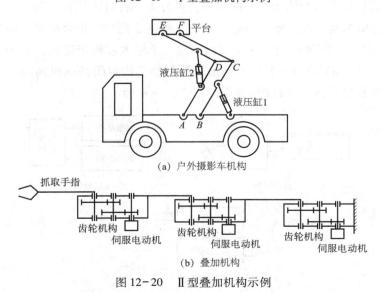

(a) 户外摄影车机构

(b) 叠加机构

图12－20　Ⅱ型叠加机构示例

Ⅱ型叠加机构中，动力源安装在基础机构的可动构件上，驱动附加机构的一个可动构件，按附加机构数量依次连接即可。Ⅱ型叠加机构之间的连接方式较为简单，且规律性强，所以应用最为普遍。Ⅰ型叠加机构的连接方式较为复杂，但也有规律性。如齿轮机构为附加机构，连杆机构为基础机构时，连接点选在附加机构的输出齿轮和基础机构的输入连杆上。如基础机构是行星齿系可把附加齿轮机构安置在基础轮系机构的系杆上，附加机构的齿轮或系杆与基础机构的齿轮连接即可。图 12-19（b）所示的双重轮系机构中，齿轮 1、2、3 和系杆 h 组成的轮系为附加机构，齿轮 4、5 和系杆 H 组成的行星轮系为基础机构。附加机构的系杆 h 与基础机构的齿轮 4 连接，实现附加机构向基础机构的运动传递。

机构叠加组合而成的新机构具有很多优点，可实现复杂的运动要求，机构的传力功能较好，减小传动功率，但设计构思难度较大。

4. 机构的封闭组合与创新设计

一个二自由度机构中的两个输入构件或两个输出构件或一个输入构件和一个输出构件用单自由度的机构连接起来，形成一个单自由度的机构系统，称为封闭式连接。其特征是基础机构为二自由度机构，附加机构为单自由度机构。

具有两个自由度的基础机构中，共有 3 个运动，因此附加机构可封闭 2 个输入运动或封闭 2 个输出运动或封闭 1 个输入运动和 1 个输出运动。由于附加机构连接了二自由度基础机构中的两个构件的运动，也就限制了被连接构件的 1 个独立运动，使组合机构系统的自由度减少 1 个。因此，封闭组合机构的自由度为 1。

基础机构的 3 个运动中，有 2 个运动被另外一个附加机构封闭连接，因此不能分别单独设计基础机构和附加机构，必须把基础机构和附加机构看作一个整体考虑其设计方法。基础机构和附加机构的种类不同，所得到的组合机构不同，其设计方法也有所不同。但是掌握其组合原理，将为组合机构的分析与设计提供有利条件。

根据封闭式机构输入与输出特性的不同，可分为 3 种封闭组合方法。一个单自由度的附加机构封闭基础机构的两个输入或输出运动，称为Ⅰ型封闭组合机构，如图 12-21（a）所示。2 个单自由度的附加机构封闭基础机构的 2 个输入或输出运动，称为Ⅱ型封闭组合机构，如图 12-21（b）所示。1 个单自由度的附加机构封闭基础机构的一个输入运动和输出运动，称为Ⅲ型封闭组合机构，如图 12-21（c）所示。

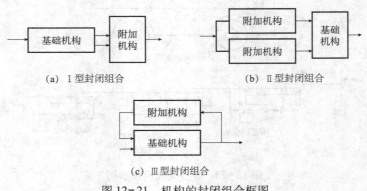

(a) Ⅰ型封闭组合　　　　　　　　　　(b) Ⅱ型封闭组合

(c) Ⅲ型封闭组合

图 12-21　机构的封闭组合框图

图 12-22（a）所示差动轮系有两个自由度，给定任何两个输入运动（如齿轮 1、3）可实现系杆的预期输出运动。在齿轮 1、3 之间组合附加定轴轮系（齿轮 4、5、6 组成）后，可获得图 12-22（b）所示的Ⅰ型封闭组合机构，调整定轴轮系的传动比，可得到任意预期的系杆转数。把系杆 H 的输出运动通过定轴轮系（齿轮 4、5、6）反馈到输入构件（齿轮 3）后，可得到图 12-22（c）所示的Ⅲ型封闭组合机构。机构的封闭式组合将产生组合机构，组合机构可实现优良的运动特性，但是有时会产生机构内部的封闭功率流，降低了机械效率。所以，传力封闭组合机构要进行封闭功率的判别。

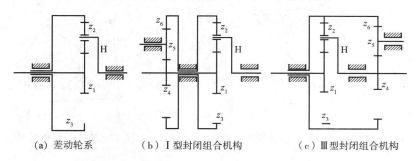

(a) 差动轮系　　(b)Ⅰ型封闭组合机构　　(c)Ⅲ型封闭组合机构

图 12-22　封闭组合示例

封闭组合的前提是二自由度的基础机构和单自由度的机构组合，组合而成的新机构是组合机构，基本组合思路如下：

（1）任意两个自由度的机构均可作为基础机构，而单自由度的机构则可作为附加封闭机构。常见的基础机构主要有五杆机构和差动轮系机构，附加封闭机构可以是齿轮机构、凸轮机构和四杆机构，有时也可以用间歇运动机构作为封闭机构。如基础机构为连杆机构，封闭机构可为连杆机构、齿轮机构、凸轮机构和间歇运动机构等，这时可组成连杆—连杆组合机构、连杆—齿轮组合机构、连杆—凸轮组合机构、连杆—槽轮组合机构等。

（2）附加封闭机构封闭基础机构的两个输入运动或两个输出运动，简便易行，工程中的应用最为广泛。

（3）附加封闭机构封闭基础机构的一个输入构件和一个输出构件，把输出运动再反馈回输入构件。

四、利用运动链类型的综合创新机构

机构类型创新和变异的创新设计方法是借鉴现有机构的运动链类型，进行类型创新或变异创造来得到新的机构类型，满足新的设计要求。

机构类型创新设计的程序如图 12-23 所示，根据这一程序，设计者可推导出所有和原始机构具有相同构造功能的新机构。

下面以越野摩托车尾部悬挂装置的创新设计为例说明机构类型创新的步骤和方法。

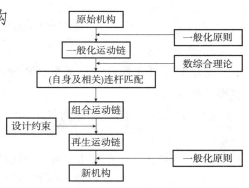

图 12-23　机构创新设计流程

1. 原始机构

图 12-24 所示为越野摩托车尾部悬挂装置的原始机构。图中 1 为机架，2 为支撑臂，3 为摆动杆，4 为浮动杆，5、6 分别为减震器的活塞和气缸。

2. 一般化运动链

一般化运动链是只有连杆和转动副的运动链。图 12-25 所示为原始机构的一个一般化运动链。

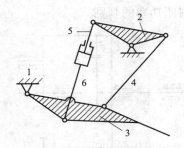

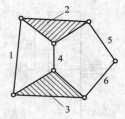

图 12-24　越野摩托车尾部悬挂装置原始机构　　图 12-25　一般化运动链

将原始机构简图抽象为一般化运动链的一般化原则如下：

（1）将非连杆形状的构件转化为连杆；

（2）将非转动副转化为转动副；

（3）机构的自由度应保持不变；

（4）各构件与运动副的邻接应保持不变；

（5）固定杆的约束予以解除，使机构称为一般化运动链。

图 12-26 所示为两种具有六杆、7 个运动副的一般化运动链。

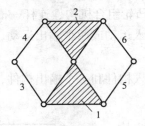

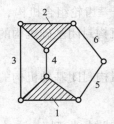

图 12-26　六杆、七个运动副一般化运动链

3. 设计约束

对越野摩托车尾部悬挂装置预先定出几个设计约束，作为新机构类型创新的依据。这些设计约束为：

（1）必须有一固定杆作为机架；

（2）必须有吸震器；

（3）必须有一个摆杆安装摩托车后轮；

（4）固定杆、摆杆和吸震器必须是不同的构件。

4. 具有固定杆的特殊运动链

若以 Gr 表示固定杆、Sm 表示摆杆、Ss - Ss 表示吸震器。根据设计约束，对图 12-26 所示的两套运动链，参照有关的理论算法得出图 12-27 所示的具有固定杆的特殊运动链的 10 种类型。

5. 新机构

对于实际设计问题，其约束情况是多变的。对于本例的悬挂装置，如果没有实际约束，则图 12-27 所示的所有类型都是可行的。若我们再定义该机构创新设计的约束条件为摆杆与固定杆相连，则图 12-27 中能满足设计要求的可行设计方案只有 6 个，即图 12-27 所示的 (a)、(b)、(d)、(f)、(h)、(i)，如图 12-28 所示的六种新机构。

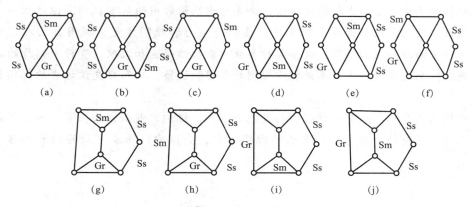

(a)　　(b)　　(c)　　(d)　　(e)　　(f)

(g)　　(h)　　(i)　　(j)

图 12-27　特殊运动链类型

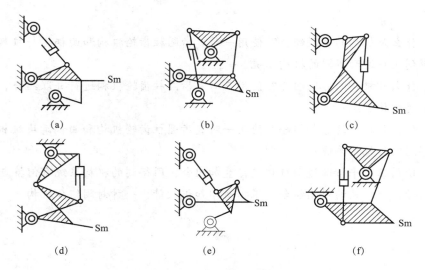

(a)　　(b)　　(c)

(d)　　(e)　　(f)

图 12-28　运动链合适的新机构

根据各使用功能的要求，明确了所需机构的运动方式后，就可借助机构学的知识去构思具体机构的构成。通常在机构选型时，会优先考虑常用的基本机构，但往往不一定是最佳的设计。因此，设计者应充分发挥自己想象力和以往所积累的经验，借鉴各行各业中成功的经验和文献、资料中刊载的各种机构的图例，特别是查找国内外相关机构图集，从而启发设计者的机构创新思路。机构的创新设计方法还有很多，本章只简单介绍了其中几种常见的方法。机构创新设计是一件极富创造性的工作，希望读者能在此基础上发挥自己的聪明才智，抛砖引玉，努力探索出新的创新思路和方法。

小　　结

根据各功能元素的要求，明确了所需机构的运动方式后，就可借助机构学的知识去构思具体机构的构成。通常在机构选型时，会先考虑选用常用的基本机构，但往往不一定是最佳的设计。因此，设计者应充分发挥自己的想象力和聪明才智，利用自己在设计、制造、使用等方面所积累的经验，借鉴各行各业中成功的经验和文献、资料中刊载的各种机构的图例，特别是查找国内外有关机构图例的手册和图集，从而启发设计者的机构创新的思路。

构思机构的具体构成是一种极富创造性的工作，机构的创新方法很多，本章只是简单介绍了几种，还有待于读者发挥自己的聪明才智，去探索、开发出新的创新思路、创新方法。

思　考　题

12-1. 什么是机构的串联组合？使用一对直齿圆柱齿轮机构和曲柄摇杆机构进行串联组合，可得到几种运动不同的机构系统？

12-2. 什么是机构的并联组合？使用三对直齿圆柱齿轮机构进行并联组合，可得到几种运动不同的机构系统？

12-3. 什么是机构的叠加组合？使用一对直齿圆柱齿轮机构和曲柄滑块机构进行叠加组合，可得到何种机构系统？

12-4. 使用三个平行四边形机构进行叠加组合，所得到的机构系统有何特点？

12-5. 什么是机构的封闭组合？根据所学知识设计出一种封闭组合机构。

参考文献

［1］张春林，张颖. 机械原理（英汉双语）［M］. 北京：机械工业出版社，2012

［2］常治斌，张京辉. 机械原理［M］. 北京：北京大学出版社，2007

［3］王文奎. 机械原理［M］. 北京：电子工业出版社，2007

［4］李瑞琴. 机械原理［M］. 北京：国防工业出版社，2010

［5］魏兵，熊禾根. 机械原理［M］. 武汉：华中科技大学出版社，2006

［6］杨巍，何晓玲. 机械原理［M］. 北京：机械工业出版社，2010

［7］孙桓，陈作模. 机械原理［M］. 8 版. 北京：高等教育出版社，2013

［8］高中庸. 机械原理［M］. 武汉：华中科技出版社，2010

［9］赵卫军. 机械原理［M］. 西安：西安交通大学出版社，2003

［10］赵登峰. 机械原理［M］. 成都：西南交通大学出版社，2012

［11］申永胜. 机械原理［M］. 北京：清华大学出版社，1999

［12］孙桓，陈作模，葛文杰主编，机械原理［M］. 7 版. 北京：高等教育出版社，2007

［13］王洪欣主编，机械原理［M］. 南京：东南大学出版社，2005

［14］刘会英，杨志强主编，机械原理［M］. 北京：机械工业出版社，2003

［15］郑文纬，吴克坚主编，机械原理［M］. 北京：高等教育出版社，1997

［16］黄茂林，秦伟主编，机械原理［M］. 北京：机械工业出版社，2004